JN272267

日本音響学会 編
The Acoustical Society of Japan

音響サイエンスシリーズ **13**

音 と 時 間

難波精一郎
編著

苧阪直行　　桑野園子
Hugo Fastl　菅野禎盛
三浦雅展　　入交英雄
鈴木陽一
共著

コロナ社

音響サイエンスシリーズ編集委員会

編集委員長
富山県立大学
工学博士　平原　達也

編 集 委 員

上智大学	熊本大学
博士(工学)　荒井　隆行	博士(工学)　苣木　禎史
小林理学研究所	関西大学
博士(工学)　土肥　哲也	博士(工学)　豊田　政弘
日本電信電話株式会社	同志社大学
博士(工学)　廣谷　定男	博士(工学)　松川　真美
金沢工業大学	
博士(芸術工学)　山田　真司	

(五十音順)

(2014年6月現在)

刊行のことば

　音響サイエンスシリーズは，音響学の学際的，基盤的，先端的トピックについての知識体系と理解の現状と最近の研究動向などを解説し，音響学の面白さを幅広い読者に伝えるためのシリーズである．

　音響学は音にかかわるさまざまなものごとの学際的な学問分野である．音には音波という物理的側面だけでなく，その音波を受容して音が運ぶ情報の濾過処理をする聴覚系の生理学的側面も，音の聴こえという心理学的側面もある．物理的な側面に限っても，空気中だけでなく水の中や固体の中を伝わる周波数が数ヘルツの超低周波音から数ギガヘルツの超音波までもが音響学の対象である．また，機械的な振動物体だけでなく，音を出し，音を聴いて生きている動物たちも音響学の対象である．さらに，私たちは自分の想いや考えを相手に伝えたり注意を喚起したりする手段として音を用いているし，音によって喜んだり悲しんだり悩まされたりする．すなわち，社会の中で音が果たす役割は大きく，理科系だけでなく人文系や芸術系の諸分野も音響学の対象である．

　サイエンス（science）の語源であるラテン語の *scientia* は「知識」あるいは「理解」を意味したという．現在，サイエンスという言葉は，広義には学問という意味で用いられ，ものごとの本質を理解するための知識や考え方や方法論といった，学問の基盤が含まれる．そのため，できなかったことをできるようにしたり，性能や効率を向上させたりすることが主たる目的であるテクノロジーよりも，サイエンスのほうがすこし広い守備範囲を持つ．また，音響学のように対象が広範囲にわたる学問分野では，テクノロジーの側面だけでは捉えきれない事柄が多い．

　最近は，何かを知ろうとしたときに，専門家の話を聞きに行ったり，図書館や本屋に足を運んだりすることは少なくなった．インターネットで検索し，リ

ストアップされたいくつかの記事を見てわかった気になる。映像や音などを視聴できるファンシー（fancy）な記事も多いし，的を射たことが書かれてある記事も少なくない。しかし，誰が書いたのかを明示して，適切な導入部と十分な奥深さでその分野の現状を体系的に著した記事は多くない。そして，書かれてある内容の信頼性については，いくつもの眼を通したのちに公刊される学術論文や専門書には及ばないものが多い。

音響サイエンスシリーズは，テクノロジーの側面だけでは捉えきれない音響学の多様なトピックをとりあげて，当該分野で活動する現役の研究者がそのトピックのフロンティアとバックグラウンドを体系的にまとめた専門書である。著者の思い入れのある項目については，かなり深く記述されていることもあるので，容易に読めない部分もあるかもしれない。ただ，内容の理解を助けるカラー画像や映像や音を附録CD-ROMやDVDに収録した書籍もあるし，内容については十分に信頼性があると確信する。

一冊の本を編むには企画から一年以上の時間がかかるために，即時性という点ではインターネット記事にかなわない。しかし，本シリーズで選定したトピックは一年や二年で陳腐化するようなものではない。まだまだインターネットに公開されている記事よりも実のあるものを本として提供できると考えている。

本シリーズを通じて音響学のフロンティアに触れ，音響学の面白さを知るとともに，読者諸氏が抱いていた音についての疑問が解けたり，新たな疑問を抱いたりすることにつながれば幸いである。また，本シリーズが，音響学の世界のどこかに新しい石ころをひとつ積むきっかけになれば，なお幸いである。

2014年6月

音響サイエンスシリーズ編集委員会

編集委員長　平原　達也

まえがき

　音は時間の流れに沿って情報を伝える。音の変化が情報を担っている。変化がなければ時間はない。私が大阪大学文学部心理学研究室において卒業論文・修士論文のテーマに選んだのは，音声や音楽など意味を担った音の適意レベル（聴取最適レベル）を規定する要因を探る実験であった。その動機は当時ラジオ組立てが趣味であった私にとってオーディオ装置を完成し，試聴するときに音声や音楽によって適意レベルが相当に異なることに疑問を持っていたことにある。音楽でも当時誕生し始めた電子音楽は音律の制限もなくこれが音楽かと驚いたが，その適意レベルは耳慣れたクラシック音楽のそれよりも低かった。しかし，その電子音楽も聞き慣れるにつれてその適意レベルは上昇した。また，適意レベルだけでなく音声の有意味度（連想価：単語を聞いて連想する単語の数）が低い単語の認知閾は高い単語より有意に高かった。なんとか修士論文としてまとめたが，二つの課題が残されていた。その第一は連想価では文章や音楽の意味の測定ができないこと，第二は意味のある音は変動する音だがその代表値を求める方法が物理的に定まっていないことであった。

　意味の問題に関して，1957年にC. E. Osgoodらの"The measurement of meaning"が出版され，意味の測定法としてのSemantic Differential（SD法）が提案されたことが大きな転換点となった。この著書はイリノイ大学の意味の客観的測定を目指す数十人から成るグループが6年から7年の歳月をかけて集中的に行った研究の成果であり，心理学ほか多くの分野に影響を与えた。SD法は内包的意味の測定法としてすぐれた方法であり，意味の問題はSD法を基礎に，筆者の博士論文「音色の研究」としてまとめることができた。聴覚の時間分解能は音色の変化と深い関連がある。

　つぎに変動の問題だが，日本音響学会に入会し，筆者の研究発表会における

最初の発表として有意味音の適意レベルの報告を行ったが，諸先輩から音刺激の物理的統制のあまりの未熟さに種々指摘があり，発表後も含めて多くのアドバイスをいただいた。日本音響学会は，学会であるとともに音の教育機関としての役割も果たしているといまでも感謝している。それとともに，変動音の評価のテーマは当時，放送番組間の音量（ラウドネス）バランスをVU計の指示を参考にそろえることが問題になっていること，また騒音評価の分野ではレベル変動する音の測定に際し，騒音計の指示をいかに読み取るか，そして住民の訴えとよい対応関係を持つ騒音の指標は何かの話題があることを知った。

興味からスタートした変動音の研究だが，実際の現場でも問題になっていることがわかった。しかし，音声や物音など現実の音の周波数構造やレベル変化は複雑で，とても文科系の人間では制御できない。精神物理学的測定法を用いて刺激の物理量と反応との法則性を見出（みいだ）すには，物理量の制御が正確にできなければならない。結局，種々の音圧レベルの音源を準備しておいて，あらかじめプログラミングしておいた順序でつぎつぎと音圧レベルの異なる音を提示するシステムを作成し，実験計画に従って変動音刺激の提示ができるようになった。

定常音の周波数と音圧レベルの発生と制御はなんとか対応できたが，時間の制御は困難を極めた。結局，精密な制御はデジタル技術の進歩が支えてくれた。特に印象的なのは，恒温槽につけた水晶発振器を使って正弦波を合成する周波数シンセサイザーが発売され，アナログ時代の周波数の精度を10桁近く安定して高めたことである。当然，正確なクロック信号によって制御される電子スイッチの助けをかりて，精神物理学的実験には十分な時間の精度が確保できた。種々の変動パターンの音や短い持続時間の音の実験が可能となり，聴覚の動特性の研究やレベル変動音のラウドネスの研究を軌道に乗せることができた。印象的だったのは，時間はなんだかわからないが，「正確な規則性を持った振動現象」が時間を正確に測定し，制御できるという事実だった。

ここでやっと本題に入るが，この「音と時間」が日本音響学会編「音響サイエンスシリーズ」の中の一巻として出版されるきっかけは，平原達也編集委員

長が，日本学士院紀要に掲載された私の論文「音と時間 ― 精神物理学的観点から」にお目をとめていただいて，単著か編著でまとめる気持ちはないかとお尋ねいただいたことに始まる。そして，その紀要論文を書いたきっかけは，その前に日本音楽知覚認知学会から機関誌「音楽知覚認知研究」に解説として「時間，音そして音楽 ― 実験心理学的観点から」を執筆する機会を与えられたことにある。その際には山田真司，津崎実の歴代編集長のお世話になった。

変動音の研究を続ける中でその時間を巡る技術的精度の向上にはつねに助けられていたが，「時間」そのものに向き合うには哲学的思索に乏しい私にとってたいへんな重荷であった。したがって，「時間」をテーマに論文を書くときにはつねに背中を押してくださる方が必要で，今回は平原編集委員長がその役を務めてくださった。特に今回は平原編集委員長と相談しながら共著者の人選を進め，私だけではカバーしきれない聴覚の時間に関する種々の領域を含めることができた。

脳の中でつくられる時間はきわめて多様で「時間野」といった時間に関する特定の領域は存在しないこと，それが本書の各章で紹介される聴覚における時間の多様性を裏づけていること，一方，分野を限定すれば聴覚の時間に関する感度はきわめて鋭敏であること，にもかかわらずコンピュータによる実験の時間制御の不安定性がデータで示され，聴覚の時間的側面を研究する上で，コンピュータのみに頼る時間研究の危険性が示された。聴覚は状況によって異なる「時定数」，異なる「時間窓」を使い分け，多様性を生かした適切な時間情報処理を行っているが，さらに異種感覚間の時間情報処理における時間の相違がじつは誤りではなく，多種情報間の統合によって実世界という無限定な環境の下で脳が合理的と考える情報処理を行った結果であることが論じられた。それが具体的に示されるのがデジタル放送技術における音響信号と映像の同期を巡る最先端の話題で，視聴覚間の同期に対する寛容度を見込んだ同期の処理とさらに積極的に時間の遅れを利用した放送音の演出のセンスにかかわる話題などが披露された。

まえがき

最後に，本書の進展を支えてくれたオルデンブルグ大学 August Schick 名誉教授，ならびに本書の向上のためにつねに激励や貴重なご助言をいただいた平原編集委員長，およびコロナ社の方々の尽力に感謝する。

2015 年 5 月

難波 精一郎

執筆分担

難波精一郎	1 章，3 章，10 章
苧阪直行	2 章
桑野園子	4 章
Hugo Fastl（桑野園子 訳）	5 章
菅野禎盛	6 章
三浦雅展	7 章
入交英雄	8 章
鈴木陽一	9 章

目　　　次

第1章　音と時間 ― 精神物理学的観点から

1.1　時間は実在するか ― 時間と空間 …………………………………… 1
1.2　精神物理学的観点からの音と時間 …………………………………… 4
1.3　精神物理学における「時間意識」 …………………………………… 9
　　1.3.1　聴覚の時間分解能と順序の識別 ……………………………… 11
　　1.3.2　聴覚系での識別臨界速度 ……………………………………… 12
　　1.3.3　時　間　評　価 ………………………………………………… 13
　　1.3.4　聴覚的時間の種々相と空間的時間 …………………………… 13
1.4　ま　　と　　め ………………………………………………………… 17
引用・参考文献 ……………………………………………………………… 18

第2章　脳の中の時間

2.1　は　じ　め　に ………………………………………………………… 22
2.2　時間をつくる脳 ………………………………………………………… 23
　　2.2.1　時間と空間の相互作用 ………………………………………… 26
　　2.2.2　脳　と　運　動　視 …………………………………………… 27
2.3　知覚と記憶の現在 ……………………………………………………… 28
2.4　時　　間　　閾 ………………………………………………………… 30
　　2.4.1　脳の中の同時性 ………………………………………………… 31
　　2.4.2　時間の多重性 …………………………………………………… 32
2.5　脳の中の「現在」 ……………………………………………………… 33
　　2.5.1　現在，過去と未来 ……………………………………………… 34

2.5.2 「現在」の哲学を考える ……………………………… 35
2.6　脳の時間表象 ………………………………………………… 36
2.7　注意の時間窓 ………………………………………………… 38
2.8　空　白　時　間 ……………………………………………… 40
2.9　現在と過去をつなぐ記憶 …………………………………… 42
2.10　ま　　と　　め …………………………………………… 43
引用・参考文献 …………………………………………………… 44

第3章　音感覚の成立と時間

3.1　「時間事象」と感覚の変化 — 生態学的妥当性をめぐって ……… 47
　　　3.1.1　音の可聴範囲 ………………………………………… 47
　　　3.1.2　非定常音と実験の生態学的妥当性 ………………… 47
　　　3.1.3　音刺激の持続時間と聴覚系 ………………………… 50
3.2　非定常音と時間条件 ………………………………………… 53
　　　3.2.1　時間条件と反応の多義性 …………………………… 53
　　　3.2.2　刺激と反応の多義性 — 立ち上がり音を例として … 54
　　　3.2.3　減衰音のラウドネス ………………………………… 57
　　　3.2.4　エネルギー積分および平均のモデル ……………… 59
　　　3.2.5　聴覚の動特性 ………………………………………… 62
　　　3.2.6　時間的に重畳する音の知覚 — レガートの印象 …… 64
3.3　先行音効果 — 音源の定位 ………………………………… 66
3.4　音の流れと心理的現在 ……………………………………… 68
3.5　ま　　と　　め ……………………………………………… 68
引用・参考文献 …………………………………………………… 69

第4章　音の流れと連続判断

4.1　連続判断の意義 ……………………………………………… 72
4.2　連続判断法の手続き ………………………………………… 72

4.2.1 カテゴリー連続判断法	72
4.2.2 線分長を用いた連続判断法	73
4.2.3 連続記述選択法	74
4.2.4 反応時間の推定	75
4.3 連続判断の実験例	78
4.3.1 心理的現在の推定	78
4.3.2 全体判断と時々刻々の判断の関係	79
4.3.3 時間変化（音に対する慣れ）	83
4.3.4 音の記憶	85
4.3.5 未来の予測	86
4.3.6 聴覚の情景分析	87
4.4 その他の連続判断法の適用例	90
4.5 まとめ	91
引用・参考文献	93

第5章　マスキングと時間

5.1 マスキング	96
5.2 時間マスキング	98
5.3 時間マスキングと聴覚の動特性	109
5.4 まとめ	112
引用・参考文献	114

第6章　リズム，テンポ，同期タッピング

6.1 秒以下の時間スケールでの知覚と運動の協調	117
6.2 リズムとテンポ	118
6.2.1 リズムとは，テンポとは	118
6.2.2 リズムの知覚	119
6.2.3 リズムに対する同期	122
6.3 同期タッピング	124

6.3.1　同期タッピングとは ……………………………………… 124
　　6.3.2　同期タッピングの特徴 ……………………………………… 124
　　　6.3.3　同 期 の 制 御 ……………………………………… 127
　　　6.3.4　感覚モダリティによる違い ……………………………… 129
6.4　同期タッピングの実験システム構築例 …………………………… 130
　6.4.1　ソフトウェアについて ………………………………………… 131
　　6.4.2　ハードウェアについて ………………………………………… 132
　　　6.4.3　オシロスコープによるタイミングの測定例 …………… 135
6.5　ま　　と　　め ……………………………………………………… 137
引用・参考文献 ………………………………………………………………… 137

第7章　演奏表現と時間

7.1　芸　術　的　逸　脱 …………………………………………………… 142
7.2　スプラインカーブを用いた演奏傾向曲線 …………………………… 143
7.3　アイゲンパフォーマンスによる特徴解析 …………………………… 146
7.4　MIDI の 精 度 ……………………………………………………… 149
　7.4.1　MIDI ヴェロシティの記録精度 ……………………………… 151
　　7.4.2　MIDI の時間精度 ……………………………………………… 152
7.5　音響波形に対する時間精度 …………………………………………… 154
7.6　テ ン ポ の 推 定 …………………………………………………… 155
7.7　拍 子 の 推 定 ……………………………………………………… 159
7.8　ダウンビートの推定 …………………………………………………… 160
7.9　ま　　と　　め ……………………………………………………… 164
引用・参考文献 ………………………………………………………………… 164

第8章　放送技術における音響と時間

8.1　放送における音声遅延 ………………………………………………… 167
8.2　望ましくない音声遅延 ………………………………………………… 168

8.2.1　自分のしゃべり声の遅延音声が「しゃべり」へ与える影響 ……… 168
　　8.2.2　実験手順 …………………………………………………… 169
　　　8.2.3　実験結果 ………………………………………………… 170
　　　　8.2.4　放送における信号遅延 ………………………………… 172
　　　　　8.2.5　テレビにおける映像と音声の同期 ………………… 173
　　　　　　8.2.6　リップシンク …………………………………… 175
　　　　　　　8.2.7　JEITAリップシンク検証実験 ………………… 178
　　　　　　　　8.2.8　視覚と聴覚における時間知覚 ……………… 180
8.3　積極的に活用する音声遅延 …………………………………… 181
　8.3.1　エコーマシン ……………………………………………… 181
　　8.3.2　フランジャー，コーラスマシン ………………………… 183
　　　8.3.3　電子残響装置 …………………………………………… 187
　　　　8.3.4　残響時間と嗜好 ……………………………………… 189
8.4　ま　と　め …………………………………………………… 190
引用・参考文献 …………………………………………………… 191

第9章　空間と時間

9.1　時空間における事象知覚という視点 …………………………… 193
9.2　マルチモーダル知覚の基本特性 ………………………………… 194
9.3　空間における視覚と聴覚情報の同時判断 ……………………… 197
　9.3.1　同時を測定するための精神物理学的実験手続き …………… 197
　9.3.2　視聴覚同時判断の距離依存性 — 視聴覚同時判断の恒常性 … 199
9.4　視聴覚情報で構成されるマルチモーダル感覚事象の統合時間窓 … 203
　9.4.1　通過・反発事象 …………………………………………… 203
　　9.4.2　腹話術効果 ………………………………………………… 204
　　　9.4.3　マガーク効果 …………………………………………… 205
　　　　9.4.4　時間領域腹話術効果 ………………………………… 205
　　　　　9.4.5　視聴覚統合に関する時間窓 ………………………… 206
9.5　情報通信システムにおける視聴覚信号の同期に関連する諸特性 … 207
　9.5.1　音声の時間伸長と読唇効果 ………………………………… 208
　　9.5.2　マルチモーダル知覚過程としての音空間知覚の時間特性 …… 210

|　9.5.3　高次感性情報（臨場感・迫真性）の時間特性 ………………… 213
| 9.6　まとめ — 音（聴）空間知覚と時間 ……………………………………… 215
| 引用・参考文献 …………………………………………………………………… 217

第10章　まとめ — 音における時間とは

| 10.1　精神物理学における時間 ………………………………………………… 224
|　　10.1.1　時間の多様性 …………………………………………………… 224
|　　10.1.2　「客観的時間」と「主観的時間」…………………………… 225
|　　10.1.3　音刺激と反応の時間精度 …………………………………… 226
|　　10.1.4　音　楽　情　報 ………………………………………… 229
|　　10.1.5　時　間　意　識 ………………………………………… 230
| 10.2　文化としての時間 ………………………………………………………… 233
| 引用・参考文献 …………………………………………………………………… 242

索　　　引 ……………………………………………………………… 244

第1章
音と時間 ― 精神物理学的観点から

1.1 時間は実在するか ― 時間と空間

　ニュートンが1687年に出版した「自然哲学の数学的諸原理（プリンキピア）」に，**絶対時間**と絶対空間の考えが示されている[1][p.63]†。現実のマクロの世界ではニュートンの運動法則は数学的によく適合する。音響学における予測式や理論式における時間や空間の概念はニュートンの絶対時間，絶対空間に従って作られているといっても過言でない。現代社会において生活体験との対応関係もとりやすい。

　だがしかし，このニュートンの絶対時間（コラム1），すなわち「外界の何ものとも関係なく実在している時間」の「実在」，および「無限に一様に流れる」とされる時間の「無限」と「流れの均等性」は証明できるのであろうか。

　事実，現代の物理学，例えば相対性理論や量子力学において，そして多くの

コラム1

　絶対時間

　「物質がなくとも，変化がなくとも，時間と空間は絶対的なものとして<u>ある</u>のである。時間には始まりとか終わりとかいった絶対的意味のある部分が全然ない。無限に一様に流れるだけである。空間も，中心も辺境もない一様な無限空間である。」（ニュートンの「プリンキピア」）[1]

---

†　肩付数字は各章末の引用・参考文献番号（[　]内はその文献のページ数）を表す。

「時間論」において，このニュートンの絶対時間・絶対空間の概念は受け入れられていない。例えば物理学の啓蒙書を見れば，宇宙はビッグバンそして宇宙のインフレーションに始まり決して無限でないこと，相対性理論は時間と空間は一体不可分な「時空の物理学」であって，高速で遠ざかる物体と観測点では時間が進む速さと空間の物差しが異なること，また量子の世界では時間は決して均等でないこと，などが紹介されている[1),2)]。

とはいえ，われわれの日常世界，特に音の世界では時間は実在し，物理的に一様に流れているとの表現に違和感は少ない。

フッサール（E. Husserl）[3)]は，**時間意識**について詳細な現象学的分析を行っているが，そこで"音響過程の意識，ちょうどいま聞こえてくるメロディーの意識がある継続関係を明示することについては，われわれは一切の疑いや否定を無意味に思わせる明証を有している。"[3)[p. 10]]と述べ，音に内在的時間の所与性を求めている。さらに"音を内在的に聞くとき，「時間の流れの中で感覚されたもの」に向かう"[3)[p. 173]]という表現の中で，時間を流れにたとえている。"音は時間に内在し，持続し，変化する"[3)[p. 174]]という表現にも見られるように，音は時間と分かちがたく存在している。ただし，フッサールは「客観的時間」を現象学的与件でないとして排除する[3)[p. 10]]。したがって，「客観的時間」とは何かは定義されていない。

時間は実在しないとする立場で有名なマクタガート（J. M. E. McTaggart）のA系列，B系列，C系列としての時間がある[4)[pp. 85-132], 5), 6)[pp. 301-337]]。コラム2にA，B，Cの3系列の簡単な紹介がある。この論点からは客観的時間の存在は否定される。しかし，そのマクタガートでも"もし，本当に，A系列が何か純粋に主観的なものであるなら，そこに何の問題もないであろう"[6)[p. 321]]と主観的A系列は認めている。むしろ主観的世界ではA系列の時間もB系列の時間も素朴に存在する。時間的秩序を失ったC系列でも時間はパターンとして空間化されて存在し得る（3章参照）。

時間が主観的世界に存在することはフッサールもマクタガートも否定していない。しかし，ニュートンの絶対時間の存在は先に述べたように現代物理学で

> **コラム 2**
>
> **時間は実在しない ― A 系列・B 系列・C 系列の時間**
>
> A 系列は任意の時点を起点とした過去‑現在‑未来の関係を意味するが，マクタガートによると A 系列では同じ出来事 M が元来両立不可能な現在にも過去にもまた未来にでもなり得るから実在しない。B 系列は歴史的出来事のように時間の前後関係が固定し変えようがない。変化こそ時間であると考えるなら B 系列も時間でないとする。単なる秩序はあっても C 系列にはそもそも時間はない。結局，時間は実在しない。(マクタガート)[4]〜[6]

は肯定されていない。そもそもニュートン自身も「時間と空間」の定義は「位置，運動」とともにだれでもよくわかっていることとしてあえて定義していない。これに関し，佐藤は"時間，空間といったあまりに広い概念は，本来は定義できないものである"と述べている[1][p.18]。

時間とは何かについて古来より数多論じられてきた。パスカルも"「時間」という語は「原始語」の一つであり「定義することはできないし，またそれは無用である」"と述べている[7][p.153]。時間に関する多くの書物の冒頭で，かの有名なアウグスティヌス (A. Augustinus) の「告白」における"もし誰も私に問わなければ，私は知っている。もし問う者に解き明かそうとすれば，私は知らない"という時間についての釈明が紹介されるゆえんだろう[3][p.9], [8][p.2], [9][p.261]。

ニュートンも避けたように「時間」の定義は難しい。「時間」の概念には万物の誕生（発生）から死（終末）に至るあまりにさまざまな出来事の経過が含まれているので，時間一般に関する普遍的定義は不可能といえるし，それこそ時間の本質なのだろう[10]。すなわち，調枝[11][p.4]が指摘するように時間の定義についてその視点を限定しなければ，「不良設定問題」となり解けない。良設定問題にするにはなんらかの「拘束条件」が必要となる。「拘束条件」すなわち研究意図に即し焦点を絞った時間の定義の提案が必要とされるゆえんである。「拘束条件」とは割り切ることでもある。本書は精神物理学的観点から「音と時間」に迫ることをその目的とする。そこで拘束条件としての「精神物

理学的観点」から時間の定義を試みたい。

1.2 精神物理学的観点からの音と時間

精神物理学（psychophysics）は 19 世紀にフェヒナー（G. T. Fechner）によって提唱された。精神物理学およびその創始者のフェヒナーについては多くの紹介や解説がある[12][pp. 34-45], [13], [14][pp. 171-182]。また，フェヒナーの生誕 200 年を記念して彼の主著「精神物理学要論（Ellemente der Psychophysik）」を含む多数の文献や写真が CD-ROM[15]に収録されている。さらにフェヒナーの生涯とその思想に関して詳細な伝記が出版されている[16]。

フェヒナーの精神物理学は現代の実験心理学に大きな影響を与えたが，それは心の世界を数式で表現し，量的に測定することを目指したからといえる。精神物理学は「刺激の物理的性質と，その刺激によって生じる感覚・知覚などの心理的過程との量的関係を研究する実験科学の分野を指す」[17]と定義されている。

実験心理学，特に精神物理学の立場から，「音と時間」を取り扱うには，精神物理学における「音と時間の定義」を考える必要がある。音に関しては JIS Z 8106 音響用語（一般）[18]において"音波またはそれによって起こされる聴覚的感覚"と簡便に定義されている。この定義は物理現象としての音と音感覚としての音とを混同するもので適切ではない。ただし，日常の用法で音に両面の意味を含めて記述するときには便利であり，慣用的に使用されている。本書でもそれにならう。ただし，特に両者を区別する必要がある場合，物理的な音に関しては音波または音刺激，感覚としての音に関しては聴覚を用いる。聴覚の適応刺激としての音波は空気の疎密波として物理的存在であり，その音圧や周波数の測定は客観的に可能である。

一方，「時間」の定義は精神物理学においても難しい。そもそも精神物理学において，刺激としての時間は存在しない。

ウッドロー（H. Woodrow）[19][p. 1235]も述べているように時間は刺激ではない（コラム 3）。これは当然の指摘だが，つねに留意すべき重要な点である。

1.2 精神物理学的観点からの音と時間

難波[20),21)]は,「精神物理学における時間」という拘束条件の下で,刺激に対する**計測された時間**を**時間事象**として取り扱うことを先に提案した。「時間」は物理的に確かに計測できる。計測には当然誤差を伴うが,現代の電波時計(GPS時計)はコラム4で例示するように日常生活では十分な正確さ(精度)で標準時間を表示してくれる。この意味で,計測された時間は「公共的時間における**客観的同時性**」[4)[p.168]]を満たすものとして「実在」すると信じるに足る。計測可能である以上,標準化された単位〔秒〕や単位によって構成される客観的な時間軸を設定し,「計測された時間」を時間軸上に定位できる。時間は確

コラム3

時間は刺激ではない

時間はりんごが知覚されるように知覚される事物ではない。**物理的時間**(physical time)を占めるのは刺激や刺激のパターンであり,われわれはこれら刺激に対し知覚し,判断し,比較し,そして評価するのである(ウッドロー)[19)]。

コラム4

GPSと原子時計
― 現代における「公共的時間における客観的同時性」[4)]の実現

現代の時計の精度は世界標準時(協定世界時)に使われる,いわば実用的なセシウム原子時計の場合でも数千万年に1秒という高い精度を実現している。東大で開発された光格子時計は百億年に1秒しか狂わないという高い精度に到達し[22)],さらに開発中の最先端の計測装置イッテルビウム光格子時計は"137億年で1秒しかずれない"精度を目指すなど[23)],ほとんど宇宙の誕生から今日に至る間で理屈上誤差が生じないレベルに到達しつつある。物理学の最も基本的な定数である光速〔m/s〕における「s(秒)」の地位を確定したかの感を抱かせる。往年のゼンマイ式時計の精度では,「計測された時間」をもって客観的時間あるいは「公共的時間における客観的同時性」とうたうにはためらいがあった。標準時と同期したGPSの発する精度の高い時間情報は,遠隔場所に置かれた複数の音圧計の計測開始の同期を正確にとるために実用化されるなど,まさに空間を超えた客観的同時性を実現している[24)]。

かに刺激でないが，精神物理学的実験において，独立変数として横軸に「計測された時間」をとり，縦軸にそれに対応する感覚量を従属変数としてとって両者の関数関係を求めることができる。

また，10.2節「文化における時間」で述べるように，時計すなわち「計測された時間」で告知される時間が，木村[25][p.57]が指摘する「私的・個人的な時間ではなくて，いわば**制度的時間**ともいうべき公共の時間」としてきわめて強い拘束性を持ち行動規範として認められている現実もある。これも精度の高い，公共的直線時間が社会に浸透したためと思われる。

コラム4で紹介した現在の高度な測定システムの実現で「計測された時間」の精度・妥当性を確信できても，時間の流れを物理的に直接測定できる仕組みはない。長さや重さは「メートル原器」，「キログラム原器」として実体を示すことが可能だが「時間原器」として示せる実体はない。「計測された時間」の精度は確信できても，ニュートンのように時間の実在，すなわち「物質がなくとも，変化がなくとも時間は空間とともに絶対的に存在する」ことの証明は難しい。

時間とその哲学的考察については滝浦[4]にかりるところが多いが，滝浦[4][p.182]は，"ある現象形態を持った出来事の実在性と**時間の実在性**とは区別して考えるべきであろう"，そして"時間の実在性という言葉には，十分用心しなくてはならない。というのも，時間をどのように解するにせよ，時間みずからが直接に事物に働きかけて，それらを継起させたり，その順序を規定したりするはずがないからである。……したがって，出来事の継起の順序が時間によって〈規定〉されるという言い方は，時間を実体化した不正確な言い方であって，時間は，それ自体としてはなんの現実的作用も行使しないという意味では非実在的なものなのである"と論じている。

これ以上，「時間の実在性」について哲学的アポリアに迷い込むことなく，論じるにはよほどの力量を必要とする。だが，「時間とは何か」との問に答が得られないまま，計測された時間を「客観的時間」あるいは「物理的時間」と呼ぶにもためらいがある。ここでは，「計測された時間」を「時間事象」と呼

ぶにとどめ，精神物理学において音刺激の時間条件の客観的表示として用いる。そこには「時間意識」としての時間との混同を避けたいとの意図も含まれている。ただし，両者を区別する必要のない場合には，単に時間と記述する。ここで「時間事象」の言葉を用いたのは，「こと」としての時間が計測値として「もの」に現れ出た事象としてのニュアンスをにじませたかったからでもある。木村[25][pp. 40-43]の，ベルクソン（H. Bergson）の純粋持続批判をめぐって「こと」としての時間が「もの」に投影されて不純となったときに初めてそこから時間の実感が生まれてくるとの論述はたいへん示唆に富んでいる。

精神物理学における時間を「計測された時間」として操作的に定義することが認められたとして，**時間の原点**すなわち0の時間も操作的に決めねばならない。この時間の原点をめぐる問題は哲学における現在（いま）と過去，未来を切り分ける「点（瞬間）」として古くより議論されてきた。しかし，精神物理学には刺激としての時間はない。上述のように，"時間は，それ自体としてはなんの現実的作用も行使しない"。聴覚を生ぜしめるのは可聴範囲の音波のエネルギーである。音波のエネルギーが立ち上がってから消滅するまでの「計測された時間」は時間事象として取り扱い得る。継続時間0ではエネルギーは放出されず，外部刺激は存在できない。もちろん，音は聞こえない。精神物理学の刺激条件で単なる時間0はあり得ない。バシュラール（G. Bachelard）が論じるような「持続のない瞬間」[26][p. 20]は，精神物理学の刺激条件では存在し得ない。精神物理学における瞬時とは「計測可能」な最小の持続時間とでもいえようか。「時間事象」としては幅を持つが，「瞬時」と感じる体験は主観的にはあり得る。

精神物理学における時間の原点を，音源からエネルギーが放出を開始する時点（開始時点）と考えることにする。その意味で精神物理学においては時間は無限の過去から流れているのではなく，音刺激が発生した時点を原点とする。原点はあくまで任意である。この原点は時間の計測装置，制御装置の助けをかりて実験者が司る。その精度と妥当性は時間を司る実験者の力量に大きく依存する。確かに標準時間の精度はきわめて高いが，現実の精神物理学的実験にお

ける刺激制御において，高い精度で音を発生させることも測定することもじつは容易でない。また不規則な変動誤差を制御しきれていない例もある[27]。したがって，時間の制御および変動の許容範囲いわばゆとりをめぐって各章，特に5章，6章で具体的に論じる。

「計測された時間」の原点が任意という点では，マクタガートのA系列における任意の現在に類似しているが，「時間事象」には現在（いま）はない。いまを感じるのはひとの心の中の時間すなわち「時間意識」においてである。ハイデガー（M. Heidegger）[28][p. 194]の"「いまは」において呼びかけられ，解釈されたものを「時間」と名づける"という言明にも対応する。

この**心理的現在**は**時間窓**として表現される幅を持つ[29][p. 91]。この**心理的現在**は音の経過の中で時点を異にするある範囲を一つのゲシュタルトとして知覚（記憶でも予期でもなく）する重要な現象であり，「心理的現在」の範囲およびその測定法については2～4章で改めて紹介する予定である。

上述のように精神物理学では，時間の原点（開始時点）から終止時点，すなわち音エネルギーが存続する間の刺激と反応の関係を問題にするが，直接判断を求めない刺激間の時間間隔（空白時間）も判断に影響する。この空白時間には音刺激のエネルギーは存在しない。しかし，音刺激の終了時点とつぎの刺激の開始時点の距離として「計測可能な時間」ではある。時間意識の面では音と音の間の切れ目として，そしてつぎの音へ導く役割もまた果たしている。

さらに，積極的に音刺激間の空白時間の長さについて判断を求めることも不可能ではない。音感覚の主要な属性として高さ，大きさ，音色など挙げられるが，音が存在しない空白時間にはこれらの属性は存在しない。すなわち，時間について判断はできてもこれらの音の主要属性についての体験は生じない。この意味で空白時間は「時間」に直接向き合える貴重な機会といえる。

しかも聴覚の場合，空白時間は単なる空虚時間ではない。まっさらな白紙の上に描かれた図形の間の空白は白と呼べるかもしれないが，聴覚の場合には空白時間を区切る音の性質や音と音との時間間隔によって，物理的にはエネルギーがなくても音が連続して聞こえたり，逆に音が物理的に連続しているのに

分離して聞こえたり[30),31)]，音の継続時間と空白時間が物理的には同じでも違った長さに聞こえたりするなど，聴覚的な空白時間には聴覚の特性が大きく関与している[32),33)]。

聴覚の音刺激に対する応答特性を知る上で空白時間の取り扱いはきわめて重要である。それは音刺激の時間条件，すなわち「時間事象」と聴覚における「時間意識」の成立の関係について貴重な手がかりを提供するからである（3章参照）。なお，空白時間は光信号や触信号と音刺激の発生時間が相違する場合にも存在する。このような異種感覚間の空白時間の問題は，異種感覚間の同期の問題とも関連して「時間」に関する興味ある話題を提供する。これについては9章で論じる。

1.3 精神物理学における「時間意識」

「時間事象」は音刺激の「計測された時間」として客観的に表示可能だが，それに対応する「時間意識」との関係は単純でない。そもそも聴覚的時間の研究において時間に関する用語が曖昧に用いられてきたとする寺西[34)][p.284]の批判もある。そこで本章では，上述のように「時間事象」と「時間意識」を区別して用いたのである。精神物理学的実験において，「時間事象」に関するテーマであっても，実験参加者の判断が確かに「時間意識」を伴ってなされたか否か検討してみる必要がある。

例えば，典型的な精神物理学的測定法では，厳密に制御された実験環境下で，標準刺激と同種の刺激の物理的1変数のみを系統的に変化させた比較刺激を対として実験参加者に提示し，実験参加者は事前の教示に従い，刺激から受ける特定の性質（感覚属性）について，標準刺激と比較刺激を比べて，選択肢を用いて「反応」する（図形のような空間的刺激は標準刺激と比較刺激を同一視野の中で同時比較できるが，音刺激の場合には例外を除いて継時的な呈示となる）。

変数が時間の場合にはこの選択肢は「速い，同時，遅い」，あるいは「長い，

同じ，短い」，「変化している，変わらない」などということになろうか。要するに「時間事象」の異同に関する弁別反応である。この反応は，あらかじめ指定された反応ボタンを押すことで言語報告ではなく行動によって行うことができる。単なる時間長の弁別であれば，条件づけた動物を用いての実験も不可能ではない[35]。

ここでの疑問は，確かに操作的には透明で，データは明確に獲得できるが，実験参加者は標準刺激と比較刺激を聞き比べて単に両者が相違するか否かについて判断しているだけで，本当に時間意識に基づいて，すなわち"時間に注意して"判断していたのかどうかわからない点である。特に動物を用いた弁別実験の場合，被験動物が時間の意識を持って判断しているとは考えにくい。

伝統的に**心理音響学**（音の精神物理学）では，標準刺激，比較刺激ともに1秒以下の短い音刺激（定常音）を用いることが多い。持続時間が短い音どうしの比較では，その時間の相違は時間の長さの相違なのか音色の相違なのか，あるいは印象の強さの相違なのか判然としない。そもそも精神物理学的測定法の実験パラダイムにおいて，刺激と反応の関係は客観的に計測可能だが，その間に介在する人間の意識を直接測定することはできない。だからといって，この実験パラダイムでの実験結果が「時間事象」に関して無価値というわけではない。それは，聴覚が変化する「時間事象」にいかに対峙し，いかに変化を検知し，いかに応答するかを示す貴重なデータだからである。問題は，単なる「弁別反応」と「時間意識」を伴って反応した結果を混同することである。

内的世界の問題は精神物理学において本質的に重要な課題であり，実験参加者がいかなる主観的印象を手がかりとして判断したか，曖昧なまま結果を解釈している現状・限界を克服したい願望がある。現代の精神物理学では，誘発電位[37,38]や脳イメージングの手法をはじめ種々の生理学的指標や新たな実験手法を開発することで，内的世界の推定に努めてきた。

ここであらためて「時間意識」とは何か。「時間意識」は多様であり，記述による一般的定義は難しい。そこで，「時間」を「意識」して判断する具体例により，精神物理学的測定法における実験場面の設定そのものが，いかなる

コラム5

フェヒナーの外的精神物理学と内的精神物理学

フェヒナー[15]は精神物理学を構想するにあたって，外部から観測できる刺激と反応との関係を取り扱う**外的精神物理学**（outer psychophysics）と両者を介在する内的過程を取り扱う**内的精神物理学**（inner psychophysics）とを区分した。後者は直接観察できないので，外的精神物理学の知見と新たな解剖学的，生理学的，および病理学的知見から推論するしかないとした。フェヒナーは時計を例として針の動きを刺激，そしてその動きを知る働きを反応とする。そして，外部からは見えない内部のギアの働きが内的精神物理学の対象ということになる。ただ，刺激の世界を心の世界に変換する内的過程に関して直接知ることは難しいので，外的精神物理学のみが取り上げられてきたという歴史的経緯がある[36]。近年，脳科学の進歩によって，刺激と反応を介在する脳の働きを可視化できるようになった。この知見を通じて「時間意識」の世界にアプローチできる可能性が現実のものとなり，やがて「時間の謎」の解明が良設定問題となることが期待できる。これについては2章で取り扱う。

「時間事象」・「時間意識」に向き合っているかを振り返る。以下，聴覚の時間分解能，時間順序の識別（逐次感），刺激の時間長の評価など種々の例から，弁別反応と時間意識の相違について考察する。

1.3.1 聴覚の時間分解能と順序の識別

ハーシュ（I. J. Hirsh）[39]によると，聴覚の**時間分解能**（ハーシュの用語では temporal grain for auditory perception）は，① 単音の音色の変化，② 長音かクリック音かの区別，③ 単音か二つの分離した音かの弁別，④「単なる2音」か「二つの知覚的に異なる音」かの判断，⑤ 二つの知覚的に異なる音の順序の識別か，によって異なるとしている。実験データを踏まえて，音色の変化の場合には µs（マイクロセカンド）あるいは ms（ミリセカンド）のオーダー，単音か2音かの弁別には2 ms 程度の間隔，さらに異なる音（例えば高さの異なる2音，純音と雑音の組み合わせなど）の順序の識別に関しては20 ms 必要としている。

VieimeisterとPlack[40]がまとめているように，クリック音間の時間間隔の相違に対する聴覚の弁別閾はきわめて鋭い。例えば，Leshowitz[41]は総エネルギー値が等しい一つのクリックと二つのクリック音間の時間間隔が6 μsあれば弁別可能，HenningとGaskel[42]はクリックの持続時間の相違が20 μsで弁別可能，グリーン（D. M. Green）[43]は最初の音とつぎの音の強さが異なる正弦波の音列を用いて両者の弁別には1〜2 ms必要との結果を得ている。相違を検知するという作業に関して聴覚系は鋭い弁別能力を発揮するといえる。

ハーシュは単なる「音色の弁別」や「単音か2音かの弁別」は聴覚の末梢系が関与し，「順序の識別」にはより中枢系が関与し，識別に必要な時間は単なる弁別より約10倍と大幅に増加すると述べている。上記の聴覚の鋭い分解能を示す弁別反応の場合，「時間意識」は希薄であり，「時間意識」の関与が考えられるのは順序の識別からであろう。

1.3.2 聴覚系での識別臨界速度

「聴覚の時間分解能」に関する実験の場合，観察者に与えられた課題の相違によって異なる値が示され，結果の解釈にも相違が現れる。

短時間の時間条件下での順序の弁別課題，例えば，A音とB音が相前後して提示され，いずれが先かの判断が求められる場合，正解が示されていて，かつ試行ごとに正解がフィードバックされる事態だと，ABとBAの音色の相違で両者を区別できる。この実験課題は一見「順序の識別」実験に見えるが，実験結果は音色の相違を手がかりとしたあくまで弁別反応であり，時間分解能の一種の指標とはいえても，到底，「時間意識」を伴った時間順序の識別（**逐次感**）とはいえない。

やはり逐次感というからには，例えば，ド，レ，ミのように3音から構成される音系列があって，提示された音系列がドレミか，レドミか，ミドレかといった具合に，提示された個々の音の音名が識別できる場合であろう。寺西[44]は，5母音を継時的に提示し，提示速度を上げて各母音が時系列に沿って正答できなくなる限界の速度を**識別臨界速度**と呼び，母音間に無音区間がない場合

で150 ms，母音区間に90 msの無音区間を設けた場合で110〜125 msの識別臨界速度を見出している．母音名の呈示順序の識別は単なる音色の弁別ではなく，明らかに「時間意識」の関与が必要な領域といえる．

1.3.3 時間評価

時間評価（time estimation）について，大黒[45]は「一般にある時点から他の時点までの時間の長さを何分，何秒と見積もることを指す」と定義している．時間評価に関する実験には秒単位から数十分，さらに数年に及ぶ出来事の時間評価の例が紹介されている．比較的「時間事象」と対応関係のよい実験結果が報告されているが[46]〜[49]，短時間の刺激を対象とした精神物理学的実験の場合とは異なり，長い時間長の判断の場合には認知的な種々の手がかりの動員が推定されている．

大黒は，「人は時間の見積りをなすにあたって，可能な限りなんらかの手掛かりをつかもうと努め，かつそれに基づいて経過した時間を算出しようとする．それゆえ，時間の評価値は必ずしも主観的時間の長さをそのまま反映しているとは限らない」と述べている．与えられた課題に努力している姿が浮かんでくるとともに時間評価で得られた結果が「時間意識」を伴うとしても，必ずしも時間長を示しているとは限らないことに留意する必要がある．なお，時間知覚，時間評価のモデルに関しては，体内時計，出来事の数，情報処理と関連づけたモデルなど種々提案されているが，神宮[50],[51]，松田ら[8]，Fraisse[29]に詳しく書かれているのでここでは省略する．

1.3.4 聴覚的時間の種々相と空間的時間

このように「計測された時間」を巡る判断は，音色を手がかりとした μs オーダの鋭い分解能（弁別反応）から，10〜20 ms程度必要な順序の識別，100 ms以上を必要とする臨界識別速度，さらに実験参加者が種々の手がかりを動員して行う長時間の活動についての時間評価に至るまで，さまざまである．ごく短い時間における精神物理学的実験結果の多くが，時間情報を失った

印象という意味で空間的といえるだろう。さらに，長い時間の場合でもその印象を認知し記憶にとどめる場合には，視覚情報のように空間的に記号化されて処理される可能性がある。

ここでは時間情報を失っているという意味で「比喩」的に「空間的」という表現を用いた。また，以下で述べるベルクソンの**純粋持続**に対する空間の観念との関連もある。ただ現実の聴覚の世界ではコンサートホールの残響時間のように，舞台からの直接音とホールの壁や天井からの反射音の時間差というまさに時間条件がホールの空間的大きさの印象を決めている場合がある。時間条件が空間の大きさの手がかりを与えているのである。また，時間条件が与える音色への影響も重要である。ホールでは直接音と最初に到来する反射音の時間差が 30 〜 50 ms 程度と短く，継時的な時間意識とならずに融合した音として知覚される。だからこそ演奏音の音色が美しく響く。もし，直接音と第一次反射音が継時的に「時間意識」を伴って別々に知覚されれば，これは鳴き竜現象（フラッタエコー）として演奏音の著しい劣化をもたらす[52][p.58]。

一方，絵画は空間的芸術の代表であるが，三浦[53]が鮮やかに例示するように，われわれは風景画や風景写真から時間の持続，停止，変化など時間印象を抱く。確かに"絵や写真の前に，そこから「立ち現れてくる時間」を感じる"場合がある[54]。現実の世界では時間と空間は密接な関係を持っている。二つの視覚刺激を継時的に提示するとき，2 刺激の空間的距離の知覚は 2 刺激間の時間間隔に依存する（タウ効果）など空間的距離が時間間隔に支配される場合もある[55]。空間（視覚）と時間（聴覚）の関係，同期については 8 章，9 章を中心に多くの場合に触れることになろう。

ベルクソン[56][p.122]は持続を二つに分ける。すなわち"持続として，一つは混合物のないまったく純粋なもの，もう一つは空間の観念がひそかに介入しているもの"と区別する。まったく純粋な持続とは"自我が生きることに身を任せ，現在の状態と先行の状態との間に分離を設けることを差し控えるとき"とし，例としては"あたかもあるメロディーの楽音がいわば全部溶け合ったような状態で想起するとき"であり，楽音全体の諸部分がたとえ区別されはして

も，緊密な結びつきによって相互に浸透し合うような生き物になぞらえているのである。木村[25]は先に紹介したようにベルクソンを批判して，"純粋持続が真の時間として生きられるためには，……純粋持続がある種の空間性，もの性のうちに投影されて「不純」になったときに初めてそこから時間の実感が生まれてくる"とひそかな「空間」観念の介入の必要性を論じている。

ここで音の世界ではベルクソンのいう「純粋持続」も空間の介入したいわば不純な「時間の意識」もともにあり得ると考える。まず「感覚」の測定手法である精神物理学的測定法の場合，音刺激を短い断片に切り分けて提示し，その後，すでに消え去った刺激の印象，すなわち記憶の世界を感覚属性の言葉で反応することを求める。このような体験には空間の介入が確かに必要である。

一方，ベルクソンのもう一つの持続，すなわちわれわれが音の世界に身を任せてメロディーのように変化する音の流れに追随しながら聴取する体験は，音楽の聴取において特に自然である。したがって，心の中での現在を考える場合には，空間へ投射された「現在」，および相互に浸透し合った流れの中での「現在」の両者について考慮する必要がある。前者は伝統的な精神物理学的測定法の対象になり得るが，流れの中の時々刻々の印象を測定するには新たな方法を開発する必要がある。この新たな手法（**カテゴリー連続判断法**など）[57]については4章で紹介するとともに，「楽音全体の諸部分がたとえ区別されはしても，緊密な結びつきによって相互に浸透し合うような体験」の実例としてピアノ演奏音のレガートの印象[30),31)]を3章で取り上げる。

聴覚における時間と空間相互の連関は環境に適応する上で必要である。一般環境における音刺激は音声，音楽，物音など時間的に変化し，時系列的に入力されるので，音刺激が伝える情報が何であるかは入力が終了してみなければ，予測はできても正確に認知することは難しい。ある音を認知するには，音が生起し，継続し，終了するに至る時間経過が必要である。同じ構成要素を持っていても時間経過が異なれば異なる音刺激となる。

図形のような視覚的パターンの場合には空間的配置と対比が重要だが，どの部分から対象を眺め始めても対象の認知に変化はない。ときには主観的にはほ

とんど一瞬のうちに対象が何であるか識別できるだろう。一般環境における音刺激の認知の場合には，時間軸に沿った変化の情報なしに対象を識別することは難しい。古典的精神物理学的測定法は元来，時間軸の流れに沿った体験の測定には適していない。

　上述のように新しい方法論を提案し，物理的現在ではない心理的現在の範囲について定義，推定，計測する必要がある。体験中の心理的現在の中には，すでに過ぎ去っていまはない過去の世界も，まだ来ぬ，したがっていまは存在しない未来の世界も存在し得るからである。時間の流れに沿った「時間意識」の精神物理学的測定手法が必要とされるゆえんである。

　さて，精神物理学の範囲を超えて実験心理学の分野に広げると，記憶や学習の分野など長い時間経過について取り扱う必要が生じる。例えばエピソード記憶の想起における時間軸はマクタガートのB系列の時間ともいえる。そして，確かに現在の時計は西暦による表示が可能であり，エピソード記憶で想起されたある時点を「計測された時間」として表示することは不可能ではない。しかし，その表示の妥当性の確認にはかなりの困難を伴う。本書においても長い時間系列の時間を取り扱う場合がある（4章，7章，8章など）が，歴史的時間ではなくあくまで任意に定められた原点からの時間事象として取り扱う。

　一方，時間情報を失い「空間化」された「全体的印象」としての「空間的時間」，物理的には時間的変化を伴うが時間意識を伴わない聴覚的印象，例えば，音刺激の急速な時間的変化に伴う音色の変化，継続時間の増加と音の大きさの関係など種々の現象が見られる。これらの実例は3章で取り扱う。

　知覚的には時間情報を失っているかもしれないが，変化の激しい環境において，環境内における多くの対象の存在を音色を手がかりに一瞬のうちに識別する働きは，適応行動上不可欠の役割を果たしている。元来，物理的には時系列的に入力される音の情報を，すべてそのまま感覚情報処理系でリアルタイムに時系列処理していては複雑な環境の変化に追随できない恐れがある。その意味で，複雑な時系列情報をいったん同時性を持った空間情報として取り込んでおいて，パラレル処理で能率の向上を図るというのは合理的である。時系列処理

とパラレル処理の使い分けは適応行動上も理にかなっている[58][p.15],[59]。空間は時間に侵入した不純な存在ではなく，生活空間における適応行動のなめらかな遂行のために，時間と相互に連携して巧みな役割を果たしているのであろう。

1.4 ま　と　め

（1）　ニュートンの絶対時間，すなわち無限に一様に流れる時間は，現実のマクロの世界における諸現象によく適合する。音響学における予測式や理論式もこの絶対時間の上に成立しているといって過言ではない。

（2）　しかし，相対性理論や量子力学など現代の物理学ではこのニュートンの「絶対時間」は承認されていない。したがって，「絶対時間」を「物理的時間」と呼ぶことはできない。

（3）　心の世界において時間の流れという表現はなじみやすい。しかし，時間の流れの実在を証明することは難しい。

（4）　時間の定義はこれまでいろいろ試みられているが，時間は多様なのでその定義は哲学的にも難しい。したがって，時間の定義についてはなんらかの拘束条件を設けないと設定できない[11]。

（5）　本章では「精神物理学的観点」から時間の定義を試みた。

（6）　現代の電波時計（GPS 時計）で表示される「計測された時間」の精度はきわめて高く，「公共的時間における客観的同時性」[4]を満たすものとして「実在」すると信じるに足る。計測された時間は標準化された単位〔秒〕によって尺度化できる。「計測された時間」をもって精神物理学の「時間」とする。「計測」という操作を通じて「時間」は客観的に明示できる。

（7）　精神物理学では物理的刺激と反応との量的関係を取り扱う。音の精神物理学における適応刺激は音波であって，時間は刺激でない。確かに時間は刺激でないが，精神物理学的実験において，独立変数として横軸に「計測された時間」をとり，縦軸にそれに対応する反応を従属変数とし

てとり，両者の関数関係から精神物理学的法則を導くことができる。

（8）「計測された時間」は適応刺激である音波の時間条件を決定する。「物理的時間」という用語は上記（2）の理由で用いられないので，「計測」された「時間」を「時間事象」と呼ぶ。

（9）　音の精神物理学における課題は，音刺激の「時間事象」の変化とそれに対する反応すなわち「時間意識」との対応関係を明らかにすることである。

（10）　ただし「時間事象」は確かに変化していてもその変化があまりに迅速である場合，「時間意識」を伴わない「弁別反応」を測定している場合もある。この場合は変化の検知，すなわち聴覚の「時間分解能」を問題としていることになる。音の精神物理学では「時間意識」も「時間分解能」とともに取り扱うが，両者を区別して取り扱う必要がある。

（11）「時間意識」には「いま」を中心に過去も未来も含んだ「心理的現在」が関与する。「音の流れ」に委ねて移動する「心理的現在」の世界は，従来の古典的精神物理学的測定法では取り扱えない。新たな精神物理学的測定法の可能性について論じた。

（12）　時間情報を失った「時間分解能」の時間を「空間的時間」と名づけたが，その「時間事象」における微妙な相違に対する鋭い検知能力・弁別能力は変化する環境に適応する上で重要な働きを発揮する。「空間的時間」および「時間意識」は適応行動においてともに貢献しているといえる。その裏付けは2章以降で紹介する。

引用・参考文献

1) 佐藤文隆：宇宙論への招待，岩波新書，岩波書店（1988）
2) 佐藤勝彦：宇宙論入門 — 誕生から未来へ，岩波新書，岩波書店（2008）
3) E. Husserl：Zur Phänomenologie des innern Zeitbewusstsein, In Band IX, Jahrbuchs für Philosopie und phänomenologiesche Forschung（1928），フッサール 著，立松弘孝 訳：内的時間意識の現象学，みすず書房（1967）

4) 滝浦静雄：時間 — その哲学的考察，岩波新書，岩波書店（1976）
5) 入不二基義：時間は実在するか，講談社現代新書，講談社（2002）
6) 渡辺由文：時間と出来事，pp. 267-294，中央公論新社（2010）
7) 塩川徹也：発見術としての学問 モンテーニュ デカルト パスカル，岩波書店（2010）
8) 松田文子 編：心理学的時間 — その広くて深いなぞ，北大路書店（1996）
9) 木村　敏：時間の人称性，広中平祐，井上慎一，金子　務 編，時間と時 — 今日を豊かにするために 第4章，pp. 261-273，日本学会事務センター・学会出版センター（2002）
10) 広中平祐：時間研究所の発展を期待して，広中平祐，井上慎一，金子　務 編，時間と時 — 今日を豊かにするために 第1章，pp. 3-8，日本学会事務センター・学会出版センター（2002）
11) 調枝孝治：心理的時間の研究は不良設定問題，松田文子 編，心理学的時間 — その広くて深いなぞ，pp. 4-6，北大路書店（1996）
12) E. G. Boring：Sensation and perception in the history of experimental psychology, Appleton-Century-Crofts（1942）
13) S. S. Stevens：The direct estimation of sensory magnitudes — Loudness, American Journal of Psychology, **60**, pp. 1-25（1956）
14) 大山　正：ウェーバー フェヒナー スティーブンス — 精神物理学，末永敏郎 監修，鹿取廣人，鳥居修晃 編，心理学の群像，pp. 165-192，アカデミア出版会（2005）
15) G. T. Fechner：Ellemente der Psychophysik（1860），Gustav-Theodor-Fechner-Gesellschaft e.V.（CD-ROM）（2001）
16) 岩渕　輝：生命の哲学 — 知の巨人フェヒナーの数奇なる生涯，春秋社（2014）
17) 新版 心理学事典，平凡社（1981）
18) JIS Z 8106-1988，音響用語（一般）（1993）
19) H. Woodrow：Time perception, In S. S. Stevens (Ed.), Handbook of experimetal psychology, pp. 1224-1236, John Wiley, New York（1953）
20) 難波精一郎：時間 音 そして音楽 — 実験心理学的観点から，音楽知覚認知研究 **18**, pp. 29-52（2012）
21) 難波精一郎：音と時間 — 精神物理学的観点から，日本学士院紀要，**68**, pp. 45-81（2013）
22) 立花　隆：四次元時計，pp. 77-79，文藝春秋 90-1（2012）
23) 安田正美：1秒って誰が決めるの？　日時計から光格子時計まで，ちくまファミリー新書，筑摩書房（2014）
24) 橋本英樹，小池義和，影山くるみ，下城みさき：GPSのタイムパルスをサンプリング信号に用いた音圧計測の検討，日本音響学会研究発表会講演論文集 1-5-9（2014 秋）

25) 木村　敏：時間と自己，中公新書，中央公論新社（1982）
26) G. Bachelard：L'intution de L'instant（1932），バシュラール 著，掛下栄一郎 訳：瞬間と持続，紀伊國屋書店（1969）
27) 長嶋洋一：MIDI 音源の発音遅延と音楽心理学実験への影響，日本音楽知覚認知学会 平成11年度秋季研究発表会資料，pp. 47-54（1999）
28) M. Heidegger：Sein und Zeit（1927），ハイデガー著，桑木　務 訳：存在と時間 下巻，岩波書店（1963）
29) P. Fraisse：Psychologie du temps, Presses Universitaire de France（1957），P. フレッス 著，原 吉雄 訳：時間の心理学，創元社（1960）
30) 難波精一郎，桑野園子，山崎晃男，西山慶子：音楽演奏におけるレガート感と聴覚の動特性との関係，大阪大学教養部研究集録，**40**，pp.17-35（1993）
31) S. Kuwano, S. Namba, T. Yamasaki and K. Nishiyama：Impression of smoothness of a sound stream in relation to legato in musical performance, Perception and Psychophysics, **56**, pp. 173-182（1994）
32) 中島祥好：短音で示された分割時間の精神物理学的研究，日本音響学会誌，**35**，pp. 145-151（1979）
33) H. Fastl：聴覚の動的特性に関する諸問題 — 実験事実とモデル，日本音響学会誌，**40**，pp. 767-771（1984）
34) 寺西立年：聴覚の時間的側面，難波精一郎 編，聴覚ハンドブック 第7章，pp. 276-319，ナカニシヤ出版（1984）
35) W. H. Mech and R. M. Church：Abstraction of temporal attributes, Journal of Experimental Psychology, Animal Behavior Processes, **8**, 3, pp. 226-243（1982）
36) E. Scheerer：Fechner's inner psychophysics：Its historical fate and present status, H. Geissler, S. W. Link and J. T. Townsend (Eds.), Cognition, information processing, and psychophysics, Basic issues, pp. 3-22, Lawrence Erlbaum（1991）
37) S. Namba, S. Kuwano and T. Kato：The loudness of sound with intensity increment, Japanese Psychological research, **18**, pp. 63-72（1976）
38) S. Namba, Y. Yoshikawa and S. Kuwano：The anchor effect on the judgment of loudness using reaction time as an index of loudness, Perception and Psychophysics, **11**, pp. 56-60（1972）
39) I. J. Hirsh：Auditory perception of temporal order, Journal of Acoustical Society of America. **31**, pp. 759-767（1959）
40) N. F. Viemeister and C. J. Plack：Time analysis, In W. A. Yost, A. N. Popper and R. R. Fay (Eds.), Human psychophysics, pp. 116-154, Springer（1993）
41) B. Leshowitz：The measurement of the two-click threshold, Journal of Acoustical Society of America. **49**, pp. 426-166（1971）
42) G. B. Henning and H. Gaskel：Monaural phase sensitivity measured with Ronken's paradigm, Journal of Acoustical Society of America, **70**, pp. 1669-1673（1981）

43) D. M. Green : Temporal acuity as a function of frequency, Journal of Acoustical Society of America, **54**, pp. 343-379 (1973)
44) 寺西立年：聴覚系での識別臨界速度と情報処理能力，日本音響学会誌，**33**, pp. 136-143 (1977)
45) 大黒静治：時間評価研究の概観，心理学研究，**32**, pp. 44-54 (1961)
46) R. E. Hicks and D. A. Allen : The repetition effect in judgement of temporal duration across minutes, days, and months, American Journal of Psychology, **92**, pp. 323-333 (1979)
47) R. P. Fergason and P. Martin, : Long-term temporal estimation in humans, Perception and Psychophysics, **33**, pp. 585-593 (1983)
48) A. B. Kristofferson : Attention and psychophysical time, Acta psychologica, **27**, pp. 93-100 (1967)
49) L. G. Allen : Magnitude estimation of temporal interval, Perception and Psychophysics, **33**, pp. 29-42 (1983)
50) 神宮英夫：時間知覚研究の問題点と課題，大山　正，今井省吾，和気典二　編，新編 感覚・知覚心理学ハンドブック，pp. 1555-1562, 誠信書房 (1994)
51) 神宮英雄：時間知覚の感覚過程と認知過程，大山　正，今井省吾，和気典二　編，新編 感覚・知覚心理学ハンドブック，pp. 1565-1579, 誠信書房 (1994)
52) 前川純一：建築・環境音響学，共立出版 (1990)
53) 三浦佳世：絵の中の時間・絵の中の速度，こうしょう（高翔），**43**, pp. 39-43 (2005)
54) 三浦佳世：絵画の時間印象・時間表現 — 感性心理学からのアプローチ，日本色彩学会誌，**35**, 4, pp. 316-321 (2011)
55) 松田文子：時間間隔と空間間隔の知覚における相互作用，大山　正，今井省吾，和気典二　編，新編 感覚・知覚心理学ハンドブック，pp. 1580-1588, 誠信書房 (1994)
56) H. Bergson : Essai sur les données immédiates de la Conscience (1889), ベルクソン 著，中村文郎 訳，時間と自由，岩波文庫，岩波書店 (2001)
57) S. Kuwano and S. Namba : Continuous judgment of level-fluctuating sounds and the relationship between overall loudness and instantaneous loudness, Psychological Research, **47**, pp. 27-37 (1985)
58) 苧阪直行：脳と意識 — 最近の研究動向，苧阪直行 編，脳と意識，pp. 1-44, 朝倉書店 (1997)
59) 佐藤　悠：覚醒動物の大脳一次聴覚野での時間情報とスペクトル情報の並列処理，日本音響学会誌，**67**, pp. 113-118 (2011)

第2章
脳の中の時間

2.1 はじめに

　京都の南禅寺近辺には多くの別荘が営まれているが，その一つに対龍山荘がある。ゆるやかな山の斜面に広がる庭園には琵琶湖から引いた水路の水を取り込んだおもしろい仕掛けがある。広い池を見下ろす山荘の縁台からは，池の向こうに大きな滝が見えるが，流れ落ちる水の音がじつにリアルに時間の流れとして聴こえる。というのも，そこには仕掛けがあるのである。縁台のすぐ下には眼には入らない別の小さな滝がしつらえてある。この小さな滝は岩を穿った水の落とし穴に流れ込み，そこで水音が響くのであるが，聴く人は向こうの大滝の音と錯覚するという。小滝という「現在」の聴覚の窓が，はるかな池畔に見えるだけの大滝の視覚の窓を演出している。小滝の音が消えれば，そこで時間の流れは止まるだろう。この音の風景の設計者は，庭師七代の小川治兵衛であるという。このように，滝の音で表現される時間の流れと庭園の空間はたがいに融合し合うことで，脳の中の主観的時間はその一つの姿を表す。

　主観的な時間とその内的意識経験について，深い現象学的分析を行ったドイツの哲学者フッサールは，時間が過去，現在と未来に向けて内在的な志向性を含んでいると考え，それぞれが過去の記憶の保持，現存，そして未来への予期という志向性を帯びていると考えた[1]。「記憶も絶えず流れ続ける」という彼の時間意識論の中では，主観経験としての音や色にも志向性が含まれ，想起や想像はこの時間意識の現前化を担い，ここには記憶や予期，そして過去への遡

及作用も含まれるという。昨夜見た，照明に輝くオペラ劇場を想起することは，劇場の知覚を現存するものとして表象のうちに浮かび上がらせる再生の働きに等しく，その特徴は現出したものを内的時間に配列することであるという。「過去については記憶が，未来については予期が志向性をもって現れる」というフッサールの考え方は，現代の記憶理論，例えば**短期記憶**（short term memory）や**ワーキングメモリ**（working memory）の持つ近い過去や未来志向の性質と考え合わせると興味深い。現在と過去や未来を結びつける短期の記憶やワーキングメモリの役割については2.3節で述べる。難波[2]は，音と時間の流れについてやはりフッサールに言及し，音が時間に内在し，持続し，さらに変化することを認めながら，主観的な時間には，音の変化に伴う時間意識と，音が過ぎ去ったあとにくる時間意識を伴わない全体的印象の二つの側面があることに言及している。そして，音が過ぎ去ったあと，時間は空間化されるという。この空間化は小滝の音が止まり，時間意識が消失に向かい，庭の光景が現出する過程に当てはまるように思われる。ここでは，時間と空間の不思議な交代劇が演じられるようである。

　ここで，再び山荘の音の風景のトリックに戻りたい。小滝の流れる音という現存在が消えれば，そこで時間の流れは止まり，静かな夏の庭の広がりが視界を覆い尽くすであろうか。今度は，小さいながら小滝の音に隠れていた（マスキングされていた），池の向こうの大滝の水が滝壺に落ちる音が現れるだろう。内的意識の中で，フッサールのいう注意の光が今度は大滝にあてられるのである。しかし，さらにこの滝の音も消滅すると，そこにはシーンとした静かな夏の庭が現れ，蝉（せみ）の鳴き声が聞こえ始めるまではまた時間の流れは止まるのである。ここには，時間と空間の相互依存的なかかわりがうかがえる。時間の空間化はかえって時間の流れを意識させるのかもしれない[3]。

2.2　時間をつくる脳

　ニュートン的な時間では，時間は過去から現在，さらに未来へと流れる。そ

の中で，われわれはいま生きている「現在」を過去から未来へ流れていく時間の軸の上で位置づけることができる。そして，われわれの脳は刻々と現在に生じるイベント（事象）を順序づけて記憶し過去をつくりあげていく。とはいっても，過去，現在や未来という区分は実在するものではなく，時間意識を考えるときに随伴して現れる便宜上の概念であるとここでは考えたい。

脳が長い進化のプロセスで，厳しい環境への適応のための特別な意識の神経システムを五感にわたって磨き上げてきたおかげで，われわれは外界を的確に認識し，予測することができる。それぞれの感覚は最適化された認識の器官が担うが，不思議なことに時間の認識を司る器官はない。図 2.1 に示すように，大脳皮質には視覚野，聴覚野，嗅覚野，味覚野や体性（皮膚）感覚野といったモジュール化した脳領域はあるのだが，「時間野」という領域は存在しないのである。

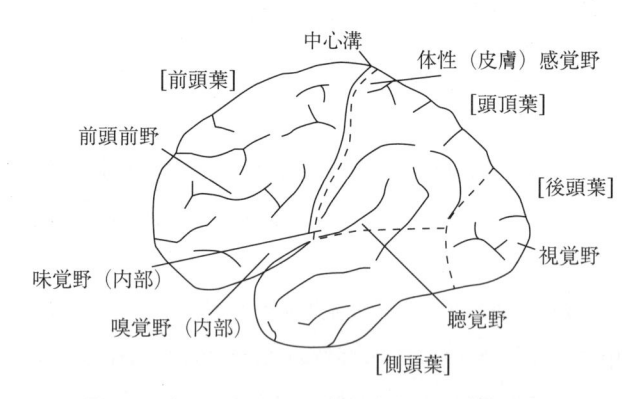

図 2.1 大脳の感覚野と四つの脳葉（左半球外側面）

このような事実から，内的な時計の働きを下位構造として持ちながら，時間は主として，五感とかかわる脳の高次認知過程が持つ創発特性であると考えることができる。高次認知では，時間とかかわる短期記憶やワーキングメモリが時間を感じる意識に影響を及ぼすものと考えられる。本章では，脳がどのように時間を刻むのか，そして，脳がどのように時間の流れを感じるのかを少々哲学的視点も交えて考えてみたい。

2.2 時間をつくる脳

　時間は西洋ではギリシャ哲学の時代から，東洋ではインドの原始仏教の時代から，存在論と認識論において幾多の論議がなされてきた。存在論では，時間は空間と並んで重要な認識の要件であると考えられ，古くはアウグスティヌスの時間論，ダルマキールティー（Dharmakiirti）の唯識派の時間論，近代では持続を問題にしたベルクソン，現象としての時間を考えたフッサール，現存在を時間から取り上げたハイデガーなど多くの哲学者や宗教者が時間という難問に取り組んできた。

　19世紀末にドイツで，哲学のゆりかごから生まれた実験心理学でも意識の時間的側面が注目されるようになった。一万分の一秒や千分の一秒で時間を測定できるヴント（W. Wundt）式やヒップ（M. Hipp）式のクロノスコープが，さらにモイマン（E. Meumann）式の時間感覚測定器などが発明され，心の働きの時間領域における実験的探求が盛んになった。聴覚や視覚刺激の提示から反応までに必要な反応時間が複雑な弁別では長く，一方，単純な検出では短い。これは，両者の処理の階層(段階)に違いがあると考える**差分法**(subtraction methods)のアイデアがオランダの心理学者ドンデルス（F. Donders）によって提案されてから，情報処理に要する段階を細かく検討する場合の研究法として取り入れられるようになった。一方，聴覚や視覚刺激の呈示の時間差の検出を求める方法もある。このような方法によって，時間に埋め込まれた心的過程とその脳内表現を考える情報処理アプローチが広まり，心的クロノメトリー[4]の領域が拓かれることになる。実験心理学は，空間の認識を可能にする属性としての時間を，経験的な側面から実験を通して検討してきた。近世の心理学では機能主義的心理学の祖といわれるジェームス（W. James）の「意識の流れ」というアイデアに時間の概念が表現されており[5]，さらに彼は記憶には短い記憶と長い記憶があることも示唆し，意識や記憶などの心的経験を規定する要件として時間をとらえた。気づきを導く注意の時間的な側面も注目を集めるようになってきた。現在，実験心理学では，時間の研究を時間知覚とややマクロな時間の評価の二つのカテゴリーに分けて考えることが多い。

2.2.1 時間と空間の相互作用

　まず，時間の知覚について考えてみたい．時間と空間が相互作用を持つことは，聴覚と視覚空間の間の**時空相待**（space-time dependency）の現象が示している．二つの刺激を空間的に離れた場所に継時的かつ短時間ずつ提示するとき，2刺激間の空間間隔の知覚は2刺激間の時間間隔に依存する．時間が空間に及ぼす影響を見たタウ効果[6]や，逆に空間が時間に及ぼす影響を見たS効果[7]が知られている．前者は，暗室中に等間隔に配列された3光点（a, b, c）を継時的に瞬間呈示し，a-b間とb-c間の空間距離を判断させる課題で，a-b間の呈示時間がb-c間より長いとa-b間の空間間隔が大きく感じられる効果であり，後者はa-b間とb-c間の時間間隔が同じであっても，例えばb-c間の空間距離を大きくとるとb-c間の時間間隔が長く感じられる効果である．このような時空相待の現象が観察できる条件は**仮現運動**（apparent motion）が観察できる時空間の条件とも一致することが多いことは注目に値する．仮現運動は，二つの光点を例えば50 msの時間間隔を入れて点滅させると，光点が運動しているように見える現象であり，静止画像であるコマの連続で動きの印象を生み出す映画の原理ともなっている[6]．特に，ベータ運動と呼ばれる仮現運動では，二つの光点自体が消失し，最初の光点からつぎの光点への移動運動のみが見えるが，これは光点aに続いて光点bが知覚された後に移動する光点を補完して見るという一種の錯覚であると考えられる[8]．脳の中の時間意識については短い記憶が介在して，時間軸をさかのぼって前後のイベントを入れ替える働きをしているかもしれない．脳が瞬間的な時間の窓を通して空間の補完を行ってい

コラム6

仮現運動

　物理的には動いていないのに主観的には運動が感じられる運動錯視の一種であり，ネオンサイン，テレビや映画の動画像の説明原理となっている．ベータ運動のほか，2番目の刺激をより明るく設定すると光点が初めの光点に向かって逆に動くように見えるデルタ運動なども報告されている．

> **コラム 7**
> **バイオロジカルモーション**
> 　身体の肩，肘，腰などの関節に小光点（点光源表示）を取り付けた人物が，暗室で動いている様子を撮影する。それを，動画として観察すると人物が動いているように見える。これをバイオロジカルモーションという。

るかのようである。聴覚の場合も，空白時間の始まりと終わりが主観的時間の流れの中では異なる印象をもたらすことから，音を伴わない空白時間に音が連続して聴こえるようなことがあるという[2]。時間と空間の相互依存性はこれにとどまらない。例えば，バイオロジカルモーション[9]のように，複数光点間の動きを剛体仮説を用いて復元することも可能である。身体に取り付けた複数の光点の動きを暗室内で観察したとき，例えば人が歩いていることが認識できるのである。このような観察は，時間の中に空間を織り込むメカニズムが脳内にあることを予測させる。

2.2.2 脳と運動視

　このような働きは，脳内の運動視とかかわる **MT**（middle temporal，V 5 ともいう）**野**を中心とした高次視覚情報処理領域が担っていると考えられている[10]。MT 野は運動刺激を観察しているときに活動する脳領域で，側頭葉内側と頭頂葉の接続領域に位置する。この領域が障害を受けると，対象の移動に時間を組み込むことが困難になり，運動失認となる。ツイールら[11]の報告によると，この運動視領域に障害を持つ患者は対象の動きを認識できないため，道を横切るときに危険を感じるという。先ほどまで向こうに見えていた車がつぎの瞬間には目の前に現れるため，無事に横断するのが困難であるという。そのため患者は，安全に渡るために耳から聞こえてくる車のエンジン音がもたらすドップラー効果によって遠近を知るために，耳に注意を向けるという。脳内では，時間 t_1 から t_2 への対象の空間移動は時間経過を伴い，移動対象が同一であればある物体が動いたという認識が生み出される。障害を持つ患者の場合，脳内の

> **コラム 8**
>
> **運動失認**
>
> 運動失認は，時間経過に従って対象がその位置を時々刻々と変えるとき，その対象が動いているという知覚印象を意識上にもたらさない疾病である。一次視覚野に連続して入力される視覚情報に，時間情報を織り込んで位置の計算を行う高次視覚情報処理領域（MT 野）が障害を受けると生じる。

時間の順序を紡いで連続性を維持していくメカニズムが失われる結果，同じ対象が移動しているだけであることの認識，つまり対象の同一性の保持ができなくなるのである。この領域はすでに触れた時空相待の現象ともかかわりを持つと考えられる。脳の MT 野は確かに t_1 と t_2 の間の位置の変化をとらえて動きを認識する脳内メカニズムを持ち，外界の変化をとらえる有効な手段になっているという意味で，時間意識を紡ぎ出す脳内メカニズムの一つである。仮現運動が現れる瞬間に MT 野に，経頭蓋磁気刺激によって瞬間的に強い磁場を当てると仮現運動が見えにくくなるのは，磁場が一時的にこの領域の働きを抑制するためだと推定されている[12]。

2.3 知覚と記憶の現在

2.2 節のように，視覚と聴覚は，ヒトが外界の変化を認識するとき，主観的な意識の世界では相互に補完し合っている。新幹線に乗ったとき，窓外に流れる風景が見えるが，目を閉じて MT 野の働きを締め出せば，残るのは耳から聞こえる列車の音と振動からの運動の推定である。それでは，列車の音も振動もなくなれば，内的な時間意識の現在の姿はどうなるのであろうか。五感の情報をすべて遮断する感覚遮断の実験によれば，外界からの刺激がなくなると，幻聴や幻視などの妄想が生じ始め[13]，数秒程度の短い時間はゆがみを持ち始めて過小評価されがちになるという[14]。

これは，われわれの時間意識が呼吸，心拍や脈波などの生体の生理的リズム

によって影響を受けると同時に，つねに五感から入ってくる外来性の刺激によっても形づくられていることを示唆している．外界の変化やゆらぎが「現在」をつくり出しているのである．

さて，われわれは毎日時間に追われながら生活しているが，時間から解放されたときの心の状態とはどのようなものであろうか．そのようなとき，われわれは，記憶の中で過去や未来に思いをはせる時間の旅行を楽しんでいることが多いといわれる．このようなほかに何もすることがない安息状態にあるとき，脳は自分の将来を想像することが多く，最近この状態は脳の**デフォルトモード**（default mode）の働きとして知られるようになってきた．脳は休むことなく，将来に向けての前向きの意識を形成する傾向があると考えられる[15]．最近の脳の記憶についての病態研究は，海馬の障害によって，過去をつくれず現在にしか生きられない患者や，注意の脳内メカニズムに障害があって時間が速くあるいは遅くしか流れない患者があることも明らかにしつつある．もう少し日常的なレベルから見ると，健常者であっても，体温などが時間評価に影響を持つという[16]．ダイバーが海に潜ったあと，体温が下がると1分を長く感じたり[17]，風邪で体温が上がると時間が長く感じるという[18]．さらに，時間意識は年齢や文化の違いの影響も受けることがわかっている[19]．脳の中で過去を想起したり，現在をモニターしたり，近未来を予測する働きも，脳の記憶のメカニズムの脳イメージング研究の進展のおかげで明らかになってきた．

過去から現在へ，そして未来へのなめらかな移行には，短い記憶という時間の接着剤-ワーキングメモリ[20]が必要になってくると考えられる．ワーキングメモリは，脳の前頭前野を中心に働く情報処理の司令塔の役割を果たしている[21]．ここではワーキングメモリとリズムのかかわりについて見てみたい．例えば，一定の時間の窓で感性的な情報が統合される例として，会話時の発話がある．会話の場合，相互の発話リズムの単位はおおまかにいって3秒程度であり，会話の内容はワーキングメモリによって一時的に保持されながら同時に処理されることで，会話の流れはなめらかなリズムを持つようになる．その間はつぎの発話の準備や理解のための短い休止で区切られるという[22]．一種の神経的なシ

> **コラム9**
>
> **ワーキングメモリ**
>
> 　作動記憶とも呼ばれ，取り込まれた情報を一時的に保持しつつ，その情報に内的操作を加えて目標志向的行動に役立てるアクティブな記憶システムを指す。例えば，暗算時の数字や計算中に生じる桁の繰上り情報は保持すべき情報であり，計算は内的操作に対応する。保持と操作のいずれかにエラーが生じても正しい答は得られない。ワーキングメモリで保持あるいは操作できる情報には厳しい容量の制約があり，また個人差も大きい。

ンクロナイゼーションのリズムが働くのであろう。さらに詩歌などにおいても，3秒単位のリズムは面白い役割を果たすという。例えば抒情詩の朗読の場合にも，およそ1行3秒の持続時間がシンクロナイゼーションを導くという[22]。話は変わるが，日本の和歌に取り入れられた五七調または七五調などの律動性も上記の発話のリズムとかかわるように思われる。「五七五」のように和歌を句に分けるのは，この韻律のリズムの繰り返しが時間の窓の中で想起されたイメージを時空間的に織り込むのに適しているからであろう。ここで，一つの例を挙げてみると，鎌倉時代の玉葉和歌集にある永福門院の和歌「入相の　声する山の　影くれて　花の木の間に　月いでにけり」などは音声と視覚の絶妙な時空間的コントラストが表現されており，それぞれ3秒程度で読み上げる句の切り方に関して，聴く世界と見る世界のイメージの時空間の流れの切り替えをワーキングメモリがなめらかにつないでいくという独自の構造を持っているように思われる。能の鼓の音や謡曲のせりふの展開にこの3秒のリズムを取り入れているようである。音楽の世界でもバッハのカンタータなどに同様の構造が隠されているのではないだろうか。

2.4　時　間　閾

19世紀末に哲学のゆりかごから生まれた精神物理学（心理物理学ともいう）

はその名のとおり心とモノの世界を橋渡しする精密科学であったが，この学問の生みの親であるフェヒナーが考案したのが感覚の閾値であった。閾値は，反応時間と並んで現在に至るまで重要な時間研究の方法となっている。例えば，最も基本的な閾値は音の周波数に依存した単音の絶対閾値（聞こえるか聞こえないか）とか光の見える絶対閾値であるが，もう一つの基本的なインデックスは2刺激間の比較による弁別閾である。時間経験には二つのイベントの同時性の経験と継時性の経験があるが，以下で論じる同時性の概念も二つの刺激（標準刺激と比較刺激）の弁別閾あるいは分離閾が基礎となっている。また，弁別閾を求めるとき，継時比較の場合は短い記憶が関与することが多い。例えば，2刺激間の時間差や，持続時間の判断には継時的な比較が介在し，短い記憶からの想起による比較過程が必要となる。この想起にはワーキングメモリという一時的に活性化された能動的な記憶が必要となる場合がある。2音の分離は周波数や刺激強度によって変わるが，一般には数ミリ秒程度あれば可能になるという[23]。どちらが先に呈示されたかなどの時間順序や持続の判断には，さらに前頭葉や頭頂葉などでの判断にかかわる意思決定過程が介入するため，数十ミリ秒（順序閾値）を要するといわれる[24]。

2.4.1 脳の中の同時性

　経験の時間学では「現在」は注意を伴う意識を通して認識されるが，身体の側から現在を定義しようとすると一種の撞着が生まれる。つまり，身体の一部でもある脳の「現在」は一つではないのである。経験される時間やイベントの系列の生起順序と，物理的世界で生じる時間順序性との間にはずれがある。例えば，遠くから眺めると稲妻は見えたあとで音が聞こえる（これは空気中では光が音より速く伝わるためである。音速は毎秒340 m，光速は毎秒3億m）が，一方脳の中では事情は異なる。ペッペル[22]自身が行った実験データによれば，視覚刺激に対する単純反応時間が平均170 msであるのに対して，聴覚刺激に対する反応時間は平均130 msであったというから，聴覚は視覚より約40 ms早く検出できることになる。脳では音刺激は光刺激より約40 ms早い検出

反応ももたらすのである[22][p.28]。この時間差は，刺激の強度等によっても変わり，個人差も大きいことが知られているのであくまでもおおまかな平均値にすぎないが，例えてみれば，稲妻という視覚刺激は，脳の中ではその音響刺激に対する反応の検出においておよそ 40 ms 遅れることになる[22]。これは，眼前の同じ位置に視覚刺激と聴覚刺激が同時に呈示された場合，音が光より脳の中のゴールに早く到達することを意味するのであろうか。もし，脳に同時性の判断を担う領域があるなら，この領域に張ってあるゴールに最初に到達する神経的信号が音なのか光なのかを見張っていればよいことになる。このように情報が脳内の一つの場所に集められることで意識が形成されるというアイデアは**デカルトの劇場モデル**と呼ばれる。このモデルでは，すべての情報はある脳内領域を通過するという想定になっており，事実，多くの人々はそのように考えがちである[25]。しかし，このような劇場もゴールも脳には存在しないのである。稲妻やその音の響きは主観的な知覚経験であり，時間のずれは存在するのであるが，それらの微妙なずれが一定の幅の時間窓にあれば，注意がこれらを結びつけて（バインディング）[26]，時間的な同一性を生み出し，「現在」を脳の中で編集していると考えられる。9章でも述べられるように，複数の感覚や感性情報についても，時間窓の幅に違いがあるもののこのような事実が報告されている。ニュートン力学の一方向的で絶対的な物理時間では，このような結びつけが介在するイベントは同時とはいえない。一方，アインシュタイン（A. Einstein）の相対性理論では同時性については観測者の系により異なるとされ，同時性は相対化されることになる。脳の働き，特に高次認知系から見たときもやはり同時性は相対化され，同時性の概念は脳の中で，一定の制約のもとで柔軟に編集されていると考えられる。

2.4.2 時間の多重性

2.4.1項で見たとおり，脳の中の主観的時間は多重的である。本項では，同時性をめぐる聴覚，視覚あるいは触覚の時間学について考えてみたい。同時性を検討するには二つの刺激が必要となる。聴覚の場合，ヘッドフォンから1

msのクリック音を両耳に別々に（同時に）聞かせると一つの音が聞こえる（クリック融合）。ここで，二つのクリック音の間に数ミリ秒程度の時間間隔を入れても，客観的には同時ではないが主観的にはまだ一つの音に聞こえる。2音が分離されて聞こえるには，条件差や個人差があるが，時間間隔が数ミリ秒以上必要であるといわれる。これ以上になると同時性の時間幅（窓）から逸脱してしまうのである。ペッペルによれば，耳ではなく，皮膚に同様の短い触覚刺激を与えると，同時に感じられる時間窓はさらに10 ms程度まで広がり，視覚になるともっと広がって20～30 msまでは同時に感じるといわれる[22]。つまり，感覚のモダリティーが違えば，同時性も異なる。このようなデータは，少なくとも同時性については，主観的時間が多重的であることの証拠となっている。私たちが日常的に用いる同時と非同時の区別は，感覚が生じる脳内プロセスを考慮すると，かなり曖昧であることがわかる。

さて，ペッペルは音と光が同時に脳に到着して同じ反応時間となるためには，音と光の刺激源の空間をおよそ13 m離す必要があるとしている[22]。つまり，音と光が同時性（仮に脳にゴールがあると仮定した場合）を維持するにはこの距離以下では聴覚が速く，この距離以上では視覚が速いということになる。反応時間は脳内の感覚，運動神経系の伝達効率や注意の働きも反映しているが，われわれの外界認識にかかわる五感のうち最も重要な聴覚と視覚の間にズレがあることは注目に値する。目と耳のクロスモーダルな情報処理にもこのズレが反映されることになり，脳の時間の多重性の一端がここに現れてくる。

2.5　脳の中の「現在」

2.1～2.4節のように，聴覚と視覚にずれがあることを同時性の実験的検討を通して見てきた目的は，「現在」とは何かを考えるためである。ここで，再び脳の中の「現在」の問題に戻ってみたい。神経科学者リベ（B. Libet）は，脳の中の「現在が」一つではないことを示す実験を報告している[27]。例えば腕の皮膚を刺激するとすぐに刺激に気づく（アウェアネス）が，これは皮膚から

脳の頭頂葉の中心後回にある体性感覚皮質に神経信号が送られる結果である。では，体性感覚皮質自身に直接電極を置いて短いパルス状の刺激を与えたらどうなるであろうか。刺激は皮質ではなく，やはり，腕の皮膚に感じられるが，この場合，反復的な刺激パルスを約0.5秒も皮質に持続的に与える必要があることがわかった。つまり，アウェアネスが生じるには0.5秒の時間的遅れが生じるが，それにもかかわらずその遅れを遡及して，われわれは「現在」を仕立てていること，つまり，感覚が脳内で意識化されるには時間的遅延が伴うが，その遅延をさかのぼって補う働きを脳が持っていることがわかった。また，リベは自発的に指を曲げることを意図させ，実際に曲げさせるという巧妙な実験を行っている。そして，曲げることを意図した瞬間の約0.5秒前に，すでに脳の随意運動野はその運動に先行して準備電位を上昇させていることを報告している。要するに，これらの実験結果は，時間的遡及という同時性にかかわる編集を脳が行っていることを示唆している。また，初めに意図があって，結果として運動が生じるのではなく，運動の準備は意図に先立つという因果関係の再考を促すデータをも示唆したのである。これは脳の中の「現在」の起点が遡及によるのか，意図にあるのか，あるいは運動にあるのかを考え直す必要性を示しており，自由意思とは何かという問題にも論議が及んでくる[28]。

2.5.1　現在，過去と未来

　客観的時間や時計の時間はいずれもニュートン的な物理的時間を示しており，主観的時間は心理的時間つまり意識の中の時間を示している[22]。現在，過去および未来という区別も主観的時間についての，時間軸での一つの区切りを示したものといえるが，英国の哲学者マクタガートなどはこのような区別は実在することはないと主張している[29]。

　さて，時間の流れは一様であると考えたニュートンは，現在は過去と未来の境界にあるという。ドイツの哲学者ハイデガーは著書「存在と時間」[30]において，現在は，直下の現在か，あるいはただちにやってくるものであるという。直下の現在を過去，ただちにやってくる現在を未来に置き換えると現在は過去

と未来が表裏一体となった境界となり，この境界は無限に0に近づき，ここに彼のいう実存の意味が見えてくる。

　主観的時間を生み出すのは経験であるが，その経験の中で時間はどのように表現されるのであろうか。波多野[31]は宗教哲学の立場から，客観的時間というものは意識された反省の産物であるという。われわれは時間が刻々と過ぎていくと感じるが，特にイベントの変化に気づいたとき，そこに時間の流れを感じる。時間が過ぎ去らないならば，イベントは何ひとつ変わらないであろうし，逆に何もイベントに変化がないならば，そこに時間を感じることはないだろうと考える。冒頭の山荘の滝のケースでは，滝の流れの音がなくなったとき，そこに時間ではなく空間を感じるという解釈もイベントの変化がかかわるのであろう。アリストテレス（Aristoteles）はその「自然論」[32]の中で「時間はそれ以前と以降に向かう運動の数」であるととらえて，これを物理的時間と考えたが，彼にとって，運動が生まれたり消滅したりする過程は考察の外であった。一方，中世の神学者アウグスティヌスがその著書「告白」の第11巻[33]で述べたように「時間はだれもが知っている，しかし時間とは何かを尋ねられれば，答えることは難しい」という見方は，経験による時間（つまり主観的な時間）について述べたものである。彼はまた，過去を過ぎ去ったものの現在（記憶），現在を現在のものの現在（知覚），未来を将来の現在（予測）と考え，変化がないならば時間もないことを示唆した。

2.5.2 「現在」の哲学を考える

　われわれは，「現在」をどのようにとらえているのであろうか。哲学者西田幾多郎は経験と現在のかかわりについて面白い示唆を与えている[34]。経験から感じる現在というものを吟味してみると，「時は単に過去から考へられるものでもなければ，又未来から考へられるものでもない。現在を単に瞬間的として連続的直線の一点と考へるならば，現在というものはなく，従って又時というものはない。過去は現在に於て過ぎ去ったものでありながら未だ過ぎ去らないものであり，未来はまだ来らざるものであるが現在に於て既に現れて居るもの

であり，現在の矛盾的自己同一として過去と未来とが対立し，時というものが成立する（原文）」という見方である[34]。ここには，アウグスティヌスの時間のとらえ方と共通したところが見られる。西田の考え方は，過去と未来をつなぐ直線が「現在」の時点で丸い結び目を持ち，その結び目が無限に収縮するといった円環的イメージに近いように思われる。現在という時間は過去と未来が対峙する瞬間にあって，しかもなきがごとし，という説明である。つまり，現在は過去でもあり未来でもある矛盾的自己同一の関係の中にあるということになる。現在は便宜上，われわれの心の時間という流れを区切る一つの状態として，あるいは流れを調整する堰（せき）やイベントという時間の一里塚を記すマーカーとして感じるだけなのである。これらの立場はいずれも「現在」を実際に定義しようとするとたちまち困難に陥ることを示している。アリストテレスは運動の生成と消滅を時間の性質として取り上げなかったが，原始仏教では時間はどのようにとらえられているのであろうか。インドの原始仏教哲学では，時間について観念論的ではあるが精緻な論理学の理論が構築され，7世紀のインドの唯識学派に属するダルマキールティーの唯識説では時間が刹那（一説では1/75秒つまり13 ms程度）という単位で表され，時間の刹那滅論が展開される。それによれば，1刹那にはイベントの生成と消滅が同時に含まれ，実体の変化としての生成と消滅が生じることが時間をもたらすという。ダルマキールティーは，すべての存在が瞬間的であると考え，常住な存在はないという刹那滅論を展開している[35]。

2.6　脳の時間表象

　時間知覚や時間評価の脳内機構はよくわかっていない。すでに述べたように，五感には対応した感覚器官があるが，時間そのものを計測する感覚器官や脳内機構は存在しない。では，われわれはどうして時間の表象を生み出すことができるのであろうか。

　大脳皮質には「時間野」は存在しないが，時間経過を表象するためにはタイ

ムベースとなる発振器のような生体内時計が必要である．このような時計の役割，特に持続時間の評価にかかわる処理は，小脳，大脳基底核や島皮質などの皮質下の領域と高次皮質領域がともに担っていると考えられている[36]．皮質下では数ミリ秒から数十ミリ秒の評価が可能ないわばボトムアップ的な処理が作動するのに対して，高次皮質領域ではこれに記憶などの高次機能の影響が加わるため，数秒程度にまで評価の幅が広がり，トップダウン的な処理がなされるものと考えられる．その例が，時間とかかわる高次な皮質領域としての**前頭前野**（prefrontal cortex）や頭頂葉などの働きである．高次皮質領域に障害がある患者に時間評価の課題を行わせることでこのようなデータが明らかになってくる．例えば，右半球の前頭葉が障害を受けると30秒以上の時間評価が過小評価される傾向を示すが，これは時間間隔がワーキングメモリに保持されにくくなることがその一因と考えられている．前頭前野にはワーキングメモリ制御の中核的機能があるとされているためである[37]．また，ワーキングメモリとかかわるドーパミンシステムも時間評価に影響するといわれている．**機能的磁気共鳴画像法**（functional magnetic resonance imaging, **fMRI**）を用いた別の患者の研究でも，右の下頭頂葉や両側の前運動野が持続時間の長さの保持と，さらに右の前頭前野の背外側領域（ワーキングメモリ領域）が時間比較というあとのステージでの処理とかかわることが推定されている[38],[39]．

一方，主観的時間を生み出す神経モデルについては，例えば，記憶強度の減衰過程のような認知的過程がかかわるという考え方，大脳皮質回路でのオシレーションの信号が関係するモデル[40]，右半球の後部頭頂葉がかかわるとするモデル[41]などが提案されている．ワーキングメモリがかかわる情報統合については，右半球の背外側前頭前野，前部島皮質での自己や身体の統合過程にかかわるとするモデル[42]などが見られるが，やはり主観的時間を生み出す専用のメカニズムもしくはモジュールは見出されていない．したがって，主観的時間を生み出す機構の実在性についてはネガティブな意見が多いようである．さらに，意識することはできないが，周期性を制御する脳のシステムもある．例えば，24時間を周期とするサーカディアンリズムなどの日周期とかかわる体内

38   2. 脳の中の時間

時計の制御は視床下部にある視交叉上核や松果体が担っており，体内時計として睡眠と覚醒をコントロールしている[43]。

時間経験を注意が関与する脳の高次認知過程と関連させて考えるアプローチも，脳が主観的時間を生み出すモデルを考える場合に参考になるように思われる。ジェームス[5]も述べたように，注意は時間知覚に影響を及ぼし，さらに，記憶や意思決定にもかかわる。例えば，最初の提示音をつぎの提示音と比較するには，最初の提示音を短時間記憶した上で記憶の中で比較し，どちらが短いかを判断せねばならない。時間となんらかの形でかかわる脳領域は多いが，とりわけ前頭葉から頭頂葉にかけての注意を担う皮質領域の関与が大きいと考えられている[44]。時間の行動的研究法としては，ヒトの場合は言語評価法，産出・再生法や継時比較による方法などが脳イメージングと併用して用いられることが多い。これらの研究法には記憶による判断の影響が入りやすいので，それを避けたい場合は，信号検出モデルや適応的な精神物理学的測定法（変形上下法など）を用いることも必要となろう[45]。

2.7 注意の時間窓

ここで注意の時間学について考えてみたい。時間の流れを調整する機能として注意の働きを挙げることができる。つまり，注意は時間的意識の流れを調整する働きを持つと考えることができる。われわれは時間の中に生きている。時間の流れの中で「私」が生きているのは「いま，あるいは現在」であり，過去は意識の中に，未来はこれから経験するであろう予感の意識の中に息づいているが，注意は現在から過去や未来を覗くための意識の流れを変更する役割を持っている。その意味で，注意はうまく現在を生きるための「意識の流れ」[5]をコントロールする心の働きであり，それは注意という脳の適応的プロセスによって担われていると考えることができる。

すでに述べたように，脳の現在は一つではなく心の時間は多重的な性質を帯びている。現在という時間の窓で生まれる同時性という概念は，主観的時間の

意識の流れの中では相対的な意味しか持つことができない。したがって，注意は現在の時間の窓の中で起こった継時的なイベントの系列をまとめ上げる統合の働きを持たなければならないだろう。注意の時間窓で観察し得るイベントは事実上，一つのリズミックなまとまりを持ち，同時的とみなされるのである[46]。

では，この時間窓はどの程度の幅を持つのであろうか。ペッペルは，メトロノームを用いた実験から，音の間隔がまとまりを形成する限界が3秒程度であることを発見し，この限界を超えると統合が難しくなると考えた[22]。そして，図2.2のように，マクロなレベルでは，物理的な時間と主観的な時間評価の間にずれが生まれるのはおおよそ3秒を境にすると考えた[22]。この3秒は観察者に持続音を聞かせ，その直後に同じ時間を再生させることで求められた。再生された主観的時間は3秒程度でちょうど物理的時間と一致するが，それ以下では再生された時間は過大評価され，それ以上では過小評価されたのである。このような秒単位の再生には，すでに述べたように記憶の影響が現れることに注意する必要がある。再生された時間という間接的な測定から，3秒を境として意識の上では，それより短ければ長く，長ければ短く感じられることは経験的事実とも符合する。ペッペルは，時間評価以外でも，例えば視知覚で用いら

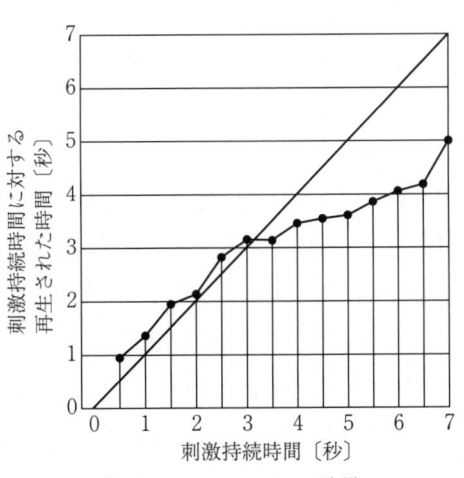

図2.2 3秒の時間の窓[21], [22]

れるネッカーの奥行反転図形や意味の反転する多義図形でも，意識の中で保持できる限界がやはり3秒であることを示唆している[22]。彼は，この3秒というのは主観的時間の単位のようなものであり心理的「現在」の時間幅を表し，この幅の中で脳内情報のマクロな統合が行われると考えている。ちなみに，フランスの実験心理学者フレッス（P. Fraisse）は，およそ3秒までを時間知覚の領域，3秒以上を時間評価と呼び，前者は直接把握できる心理的現在に，後者は心理的現在を超えて直接把握が難しい記憶にかかわると考えた。後者は，ワーキングメモリという記憶の中の「現在」の時間幅と考えることも可能であろう。

2.8 空白時間

　楽しい経験は主観的な時間の経過を短縮しがちであるし，退屈な時間は長く感じられるように感情経験も時間の経過に影響を及ぼす[47]。時間評価には態度，期待や動機づけなどが感情や情動を通して影響することが多い。では，感情が関与しないような単調な時間経過の場合はどうであろうか。空白時間は直接時間に向き合える貴重な機会であるといわれる[48]。時間の経過がなんらかのイベントによって区切られ，その区切りの多寡によって主観的時間の長さが定まるとする考え方がある。これによると，イベントによって分節化された時間は短く感じられるということになる。実際，1分間をメトロノームの音を聞きながら過ごすと，何も音を聞かない空白時程で聞く場合に比べて短く感じられる。これは，何を意味しているのであろうか。音を聞くこと，あるいは何かに注意を向けることが心理的時間を短く感じさせている原因の一つになっていると推定できる。しかし，音の出ている時間と出ていない空白時間が接近すると，音が消えた空白時間にも感覚的な影響が残存し音が継続して聴こえるというから[48]，上記のメトロノームを用いた分節化の実験は十分に長い空白時間のもとでの効果と考えることができる。このように考えると，注意は主観的な時間の評価に強い影響力を持っていると考えられる。注意を向ける刺激がない感

覚遮断の状況では，時間が短く感じられることはすでに述べた。アウグスティヌスは「時間とは何かと尋ねられなければ知っている。しかし，説明しようとするとなんだかわからなくなる」と述べたが，この言明の中の時間を注意に置きかえてみると「注意とは何かと尋ねられなければ知っている。しかし説明しようとするとなんだかわからなくなる」となるが，この意味が納得できるのは注意と時間が密接にかかわることを暗示しているからであろう。注意は，経験としてはその意味も意義もよくわかっているのに，科学的に説明しようとするとわらなくなりがちな心の制約機能であるが，近年の認知神経科学や社会脳の研究は，注意が作業概念ではなく，実際の脳内神経基盤を持つ制御系であることを明らかにしてきた。例えば，脳内ではワーキングメモリの容量制約があるために，これを注意によって制御する必要があるが，その役割を担うのが前頭葉の背外側前頭前野などがかかわる実行系と呼ばれる制約機能である。注意という心の働きは，現在の認知心理学や認知脳科学では心や時間の理解にとって重要な機能であると考えられている。このように，さまざまな情報処理の働きを認知のメカニズムに取り込むことが重視され，そのメカニズムには情報の選択機能や注意の焦点化の働きが必須であることから，注意は重要な役割を持つことになったのである。認知心理学の主要な研究領域を形成する感覚・知覚，記憶，言語や思考，さらに意識などのテーマはその多くの過程に注意がかかわっている。そして，注意はそれぞれの領域で異なった神経ネットワークを持ちながら，一方では共通の神経基盤を持つこともわかってきた。機能主義の立場から，注意を情報処理チャンネルのフィルタとして見る情報工学的なモデル，処理資源やスッポトライトとして注意をとらえる認知モデルなどが提案されるようになり，さらに，注意の脳内メカニズムの解明がfMRIや**ERP**（event-related potential：**事象関連電位**）などを駆使した先端的な認知脳科学の進展により，加速されてきている[49]。

　記憶は現在，過去さらに未来を接続する心の機能であるが，このうち現在を過去や未来に接続する短期記憶やワーキングメモリの働きは重要である。特に，ワーキングメモリは，現在と近未来を接続する時間依存的な記憶であり，

また，目標志向的でアクティブな生きた記憶として時間意識に一定の役割を果たしている．一方では，すでに言及したように，HMと呼ばれる患者のように現在に近未来を接続できない症例も報告され，これは短期記憶と長期記憶の連携の障害やワーキングメモリの機能不全にかかわるといえよう（ただし，HMは障害を受ける以前の記憶は長期記憶に正常に保持されているという点で，遠い過去とは接続されているといえる）．このように，現在と過去，未来を結びつける心の働きとして，記憶は重要な役割を演じているということができる．

2.9　現在と過去をつなぐ記憶

われわれは，例えば自宅の電話番号は脳内の長期記憶のデータベースから引き出して利用することができるが，初めて聞いた電話番号は番号をプッシュし終わるまで，その番号を心の中でリハーサルして保持しようとする．このような保持に特化した一時的なパッシブな記憶を短期記憶と呼ぶ．この記憶は新しい知識や技能を獲得し，記憶の中で過去と現在を結ぶ働きを持っている．一方，短期記憶には厳しい容量の制約があり，意味を持たない数字列の場合，7±2桁のスパンが限界であり，ミラー（G. Miller）はこれをマジカルナンバーセブンと呼んだ[50]．この制約は注意の時間窓と似た働きをする．短期記憶は，一時的な情報をリハーサルによって安定した長期記憶に転送する働きも持っているのだが，この記憶システムに障害が起こると直前の記憶が失われる．すでに触れたように，てんかんの治療のために両側の海馬を切除したことが原因で，患者HMは例えばだれかと何度会っても直後にはそれを忘れてしまうので，それを現在に生かすことができない．短期記憶が心理的現在の担い手の一つであることを考えると，彼は27歳のときの手術以降，ずっと連続した現在を生きてきたことになる（HMは2008年に82歳で死亡したので，合計55年を現在の中で生きたことになる）．このような事実は，短期記憶が近い過去と現在を結ぶ働きを持つことを示唆している．また，認知症が進行する過程でも

この現象が頻繁に生じることがわかってきた。

　短期記憶がパッシブな情報の保持に特化しているのに対して，ワーキングメモリはアクティブな一時的記憶と呼ばれる．情報の保持に加えて，その情報の処理や操作を担うという特徴を持つ．ワーキングメモリもコンピュータ科学の発展と密接にかかわっている．ワーキングメモリの概念は，もともとコンピュータのランダムアクセスメモリが情報の保持と計算処理の両方の働きを持つというアナロジーに由来している．草創期のパソコンは，メモリの制約から計算の中間的な結果を一時的にワーキングメモリ領域にはき出し，その中間結果を使ってつぎのステップの計算を進めるといった使われ方をしていた．作業用にデータを一時的にためる記憶領域ということでワーキングメモリ領域と呼ばれたのである．当時は高価で容量の少ないメモリを有効に使うためのソフトウェア上の方略であった．1970年代以降，この概念がヒトの記憶情報処理を説明する概念として導入され，それが高次認知において注意制御が重要な役割を果たす現在のワーキングメモリの研究に発展したのである．現在や近未来に向けての目標志向的な行動の制御系を担う記憶としてのワーキングメモリの機能は，前頭葉の前頭前野の背外側領域や頭頂葉後部のネットワークの働きとかかわることが最近の研究で明らかになってきたのである．

2.10　ま　と　め

　時間の謎を解明するのは困難ではあるが，拘束条件が明らかになれば不良設定問題でなくなることは，最近の認知脳科学や社会脳の研究の進展が如実に示している．本章では，およそ3秒という幅の注意の窓の中で，脳の活動が現在という意識を生み出している可能性を指摘し，ワーキングメモリなどの短い記憶が現在，過去や未来を接続するという筆者の考えに基づいて執筆された．多くの問題が残されているが，近い将来にこれらの諸問題が解かれることを信じている．

引用・参考文献

1) E. Husserl : Zur Phaenomenologie des inneren Zeitbewusstseins, Hrsg. Von M. Heidegger ; Sonderdruck aus Jahrbuch fuer Philosophie und phaenomenologische Forshung, Bd. 9 (1928), 立松弘孝 訳：内的時間意識の現象学, みすず書房 (1967)
2) 難波精一郎：音と時間 ― 精神物理学的観点から, 日本学士院紀要, **68**, pp. 45-81 (2013)
3) 木村　敏：時間と自己, 中央公論新社 (1986)
4) M. I. Posner : Chronometric explorations of mind, Oxford University Press (1978)
5) W. James : Psychology : Briefer course, Henry Holt (1892), 今田　寛 訳：心理学, 岩波書店 (1999)
6) H. Helson : The tau effect ― an example of psychological relativity, Science, **71**, p. 536 (1930)
7) S. Abe : Experimental study on the correlation between time and space, Tohoku Psychologica Folia, **3**, pp. 53-68 (1935)
8) M. Wertheimer : Experimentelle Studien ueber das Sehen von Bewegung, Zeitschrift fuer Psychologie, **61**, pp. 161-265 (1912)
9) G. Johansson : Spatio-temporal differentiation and integration in visual motion perception, Psychological Rsearch, **38**, pp. 379-393 (1976)
10) W. T. Newsome and E. B. Pare : A selective impairment of motion perception following lesions of the middle temporal visual area(MT), Journal of Neuroscience, **8**, pp. 2201-2211 (1988)
11) J. Zihl, D. von Cramon and N. May : Selective disturbance of movement vision after bilateral brain damage, Brain, **106**, pp. 313-340 (1983)
12) D. Matsuyoshi, N. Hirose, T. Mima, H. Fukuyama and N. Osaka : Repetitive transcranial magnetic stimulation of human MT+ reduces apparent motion perception, Neuroscience Letters, **429**, pp. 131-135 (2007)
13) W. Heron: Cognitive and physiological effects of perceptual isolation, In P. Solomon , P. E. Kubzansky, P. J. Leiderman, J. H. Mendelson, R. Trumbull and D. Wexler (Eds.), Sensory deprivation, Harvard University Press, Cambridge (1961)
14) J. Vernon : Inside the black room : Studies of the sensory deprivation, Clarkson N. Potter (1963), 大熊輝雄 訳：暗室の中の世界 ― 感覚遮断の研究, みすず書房 (1969)
15) H. Koshino, T. Minamoto, K. Yaoi, M. Osaka and N. Osaka : Coactivation of the default mode network regions and working memory network regions during task

preparation:An event-related fMRI study, Scientific Reports, **4**, 5954, pp. 1-8 (2014)

16) C. Hammond：Time warped : Unlocking the mysteries of time perception, Canongate Book（2012），渡会圭子 訳：脳の中の時間旅行，インターシフト（2014）
17) A. Baddeley：Time estimation at reduced body-temperature, American. Journal of Psychology, **79**, pp. 475-479（1966）
18) H. Hoagland：The physiological control of judgments of duration : Evidence for a chemical clock, Journal of General Psychology, **9**, pp. 267-287（1933）
19) E. T. Hall：The dance of life : The other dimension of time, Anchor Press（1983），宇波　影 訳：文化としての時間，TBSブリタニカ（1983）
20) N. Osaka, R. Logie and M. D'Esposito (Eds.)：The cognitive neuroscience of working memory, Oxford University Press, Oxford（2007）
21) 苧阪直行：意識とは何か──科学の新たな挑戦，岩波書店（1997）
22) E. Poeppel：Grenzen des Bewusstseins, Deutsche Verlags-Anstalt GmbH, Stuttgart（1985），田山忠行，尾形敬次 訳：意識の中の時間，岩波書店（1995）
23) D. M. Green：Temporal acuity as a function of frequency, Journal of Acoustical Society of America, **54**, pp. 343-379（1973）
24) I. J. Hirsh：Auditory perception of temporal order, Journal of Acoustical Society of America, **31**, pp. 759-767（1959）
25) D. C. Dennett：Consciousness explained, Litttle, Brown & Company（1991），山口泰司 訳：解明される意識，青土社（1998）
26) 苧阪直行：注意と意識の心理学，安西祐一郎ほか 編，岩波講座 認知科学 第9巻 注意と意識，pp. 1-52（1994）
27) B. Libet：Cerebral physiology of conscious experience, In N.Osaka (Ed.), Neural basis of consciousness, John Benjamins, pp. 57-84（2003）
28) B. Libet：Mind time : The temporal factor in consciousness, Harvard University Press, Cambridge（2004），下條信輔 訳：マインドタイム──脳と意識の時間，岩波書店（2005）
29) J. McTaggart：The nature of existence, In C. D. Broad (Ed.), Cambridge Paperback Library, CUP Archive（1988）
30) M. Heidegger：Sein und Zeit, Max Niemeyer（1927），熊野純彦 訳：存在と時間，岩波書店（2013）
31) 波多野精一：時と永遠，岩波書店（1943）
32) Aristotle：De generatione et corruption (Clarendon Aristotle Series), translated by C. J. F. Williams, Clarendon Press（1982），内山勝利，神崎　繁，中畑正志 編，新版 アリストテレス全集 第7巻 自然学小論集，岩波書店（2014）
33) Augustine：Confessions, Penguin books（1961），服部英次郎 訳：告白，岩波書

店 (1976)
34) 西田幾多郎：絶対矛盾的自己同一，西田幾多郎全集 第9巻, pp. 147-222 (1949)
35) 御牧克己：刹那滅論証，講座 大乗仏教 第9巻 認識論と論理学, pp. 218-254, 春秋社 (1984)
36) M. Wittmann：The inner sense of time : How the brain creates representation of duration, Nature Reviews Neuroscience, **14**, pp. 217-223 (2013)
37) G. Koch：Selective deficit of time perception in a patient with right prefrontal cortex lesions, Neurology, **59**, pp. 1658-1659 (2002)
38) D. L. Harrington, K. Y. Haaland and R. T. Knight：Cortical networks underlying mechanisms of time perception, Journal of Neuroscience, **18**, pp. 1085-1095 (1998)
39) S. M. Rao, A. R. Mayer and D. L. Harrington：The evolution of brain activation during temporal processing, Nature Reviews Neuroscience, **4**, pp. 317-323 (2001)
40) C. V. Buhusi and W. H. Meck：What makes us tick? Functional and neural mechanisms of interval timing, Nature Reviews Neuroscience, **6**, pp. 755 - 765 (2005)
41) D. Bueti and V. Walsh：The parietal cortex and the representation of time, space, number and other magnitudes, Philosophical Transactions of the Royal Society B, **364**, pp. 1831-1840 (2009)
42) A. D. Craig：Emotional moments across time : a possible neural basis for time perception in the anterior insula, Philosophical Transactions of the Royal Society B, **364**, pp. 1933-1942 (2009)
43) R. Y. Moore and V. B. Eicher：Loss of a circadian adrenal corticosterone rhythm following suprachiasmatic lesions in the rat, Brain Research, **42**, pp. 201-206 (1972)
44) M. Wiener, P. Turkeltaub and H. B. Coslett：The image of time : A voxel-wise mata-analysis, Neuroimage, **49**, pp. 1728-1740 (2010)
45) 苧阪直行：感覚・知覚測定法，大山　正，今井省吾，和気典二 編，新編 感覚知覚心理学ハンドブック, pp. 19-41, 誠信書房 (1994)
46) 苧阪直行：注意の時間窓，苧阪直行 編，社会脳シリーズ 第3巻 注意をコントロールする脳, pp. 1-12 (2013)
47) 松田文子：現代のアウグスティヌス，松田文子ほか 編，心理的時間, 北大路書房, pp. 1-30 (1996)
48) 難波精一郎：音の環境心理学, NECクリエイティブ (2001)
49) 苧阪直行 編：脳イメージング, 培風館 (2010)
50) G. A. Miller：The magical number seven, plus or minus two : Some limits on our capacity for processing information, Psychological Review, **63**, pp. 81-97 (1956)

第3章

音感覚の成立と時間

3.1 「時間事象」と感覚の変化 — 生態学的妥当性をめぐって

3.1.1 音の可聴範囲

　音感覚が成立するためには音のエネルギーを必要とする。音のエネルギーは音波の振幅と持続時間に依存する。音波の振幅を増すとエネルギーは増加し，音の大きさ（ラウドネス）も増加する。しかし，あまりに音波の振幅を増すと，痛みを感じさせ聴覚器官に損傷を与える。労働環境においては，聴覚を保護するために作業場の8時間の等価騒音レベルが85 dB以上の場合には具体的な騒音障害防止対策を講じるよう義務づけている[1]。音の振幅を小さくしていくとエネルギーは減少し，それに応じてラウドネスも減少する。ある値以下になると音は聞こえない。この境界の値を**刺激閾**または**絶対閾**と呼ぶが，これは周波数によって異なる。なお，ヒトの聴覚の感度はすこぶる鋭敏で，Gesheider[2][p.17]によると$2\,000 \sim 4\,000$ Hzの周波数範囲で鼓膜が10^{-9}cm動くと音が聞こえる。この動きの幅は水素分子の直径よりも小さいくらいとある。

　異なる周波数の定常音が等しいラウドネスに聞こえるなどラウドネス曲線は，持続時間一定の定常音を用いて測定され，周波数と音圧レベルで決定し，国際標準化[3]されている。

3.1.2 非定常音と実験の生態学的妥当性

　可聴音であっても「時間事象」が関与すると事態は複雑になる。図3.1の

3. 音感覚の成立と時間

```
┌─────────────────────┐
│  時間と非定常音の評価  │
└──────────┬──────────┘
           ↓
    ┌─────────────┐
    │ 時間軸の検討 │
    └──────┬──────┘
           ↓
   ┌───────┴───────┐
 長時間 ←――――――→ 短時間
```

長時間側:
- 文脈・係留効果
- 連続判断
- 部分判断と全体判断
  ↓
- 聴覚的情景分析
- 記憶
- 経験の効果
- 慣れ

中央:
- ラウドネス加算
- エネルギー平均モデル

短時間側:
- 聴覚の動特性
- エンベロープパターン
- 立ち上がり音・減衰音
- 臨界継続時間
- 先行音効果
  ↓
- レガートの知覚
- 音色

↓

現実音への適用
音声・音楽・物音の評価

↓

衝撃音 ・・・・・→ 騒音暴露レベル
レベル変動音 ・・→ 等価騒音レベル
　　↓
環境騒音評価手法

↑↓

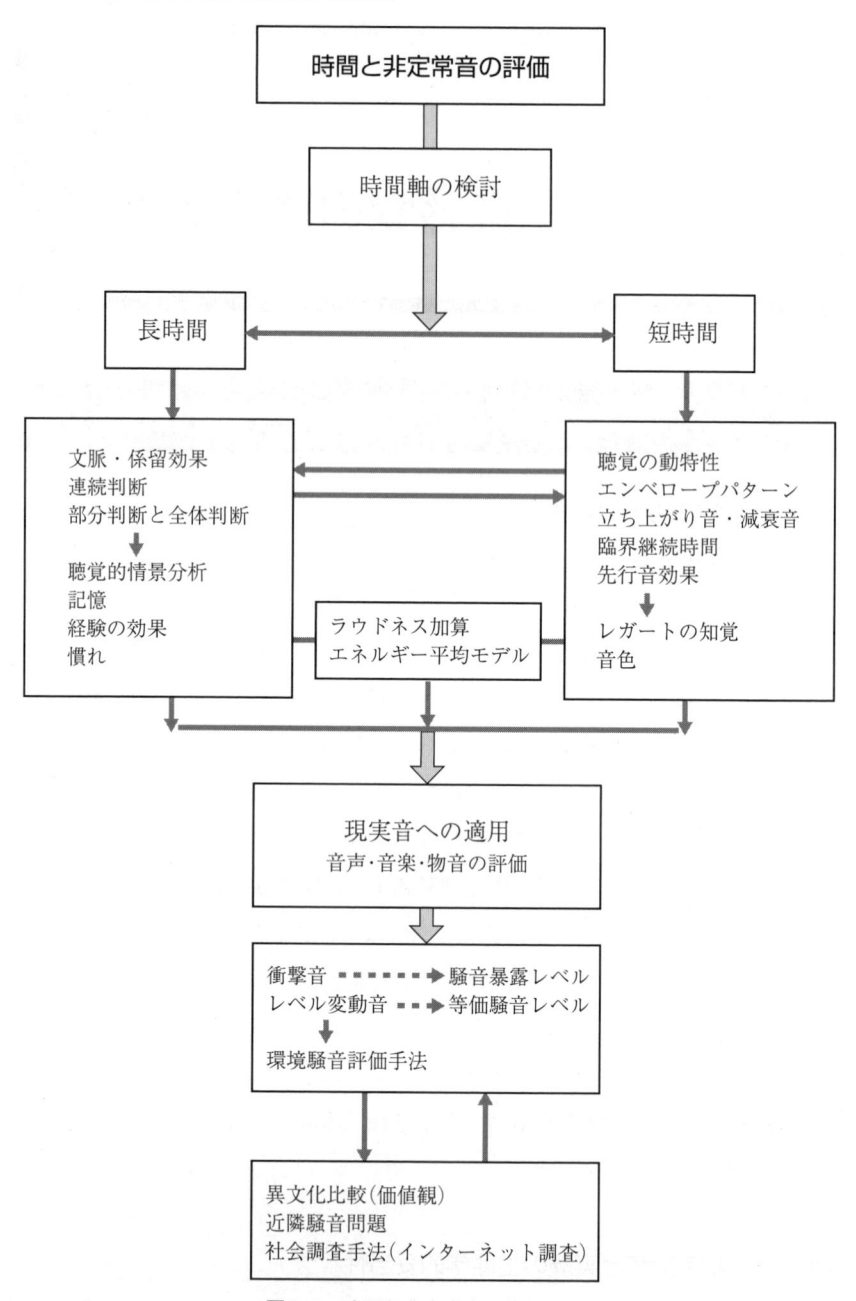

- 異文化比較(価値観)
- 近隣騒音問題
- 社会調査手法(インターネット調査)

図 3.1 時間と非定常音の評価の例

ブロック図に例示するように,時間をめぐる種々の課題があり多くの時間的要因が相互に関与し,後に紹介する複雑な音の世界が現出する。定常音の世界は刺激条件の制御が容易だが,時間的に変動する非定常音,特に生活場面の非定常音の場合には変化のパターンが複雑なので測定の代表値を決定することすら難しい場合がある。音の精神物理学的実験では,刺激制御の容易さから従来,主として定常音が刺激として用いられてきた。しかし,現実世界には定常音はまれである。音は変化によって情報を伝達する。環境に存在する種々の音はそれぞれ独自のパターンによって情報を伝える非定常音といえる。

ノイホフ（J. G. Neuhoff）[4]は,編著書である「生態学的心理音響学（ecological psychoacoustics）」の中で,実験における妥当性を**内的妥当性**（internal validity）と**外的妥当性**（external validity）に区別する。ノイホフによると内的妥当性においては,実験操作あるいは独立変数が従属変数のいかなる変化にも責任がある。それだけ実験の物理条件や実験手続きの制御が厳密になる。外的妥当性では,実験成果がどれだけ居間やコンサートホールなど現実場面に適用できるかを問題とする。実験結果がいかに一般生活環境における音の評価や設計に適用可能かという意味で外的妥当性は**生態学的妥当性**とほぼ同義となる。

ノイホフによると従来の音の精神物理学的実験では,内的妥当性にこだわるあまり,実験の統制の容易な定常の純音や白色雑音を刺激とする傾向があるが,これらの定常音は日常環境にはあまり存在せず,人が日常体験の中で音からの情報をいかに行動に活用しているかの解明につながらないと批判する。同様の趣旨はPlomp[5]も述べている。外的妥当性を満たすために刺激として非定常音の使用も望まれることになる。そこで非定常音を対象に,この内的妥当性と外的妥当性（生態学的妥当性）の両者をともに満足させる努力が必要となる。

内的妥当性の指標として,独立変数が従属変数を決定する程度を示す決定係数が用いられる。実験計画において誤差を最小におさえ,独立変数の効果が最大になるように刺激を選択し,よく訓練された実験参加者を用い,高い再現性を持つ実験操作を実現できれば決定係数の値はほとんど1に近くなる。このような例では,内的妥当性の指標としての決定係数は実験が正確に行われたとい

ういわば信頼性係数と同じ意味しかもたない。

　一方，一般環境では音は種々変化するし，定まった間隔で出現するわけではない。また，刺激の変動範囲も環境によってまちまちである。内的妥当性の高い実験の結果，鮮やかな**暴露-反応**（dose-response）**関係**が得られたとしても，それが一般環境でどれだけ精度よく適用できるかわからない。

　もちろん，音の精神物理学の長い歴史において，定常音を用いた系統的な実験から，種々の騒音に囲まれた環境の中での音刺激の知覚を知る上で必要な基礎的な事実が獲得された例は多々ある。先に述べたラウドネスの等感曲線をはじめ，音の周波数や強さの弁別閾，マスキング現象，臨界帯域幅に関する研究などが挙げられる。しかし反面，実験結果から得られたモデルがその実験条件の範囲内でしか成立しない例も同様に多々ある。内的妥当性と外的妥当性をともに満たすには，定常音だけでなく図3.1に例示したように非定常音を活用した多様な課題に取り組むことも必要だろう。

　現実音（非定常音）を刺激として使うことが必ずしも物理的実験の制御や測定の妨げになるとは限らない。課題にもよるがコンピュータや電子回路を駆使した装置[6),7),8)]を活用して，複雑な刺激の中の特定成分だけを規則的に変化させた刺激を作ることはさほど難しくない。また，複雑な音の合成も可能である。時間条件に伴う反応は多様だが，その測定には多次元尺度法や時系列に沿った反応の測定法（カテゴリー連続判断法，4章参照）などいろいろな手法を用いて複雑なパターンの音が生む多様な印象の測定を目指すことができる。

　ただ，定常音と異なり刺激の制御に技術的工夫が必要なことも事実である。新たな精神物理学的測定法の考案や分析手法の提案が求められることもある。そこで，本書の各章で技術的な要点についても触れられる。本章でも以降で，実験の内的・外的妥当性を考慮しつつ，音刺激の時間条件と聴覚との対応関係について行った研究を紹介したい。

3.1.3　音刺激の持続時間と聴覚系

　持続時間が短くなると絶対閾値は上昇し，音の大きさ(ラウドネス)は減少す

る。これは，持続時間の減少によってエネルギーも減少するからである。短い時間領域での弁別閾[9]・絶対閾の測定は難しいが，FlorentineとBuus[10][p.162]が白色雑音を刺激とした場合，持続時間0.1 msの音の閾値は1 sの音と比べて7.5 dB閾値が上昇することを示したデータがある。

持続時間に応じて閾値やラウドネスが変化することから，聴覚にはあたかも音のエネルギーを時間的に積分する働きがあるかのように見える。ツビスロッキ（J. J. Zwislocky）[11]は，持続時間と閾値の関係について多くの文献を検討し，積分過程の数学的モデルを提案して**聴覚の時定数**を200 msと推定している。ラウドネスに関してマンソン（W. A. Munson）[12]は，抵抗とコンデンサより成るローパスフィルタ回路（時定数回路）によって，持続時間によるラウドネスの変化を電気的に模擬している。

だが，そのマンソンも，聴覚系，特に末梢部分にエネルギー積分をする機構があるわけでなく，ラウドネスの増加への中枢神経系の関与を示唆している。1章で紹介したように，聴覚の時間分解能はμsやmsのオーダの鋭さを持っている。マンソン自身も指摘するように，長い時定数は聴覚の鋭い時間分解能と矛盾する。FlorentineとBuus[10][p.171]も，聴覚系は種々の積分過程を直列あるいは並列的に用いているのだろうと推論している。ただ，マンソンは彼の提案する時定数回路は聴覚の動特性のアナロジーとして有益だとしている。事実，騒音計やラウドネスメータ，また放送局のVU計などラウドネスと関係する指示計器には目的に応じた時定数回路が組み込まれている。適当な時定数を選択することで現実音の微細な変動を平滑化して指示値の可読性を改善するという効果も大きい。ただ，この聴覚系のアナロジーとしての時定数回路の実用性，簡便性は評価されるとしても，聴覚系においても電気回路と同様の時定数回路が実在するかのごとき混同は避けねばならない。先のマンソンの指摘は重要である。

持続時間を長くするとラウドネスは増加するが，ある限度を超えるとラウドネスは変化しなくなる。この限界をラウドネスの**臨界継続時間**（critical duration of loudness）と呼んでいる。日常体験でも，例えば音楽を聴取してい

て時間の経過に伴って計算上，耳に入力される音のエネルギーが積分されても，音が大きく聞こえるということはない。

　図3.1のブロック図における「時間軸」の短時間は臨界継続時間以内の音，長時間は臨界継続時間以上の音という区別もできる。ところが，ラウドネスの臨界継続時間は，用いた音の種類，精神物理学的測定法の相違や教示など種々の条件によって影響を受け大きく変化する。シャーフ (B. Scharf)[13]がまとめたところ，臨界継続時間の値は，短いもので 10 ms から長いもので 500 ms 以上の値まである。シャーフは，Perdersen の round robin test の結果を中心に，妥当な臨界継続時間として 200 ms，時定数でいえば 80 ms との値を示している。

　シャーフのまとめで臨界継続時間の値が 10 ms から 500 ms 以上と大きな相違を示すのは，1章でも論じたようにそもそも時間は刺激ではないという根本的な問題に起因する。持続時間を短くしたときの感覚の変化は多様で，ラウドネスだけでなく音色もピッチの印象も変わる。例えば持続時間 2 ms と 100 ms の音のラウドネスマッチングの実験において両者の印象があまりに異なっているので，ラウドネスではなく音色やピッチ感などいわば種々の異なる印象を手がかりとして反応している可能性が高い。外的精神物理学の手続きだけでは取り扱いの難しい点がある。また，短時間の音の物理的制御は難しく，周波数特性も変化するなど精神物理学的実験を行う上でいろいろ問題がある。

　音の強さにはラウドネスが，周波数には高さが対応するといった単純な刺激と反応の関係は，時間の場合には期待できない。音刺激の周波数と音圧レベルが関与するラウドネスの等感曲線[3]や複合音のラウドネスレベル算出法は国際標準化[14]されているが，音の時間知覚に関して標準化された規格はない。反面，持続時間の短い音の領域の研究からは，時間条件の操作が音色の変化など多様な印象を生み出し，環境における種々の音の微妙な相違に鋭敏に対応できる聴覚の弁別能力，すなわち時間分解能の究明ができるおもしろみがある。また，衝撃音の評価など聴覚系のエネルギー積分と関係した応用的な話題もある。

　一方，臨界継続時間を超えてラウドネスが増加しなくなる時間領域の聴覚系のモデルに関しては，末梢系の領域のみで取り扱えないこともあってか，聴覚

の時定数の話題ほど活発な議論はない。しかし，実験的な基礎研究とともに現実環境の騒音評価手法をめぐる課題とも関連する興味ある分野といえる。

3.2 非定常音と時間条件

3.2.1 時間条件と反応の多義性

種々の複雑な時間条件を持つ非定常音の知覚を取り扱うのは相当に困難な作業に見える。確かに生活環境における音楽・音声を含めた種々の非定常音（変動音）の多様な物理的要因を直交条件下で制御するのはたいへんだが，それよりも時間条件の場合，時間に関する一つの要因を1次元的に変化させても感覚のほうが多次元的に変化するケースがあってその多義性に追われることがある。

その一例として音の**立ち上がり時間**と**減衰時間**の問題がある。種々の実験があるが，立ち上がり時間が短いとラウドネスが ① 大きくなる，② 逆に小さくなる，③ まったく無関係 といったまちまちの結果が報告されている。Virgran ら[15]，Gjaevenes ら[16]の実験では，立ち上がり時間が短いほど定常音との**主観的等価点**（point of subjective equality, **PSE**）は大きくなる，ヒトの頭皮上から記録された**誘発電位**の振幅と立ち上がり時間の関係を調べた Davis ら[17]の実験では立ち上がり時間の影響はまったく見られない。**過渡音**（transient sound）のラウドネスを調べた Gustafasson[18]の実験では，立ち上がり時間を 0.3，0.8，1.5，3.0，6.0，10.0 ms と変えた場合，3〜10 ms にかけてラウドネスは減少したと報告されている。

一方，Rosinger ら[19]の実験において，あたかも航空機が接近するときのように音が徐々に大きく，かつ高くなるときのほうが，音がしだいに小さくなるときよりも喧騒感が大きいという結果が示されている。なお，時間的にしだいに大きくなる音がしだいに小さくなる音（減衰音）と比べて過大評価されるという非対称性についてはノイホフも報告している[20]。ノイホフは生態学的論点から，接近音（立ち上がり音）に敏感というのは現実環境での外敵に備えての適応行動としても理にかなっていると述べている。

54　3．音感覚の成立と時間

　先に臨界継続時間の値に関しても大きい相違が見られたが，今度は立ち上がり音，減衰音の影響に関しても研究によって上記のように結論がまちまちである。その理由として臨界継続時間の場合と同様に，時間条件を変化させた場合，それに対応する印象がラウドネスだけでなく，音色の変化や主観的持続時間の相違[21]さらには接近音に敏感といった適応行動まで関与するなど，時間条件の変化に対する反応の手がかりが多様で相互に異なる可能性も挙げられる。また，音刺激の時間条件の変化が時間だけでなく，周波数成分やエネルギーに影響している可能性がある。次節で，同じ時間条件の変化でも実験手続きや反応の手がかりの相違によって異なる結果が得られる可能性を紹介し，時間の精神物理学的実験における問題点について考えてみたい。

3.2.2　刺激と反応の多義性 ─ 立ち上がり音を例として

〔1〕　刺激の制御　　立ち上がり時間の検討に用いられる刺激は図3.2に示すように定常部分を伴う刺激が用いられている例が多い。図（a）の場合には立ち上がり時間が短くなるとエネルギーが減少し，図（b）の場合には増加し，定常部分のない図（c）の場合には立ち上がり時間の長短によってエネルギーも増減する。また図（a）と図（b）の場合には刺激全体に占める定常部分の比率が変化する。立ち上がり時間が刺激要因であっても，用いた刺激のパ

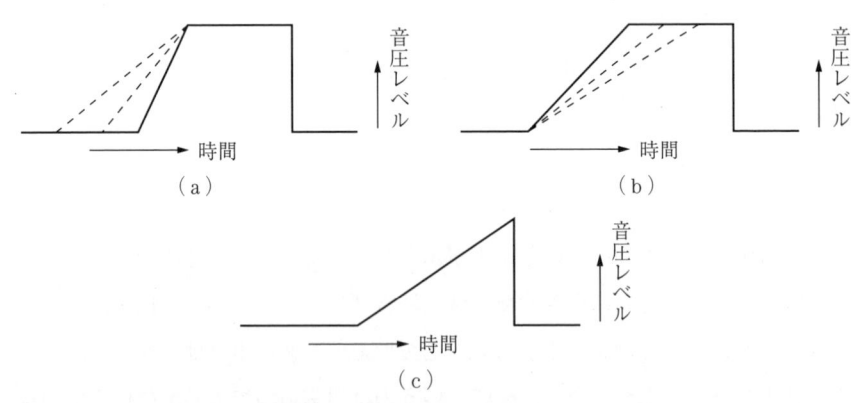

図3.2　立ち上がり時間を持った音の種々のエンベロープパターン[22]

ターンで反応の手がかりが相当に異なってしまう。

そこで条件を単純にするために，定常部分を持たない図（c）の刺激を用いて立ち上がり時間とラウドネスの対応関係を求めた[22]。刺激の作成と実験の制御は「音刺激制御装置」[7]を用い，特に立ち上がり時間とそれに伴う刺激のエネルギー値の変化に留意して刺激を作成した。

〔2〕 **立ち上がり音のラウドネスの実験とエネルギー値の関係**　標準刺激（立ち上がり音）と比較刺激（定常音）との PSE を図 3.3 に示す。図の SPL は**音圧レベル**（sound pressure level）を表す。実験 1（▼）では調整法を用いて比較刺激の振幅を調整し，実験 2（○）では極限法を用い，実験 3（●）では調整法を用いて比較刺激の継続時間を変化させた。全実験を通してエネルギー値と PSE の間に高い相関係数（r）が得られている。時間条件を変えても結局エネルギー値でラウドネスが決定されていたわけで，立ち上がり時間の直接の影響はない，ということになる。

〔3〕 **音色の評価**　この一連の実験では比較刺激に定常音を用い，その振

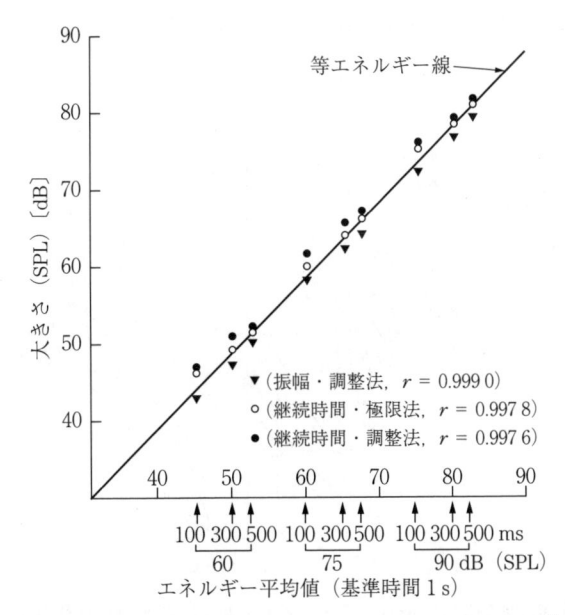

図 3.3　立ち上がり音のラウドネスとエネルギー値の関係[22]

幅あるいは持続時間を調節して標準刺激(立ち上がり音)とのラウドネス　マッチングを行ったが，調節により持続時間が短くなったときの音色の変化が印象的だった。確かに，持続時間を調節した実験2，3の PSE は，振幅を調節した実験1よりも有意に高い値を示している（サイン検定，$P<0.01$）。

そこで，三つの音圧レベルの $5 \sim 500$ ms の定常音39種，および三つの音圧レベルの100 ms，300 ms，500 ms の立ち上がり時間の音9種の総計48個の刺激を対象に，音刺激の音色の評価を Semantic Differential（**SD法**）を用いて行った。因子分析の結果，第Ⅰ因子として鋭さ（金属性）因子，第Ⅱ因子として大きさ（迫力）因子の2因子が得られ，音色評価に用いた48種の音の因子得点を求め，鋭さと大きさの2次元空間の上にプロットした（**図3.4**）。図より明らかなように音圧レベルが上昇すると大きさも鋭さもともに増加するが，持続時間が短い領域では，大きさの印象は弱まる方向に，鋭さの印象は逆に強まる方向に変化する。

このように持続時間を短くすると，鋭さの印象が強まって PSE の上昇をもたらした可能性がある。持続時間は，大きさだけでなく音色も変化させ，結果

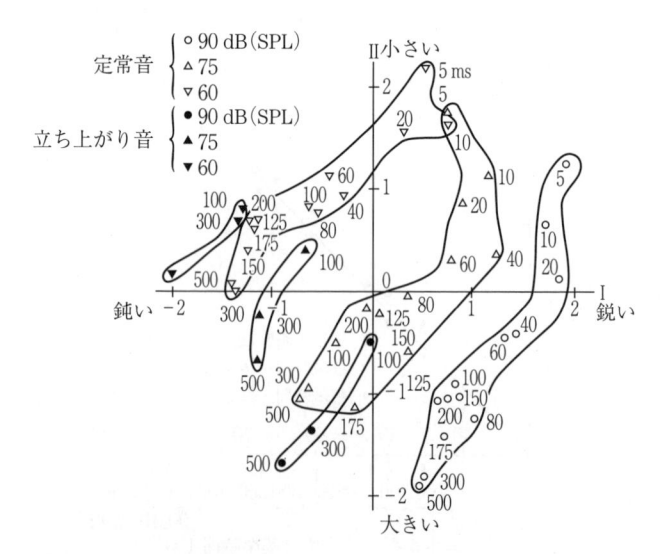

図3.4 種々の持続時間，強さ，立ち上がり時間を持った音の音色[22]

としてラウドネス判断にも影響を与える可能性を示唆した．ただ，立ち上がり時間や持続時間の変化は音のエネルギーを左右し，結果としてラウドネス判断を規定したという意味で，主役は時間でなく**総エネルギー量**ということになる．

3.2.3 減衰音のラウドネス

エネルギー条件を考慮しながら時間的に立ち下がる音，すなわち減衰音のラウドネスについての実験結果を例示する．一般に日常場面における衝撃音は立ち上がりが速く，減衰部分は周囲の反射の影響を受けて相対的に遅いタイプの場合が多い．減衰音のラウドネスは衝撃音の総エネルギー値とともに，衝撃音の最大値もまた影響する可能性がある．そこで，種々の持続時間の減衰音を用いて，エネルギー条件とピーク条件が直交する刺激群を対象にラウドネス測定を調整法により行った．比較刺激として定常音を用いた[23),24)]．実験に用いた音刺激の波形を 10 章の図 10.1，図 10.2 に例示する．10.1.3 項では音の時間的条件の精度の重要性について論じられている．

一例として「エネルギー一定，ピーク可変の条件」での結果を図 **3.5** に示すが，*PSE* は**エネルギー値**とほぼ一致し，ピーク値とはまったく無関係の傾向を示した．ただし，短い時間領域では衝撃音のラウドネスの過大評価が見られた．音色の影響あるいは聴覚の動特性の影響が考えられる．聴覚の動特性に

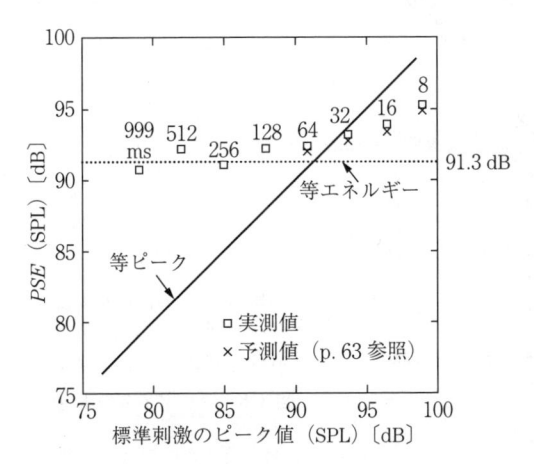

持続時間 8 〜 999 ms の減衰音のラウドネスは，衝撃音のピーク値ではなくエネルギー値と一致する．ただし，持続時間の短い部分では衝撃音の過大評価が見られる．

図 **3.5** エネルギー一定，ピーク可変の条件での結果[23)]

ついては 3.2.5 項で述べる。

つぎに，定常部分と種々の減衰部分を伴った複合音を対象に，そのラウドネスを国内の 10 の研究機関で同じ仕様の装置を用いて測定した共同研究（round robin test）の結果の一部を**図 3.6** に示す[25]。音刺激の時間条件の相違にかかわらず総エネルギー値との間に高い相関係数（r）が得られた。ここでは，総エネルギー値として次式で示す単発騒音暴露レベル（sound exposure level）L_{AE} を用いた。

$$L_{AE} = 10 \log_{10} \frac{1}{T_0} \int_{t_1}^{t_2} \frac{p_A^2(t)}{p_0^2} dt \tag{3.1}$$

$p_A(t)$： 対象とする騒音の瞬時 A 特性音圧〔Pa〕

p_0： 基準音圧（20 μPa）

$t_1 \sim t_2$： 対象とする騒音の継続時間を含む時間〔s〕

T_0： 基準時間（1 s）

単発騒音暴露レベル L_{AE} は，単発的に発生する騒音の全エネルギー（瞬時 A 特性音圧の 2 乗積分値）と等しいエネルギーを持つ継続時間 1 秒の定常音の騒音レベルで，単位はデシベル〔dB〕である。

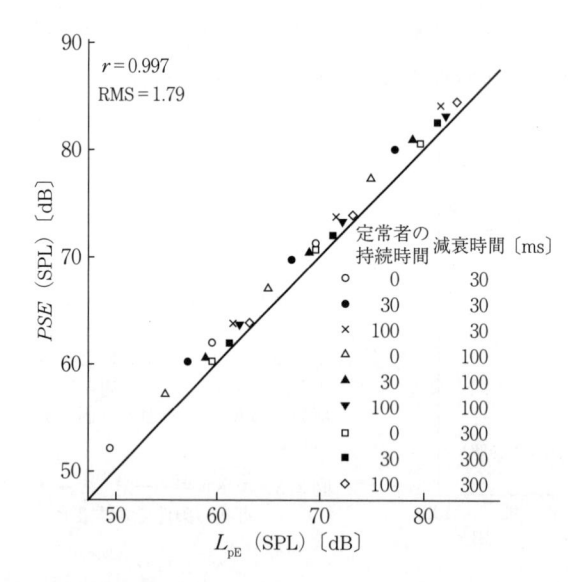

衝撃音のラウドネスは総エネルギー量（式 (3.1)）とよく対応する[25]。

図 3.6 ラウドネスの測定結果

しかし，この実験の刺激は周波数条件が同じで A 特性による周波数補正をかけていないので，総エネルギー量の表示として L_{pE} を用いている。このように衝撃音の時間条件が音の総エネルギー値を左右し，それが結局ラウドネスを決定していたことになる。

3.2.4　エネルギー積分および平均のモデル

ラウドネスの臨界継続時間内では持続時間の増加に伴い，聴覚系においてエネルギーの積分機構が働いているように見える。ムーア（B. C. J. Moore）[26][p. 150]は**時間積分器**（temporal integrator）を含む聴覚の時間分解能のモデル化を試みている。それによると，刺激入力はまず ① **帯域通過フィルタ**を通って ② **2乗則デバイス** (square-law device) に入り，時々刻々の入力はつねに正のパワー値（エネルギー値）に変換される。つぎの段階で，ある時間範囲すなわち時間窓内のエネルギーは ③ **時間積分器**で処理されるが，この時間窓は移動時間窓なので結果として入力の移動平均を求めていることになる。この移動平均を求めることで激しい変化を**平滑化**（smoothing）する効果がある。「時間積分器」のあとは ④ **決定デバイス**（decision device）に入力される。

ムーアはまた Rodenburg や Viemeister らの先行研究におけるモデルの紹介も行っているが，そこでは自乗デバイスの代わりに**半波整流器**で入力をプラスの値に変換し，さらに**低域通過フィルタ**（時定数回路）で瞬時入力を平滑化するとともに時間的積分の役割を与えている。いずれのモデルでも，最終段階は「決定デバイス」を含むブロック図として構成されている。

これらの時間分解能モデルは興味深いがいろいろ問題もある。まず，時定数回路など平滑回路を含むモデルでは聴覚の μs のオーダの鋭い時間分解能と矛盾すること[12]，**積分過程**が聴覚系のどの部分にあるかわからないこと[10]，さらに「決定デバイス」に働く規則を知るためには，神経の飽和や順応といった多様で複雑な現象を含まねばならず，それには刺激量から中枢系における神経活動に至る聴覚系の基本的な特性を知ることが求められるが，これはたいへん困難な作業であることなどである。「決定デバイス」の役割は聴者に与えられた

課題によって異なる[26][p.151]。例えば，ラウドネス判断の場合と振幅変調の検知の場合では異なる。当然，決定デバイスを電気回路で模擬することは容易でない。また，音の強さとラウドネスの間に**対数法則**あるいは**べき法則**が成立し，聴覚系には入力を圧縮して広いダイナミックレンジを確保している事実から，**圧縮デバイス**も考慮する必要がある。「決定デバイス」に働く規則を含む精密なモデル化にはまだまだ多くの課題が残されているといえよう。

しかし，ここで「決定デバイス」の役割を時間分解能ではなく，ラウドネス判断に特化すると，見方によればムーアの紹介する前者のモデルは**積分型騒音計**のブロック図（**図 3.7**）に，後者のモデルはアナログの**指示騒音計**のブロック図に類似している。すなわち，騒音計には聴覚モデルの帯域フィルタに該当する周波数重み特性（A 特性フィルタ），2 乗回路や時定数回路，エネルギーの積分および平均回路が備わっている。「決定デバイス」の役割はヒトが担うとしても，測定結果を示す指示計器（dB 表示）が決定過程に貢献しているといえないことはない。dB 表示（対数比）は聴覚の圧縮過程を代行している。

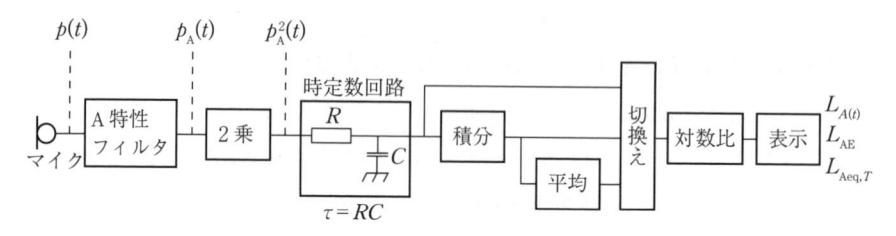

図 3.7 騒音計の内部構成（JIS Z 8731-1999 解説図）[27]

このような聴覚モデルと騒音計の類似は表面的なものかもしれない。しかし，騒音計開発の目的は元来，ひとの感じるラウドネスを客観的に模擬したいという願いにあったと想像できないことはない。指示騒音計が実用化されたのは守田[28]によるとすでに 1935 年頃のことで，A 特性フィルタも組み込まれている。積算電力計の原理を利用して，ある期間の騒音の平均値を求められる装置も工夫されている。真空管回路を用いて音刺激を制御し，聴覚の基礎的研究が精度よく行われるようになったほぼ同時代に，ラウドネスの推定を目指した

機器が開発されたことは敬服に値する。それとともにいろいろな技術的変遷・改良を経ながら，現在もなお騒音計が種々の現場で活躍している現状を見ると，A 特性を含む騒音計の頑健さに注目する必要がある。聴覚モデルの「決定デバイス」で働く規則は明確でないが，種々の変動音に対するラウドネス判断と騒音計の指示計器の表示との間には納得できる良い対応関係が見られる。騒音計が種々の変遷を経ながら現在もなお現場で使用されている実績こそ，その**実用的な妥当性**（外的妥当性）を証明しているともいえる。

　騒音計のブロック図をそのまま聴覚のラウドネスモデルとするにはあまりに飛躍がある。ただ，ムーアのモデルにおいても，「決定デバイス」を除くブロック図の各構成要素はすべて電気回路で置き換えられる。騒音計はすでにそれを実装している。騒音計にはさらに拡張機能も付加できる。例えば，A 特性フィルタの代わりに臨界帯域フィルタ群を用い，各フィルタからの出力をエネルギー積分し，ISO 532 B として標準化された複合音のラウドネスレベルの計算法（アルゴリズム）[14]を適用すれば衝撃音のラウドネスレベルを算出することができる。複合音のラウドネスに関する聴覚モデルのアルゴリズムを用いることで「決定デバイス」の役割の一端を担っていることになる。

　また，図 3.1 の時間軸が長時間の場合，すなわちラウドネスの臨界継続時間を超えて音が継続してもラウドネスが増加しない場合には，エネルギー積分ではなく**エネルギー平均値**（等価騒音レベル）が適用できる。臨界継続時間を超えた定常音のラウドネスの場合には，対応する音刺激の音圧レベルが一定として表示できる。一方，レベルが変動する音の場合，時間とともに増加する音の総エネルギー値ではなく，時間が経過しても増加しない安定した変動の代表値を求める必要がある。いかなる代表値が適当かについては，種々のレベルパターンの変動音を用いて定常音とのラウドネスマッチングを行い，いかなる代表値がラウドネスと良い対応関係を示すか実験的に検討するしかない。臨界継続時間を超えて持続する変動音のラウドネスの積分機構や平均化過程の精密なモデル化を構想するにはあまりに実測データが不足しているからである。そこで難波・桑野ら[29]は，種々のレベル変動パターンの音を用いて精神物理学的実

験を行い，音刺激の変動を代表する種々の候補の中からエネルギー平均値（等価騒音レベル）と変動音のラウドネスとの間に良い対応関係が存在することを明らかにした。騒音計のブロック図と同じ流れのモデルを用い，ヒトの「決定デバイス」の働きとして，臨界継続時間以内の音のラウドネスには**等エネルギーの原理**が，臨界継続時間以上の音のラウドネスには**等エネルギー平均モデル**が一次近似として適用できることを示した[30]。

ただし，臨界継続時間以内の音のラウドネスには単に等エネルギーの原理だけでなく聴覚の動特性が影響する。このことについては次項で紹介する。そして，臨界継続時間を超えた長い時間の音の連続評価の場合，物理量だけでなく，図 3.1 に示すように記憶や経験の効果など認知的要因が関与する。これらの諸点については 4 章で取り上げる。

3.2.5 聴覚の動特性

このように立ち上がり音，減衰音を用いた持続時間 1 秒以内の衝撃音のラウドネスは主として総エネルギー値（騒音暴露レベル）で決定されることがわかった。上記の実験結果および種々のエンベロープパターンの音刺激を用いた実験結果[24),30)]から，持続時間 1 秒までの音のラウドネスと総エネルギー値の間に対応関係が見られたので，臨界継続時間は 1 秒程度と推測できる。それでは，周波数条件は同じと仮定した場合，総エネルギー値さえ同じならばラウドネスは同じであろうか。この問題を検証するために，エネルギー値を一定に保ったまま，台の上にエネルギー増分が加わった形の音（非定常音）7 パターン（図 3.8）を作成し，その増分の時間的位置によってラウドネスが変化するか否かを調整法により実験した。

実験結果を図 3.9 に示す。実験結果より図 3.10 に図示する聴覚の動特性のモデルを提案した[31)]。このモデルの特徴は，刺激冒頭部におけるオーバーシュート，中間部の抑制部分，およびマスキング実験で確認したアフターエフェクト（after-effect）が含まれる点である。この動特性のモデルは音のエンベロープパターンの影響を受けて，減衰音（図（b）の左）ではアフターエ

3.2 非定常音と時間条件

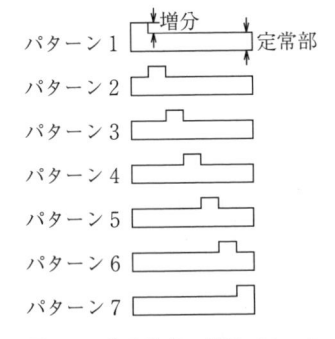

図 3.8 非定常音の刺激パターン

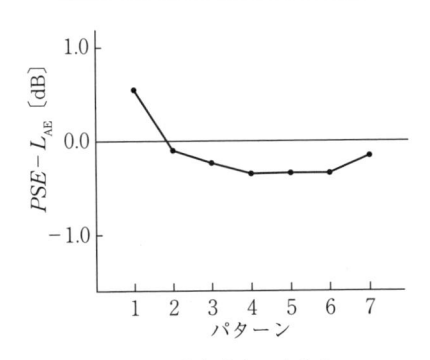

図 3.9 非定常音の大きさ

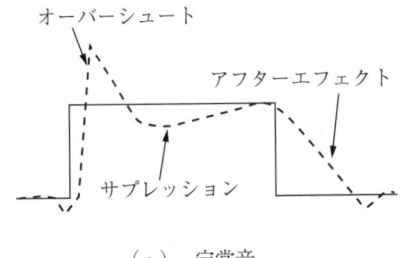

(a) 定常音

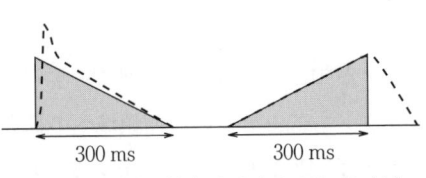

(b) 減衰音（左）と立ち上がり音（右）

図 3.10 聴覚の動特性のモデル

フェクトはなく，立ち上がり音（図（b）の右）にはオーバーシュートが見られない。なお，この動特性のモデルは，先の減衰音のラウドネスの実験における短い持続時間の領域での過大評価が刺激冒頭のオーバーシュート，および終了後のアフターエフェクトで説明できることを示した。先の図 3.5 の短い時間領域の×印は動特性のモデルより推定される値である。

このオーバーシュート現象は伊福部[32]，Zwicker[33] も報告しているが，マスキング実験の場合，マスカーの冒頭部に信号（プローブ音）が置かれたときにマスカーの立ち上がり部分（過渡部分）とプローブが重なって検出が困難になることから，マスキング閾値が上昇したのか，本当にオーバーシュート現象が生じたのかわからないという問題がある。

本実験では，マスキング実験ではなく増分を持った定常音全体のラウドネスを求めるという方法でこの問題を回避してオーバーシュート現象の存在を示し

たといえる。なお最近，Ponsotら[34)]はラウドネスに貢献する部分の時間的ウェイトを測定し，平坦な音は最初と最後，増加音（立ち上がり音）は最後，減衰音は最初にウェイトが高いと本動特性のモデルに対応する結果を報告している。

3.2.6 時間的に重畳する音の知覚 ── レガートの印象

実験心理学で得られたモデルの妥当性は，そのモデルの適用範囲を広げることでしだいに確認でき，また適用限界を知ることでさらなる上位の包括的モデルの必要性を感じることとなる。先の動特性のモデルは継続時間が短い非定常音（単音）のラウドネスのモデルとして当初提案し，マスキング現象でその特性を確認した。このモデルで示されるオーバーシュート現象やアフターエフェクト現象を音列の場合に適用すれば，音列を構成する単音のエンベロープパターンの相違によって，音列に対する時間意識が変化する可能性がある。これはラウドネスモデルの時間領域への拡大の試みである。

例えば，**図 3.11**（a）に示す減衰音の場合は，後行する音のオーバーシュートの部分が先行する音の減衰部分をマスクし，図のようにたがいに重畳している条件でも各音が明瞭に分離して聞こえ，しかし途切れることのないレガートの印象を与えるはずである。一方，図（b）の定常音の場合は，アフターエ

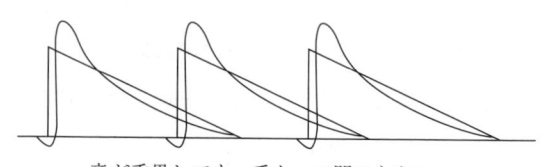

音が重畳しても，重なって聞こえない。
（a） 減衰音の場合

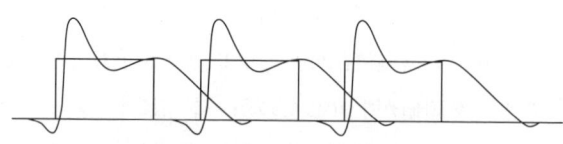

音が分離しても，接続して聞こえる。
（b） 定常音の場合

図 3.11 実験に用いた音列のパターン

3.2 非定常音と時間条件

フェクトのおかげで物理的には音が分離していても音が分離せず連続して聞こえることとなる。人工音による実験の結果，この予想は確認できた[35),36)]。

つぎに，典型的な減衰音であるピアノ演奏音を対象に聴取実験を行い，演奏音が「ちょうど接している」との判断の最頻値は，**図3.12**に示すように演奏音が240 ms 重畳した付近を示した。四分音符の演奏の長さが約600 ms だったので，1/3以上も音が重なっているときにちょうど接しているとして演奏されていることになる。

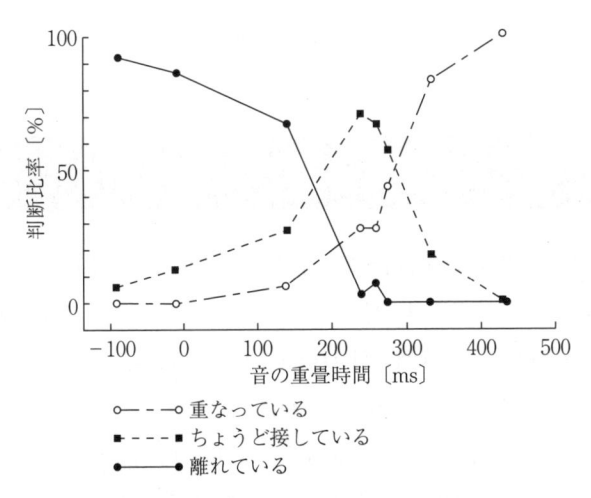

○- - -○ 重なっている
■- - -■ ちょうど接している
●——● 離れている

ピアノ演奏音の「重なっている」，「ちょうど接している」，「離れている」の3件法による判断結果である。

図3.12 ピアノ演奏におけるレガートの印象[35)]

聴覚の動特性におけるオーバーシュートとアフターエフェクトの働きが，音を切れ目なくかつ明瞭に各音の情報を伝える上で重要な貢献をしていると思う。この聴取実験における，メロディーの流れが「持続」しているか「分離」しているかの判断は明らかに時間意識に関係すると思われる。本実験で示した各音が区別されているが相互に浸透し合ったレガートの演奏表現は，ベルクソンが論じた純粋持続に近い体験であろう。

だがここで，実験心理学の立場としては，「音が緊密に結びつき相互に浸透」しているにもかかわらず，音列を構成する各音が混じることなく明瞭に分離し

て聴取できることに意味があると考える。われわれは残響の多い空間で過ごすことが多いが、そのような環境でも音のフレーズを明瞭に聞き取ることができる。また、コンサートホールの適度な残響は音の重なり合いを物理的には発生させているが、相互に干渉した濁った音としてではなく、切れ目のないなめらかなメロディーを聞かせてくれる。残響のある空間の中で時々刻々音を識別する上で、聴覚の動特性は適応行動上も貢献していると考えられる。ここで紹介した聴覚の動特性はラウドネスから生まれたモデルだが、このモデルから予想される聴覚の時間特性が、音列のなめらかな継続の印象を形成する機能を解明し、動特性のモデルを時間意識と関連づける試みができた。

3.3 先行音効果 — 音源の定位

音源位置が異なる場合の先行音の後行音に与える影響、すなわち**先行音効果**に関し、Litovsky ら[37]はこれまで行われた多くの研究についてまとめている。この先行音効果は典型的な時間条件の空間知覚への影響の例といえる。まず、先行音と後行音の時間差が 1 ～ 5 ms の範囲だと二つの音は融け合って一つの音として聞こえ、先行音の位置に定位する。さらに時間差が増すと分離した音事象として聞こえ、二つの音は空間上の別の位置に定位する。一つの融合した音から二つの分離した音への境目が**エコー閾**と呼ばれる。先のハーシュの例でいえば、先行音と後行音の間の時間差による音色の変化の検知ではなく、明らかに二つの分離した音として聞こえる境目がエコー閾である。このエコー閾の値は用いた刺激や閾の手がかりの相違によって大きく異なる。Litovsky らによると、変数の数によって 2 ～ 50 ms に及ぶとのことである。

ここでエコー閾という用語だが、先行音を音源からの直接音とすると、遅れて到達する後行音は反射音（エコー）に相当する。したがって、室内において、直接音によって反射音が抑制されて先行音のみが一つの音として定位する過程を模擬しているといえる。このように先行音効果は「時間」が条件だが、結果として音源の空間定位に寄与し、かつ室内おける反射音を聴覚的に抑制す

ることで直接音の認知を助けるという適応的役割も果たしている。例えば音声の場合には、残響の影響を抑制することで音声明瞭度を高める働きもある。

　最近 Bishop ら[38]は、先行経験が先行音の後行音を抑制する働きに影響することを示している。すなわち、先に先行音のみの音列を経験したか、あるいは後行音のみの音列を経験したかで先行音効果が異なることを示している。この実験では、無響室内で実験参加者の前面 110 cm、右 45°に設置されたスピーカからは先行音、左 45°に置かれたスピーカからは後行音が提示される。先行音と後行音の時間差は 1 ～ 18 ms まで異なる条件が 2.5 ms 間隔で設定されている。まず、コンディショナー期間として 4 秒間先行音（右スピーカの音）のみを提示して、その後、プローブ期間として先行音（右スピーカ）と後行音（左スピーカ）を対にした 20 のパルス列を提示する。実験参加者の課題はプローブ期間終了後、左スピーカから何個の音（後行音）が聞こえたか数えて報告することである。

　実験の結果、時間差の効果が明瞭に示されるとともに、コンディショナー期間に右スピーカからの音（先行音）のみを聞かせた試行では、同期間に左スピーカからの音（後行音）のみを提示した場合より、先行音に続いて後行音が提示されるプローブ期間において報告される後行音の数が統計的に有意に多いことが示された。いわば残響のない部屋（先行音のみで後行音がない条件）で過ごしていると、反射音（後行音）に対する抑制が減じることになる。

　なお、Ebata ら[39]のエコー閾に関する先駆的研究において、実験参加者を取り囲むように設置されたスピーカから信号と雑音が提示される実験で、事前に教示により信号が提示されるスピーカに注意を向けさせていると閾値が有意に低下することが示されている。

　これらの研究は、刺激の物理的要因だけでなく、経験や注意といった主観的条件がエコー閾に関与する可能性を示している。聴覚の空間定位に与える要因は音源の種類、両耳間の時間差、強度差、位相差など多々あるが、聴覚の場合、全方位的に音源の位置の探索が可能という長所がある。視覚が音源の位置を確定する機能を発揮する上で、聴覚は種々の手がかりを動員して協力するな

ど，視覚と聴覚は適応行動上，重要な役割を分担しているといえる。なお，視覚と聴覚の空間把握における協応関係については9章で紹介する。

3.4　音の流れと心理的現在

　計測される時間は，時計の秒針にように絶えず動き，時間の流れを表現しているように見える。しかし，心理学的時間の流れは，これまでの聴覚の時間分解能や順序の識別閾実験などを通してわかるように，継時的に出現する音であっても，ある時間範囲は同じ時間帯に属する現象としていわば「時間の窓」を持っている。

　実験のために分離した刺激でなく，自然な音の世界においては，われわれを取り囲む環境から脈絡を持って変化する音が連続して聞こえてくる。この変化する音の流れにおいて，「時々刻々」の体験は確かにあり得る。「時々刻々」とはその時点，その時点では「現在」を意味する。この現在すなわち心理的現在は，「時間窓」としてある範囲あるいは枠を移動させながら，音の流れに追随しているのであろう。

　この流れの中の時々刻々の印象を測定することは，短時間の音刺激を用いて標準刺激と比較刺激を対として判断を求める古典的精神物理学的手法ではとらえられない。流れに沿った時々刻々の判断を求めるには新たな方法を開発する必要がある。連続判断によって時々刻々の印象を測定する手法について4章で紹介する。

3.5　ま　と　め

　図3.1に示す「短時間」の領域では，急速な音の変化に対しては聴覚の動特性が対応し，オーバーシュートが音の立ち上がりを明確にし，いわば音の輪郭をくっきりさせる。アフターエフェクトは音のなめらかな連続の印象を与え，時系列的に提示される音のまとまりを助ける。レガートの印象がその典型であ

る．瞬時の印象は音色の変化として空間的に把握して迅速に処理する．図3.1の「長時間」の領域，すなわち臨界継続時間を超えて変化する変動音については，目立つ部分に重点を置いた平均化によってその全体の印象を統合し，時々刻々の変化については，「心理的現在」といういわば時間窓を通してある範囲をまとめてなめらかに時間軸に沿って移動しつつ把握しているものと思われる．これら一連の流れは現実音の評価にも適用できる．例えば臨界継続時間以内の衝撃音のラウドネス評価の指標には騒音暴露レベルが対応し，長時間のレベル変動音のラウドネスについては等価騒音レベルが対応する．現実の社会における騒音評価には，物理量だけでなく音環境を形成する文化や伝統など社会的影響が関与するだろう．精神物理学を中心課題とする本書の範囲を超えた問題だが，現実音の評価の場合には避けて通れない課題でもある．10.2節で改めて触れてみたい．

引用・参考文献

1) 調所廣之：聴覚に関わる社会医学的諸問題「労働環境騒音に対する聴覚保護と対策」，Audiology, Japan, **55**, pp. 165-174（2012）
2) G. A. Geshider：Psychophysics, Method, Theory, and Application, Lawrence Erlbaum（1985）
3) ISO 226, Acoustics-Normal equal-level-contours, 2nd edition（2003）
4) J. G. Neuhoff：Ecological psychoacoustics, Elsevier, Academic Press（2004）
5) R. Plomp：The intelligent ear — On the nature of sound perception, Lawrence Erlbaum, Mahwah, NJ.（2002）
6) 難波精一郎，吉川敏枝，桑野園子：心理学における実験の自動化 — 実例を中心として，心理学評論，**12**，pp. 181-196（1969）
7) 難波精一郎，中村敏枝，桑野園子：音刺激制御装置の作成，心理学研究，**43**，pp. 307-311（1973）
8) 難波精一郎：音の心理学実験の自動化，騒音制御，**67**，pp. 302-303（2011）
9) M. Florentine：Level discrimination of tones as a funtion of duration, JASA, **79**, pp. 792-798（1986）
10) M. Florentine and S. Buus：Some current trends in temporal processing, In H Fastl, S. Kuwano and A. Schick（Eds.）, Recent trends in hearing research, BIS(Oldenburg), pp. 161-192（1996）

11) J. J. Zwislocky : Theory of temporal auditory summation, JASA, **32**, pp. 1046-1060 (1960)
12) W. A. Munson : The growth of auditory sensation, JASA, **19**, 4, pp. 584-591 (1947)
13) B. Scharf : Loudness, In E. C. Carterette and M. P. Friedman (Eds.), Handbook of perception (Vol. V), Hearing, pp. 187-242, Academic Press (1978)
14) ISO 532, Acoustics-Method for calculating loudness level (1975)
15) E. Virgran, K. Gjaevenes and G. Arnesen : Two experiments concerning rise time and loudness, JASA, **36**, pp. 1468-1470 (1964)
16) K. Gjaevenes and E. R. Rimstad : The influence of rise time on loudness. JASA, **51**, pp. 1233-1239 (1972)
17) H. Davie and S. Zerlin : Acoustic relations of the human vertex potential, JASA, **39**, pp. 109-116 (1966)
18) B. Gustafesson : The loudness of transient sounds as a function of some physical parameters, Journal of Sound and Vibration, **37**, pp. 389-398 (1974)
19) G. Rosinger, C. W. Nixon and H. E. Von Gierke : Quantification of noisiness of approaching and receding sounds, JASA, **48**, pp. 843-853 (1970)
20) J. G. Neuhoff : A privileged perceptual status for rising tones, JASA, **105**, p. 1388 (1999)
21) R. S. Schlauch, D. T. Ries and J. J. DiGiovanni : Duration discrimination and subjective duration for ramped and damped sounds, JASA, **109**, pp. 2880-2887 (2001)
22) 難波精一郎, 桑野園子, 加藤 徹 : 音の立ち上がり時間と大きさについて — エネルギー値との関係, 日本音響学会誌, **30**, 3, pp. 144-150 (1974)
23) 難波精一郎, 橋本竹夫, C. G. Rice : 減衰部分を持った衝撃音の大きさとLAXの関係, 日本音響学会講演論文集 (1982 秋), pp. 443-444 (1982)
24) S. Namba, T. Hashimoto and C. G. Rice : The loudness of decaying impulsive sounds, Journal of Sound and Vibration, **116**, 3, pp. 491-507 (1987)
25) S. Kuwano, S. Namba, H. Miura and H. Tachibana : Evaluation of the loudness of impulsive sounds using sound exposure level based on the results of a round robin test in Japan, J. Acoust. Soc. Jpn, **8**, 9, pp. 241-247 (1987)
26) B. C. J. Moore : An introduction to the psychology of hearing, 3rd ed., Academic Press (1989)
27) JIS Z 8731-1999, 環境騒音の表示・測定方法, 日本標準調査会
28) 守田 栄 : 騒音, 岩波書店 (1937)
29) 難波精一郎, 桑野園子 : 種々の変動音の評価法としてのL_{eq}の妥当性, 並びにその適用範囲の検討, 日本音響学会誌, **38**, pp. 774-785 (1982)
30) S. Namba, S. Kuwano and H. Fastl : Loudness of non-steady-state sounds, Japanese Psychological Research, **50**, pp. 154-166 (2008)

31) S. Namba, S. Kuwano and T. Kato：The loudness of sound with intensity increment, Japanese Psychological Research, **18**, pp. 63-72（1976）
32) 伊福部達：AM音によるマスキングとそのシミュレーション，日本音響学会誌，**31**，4，pp. 237-245（1975）
33) E. Zwicker：Temporal effects in simultaneous masking by white bursts, JASA, **37**, pp. 653-663（1965）
34) E. Ponsot, P. Susini, G. S. Pierre and S. Meunier：Temporal loudness weights for sounds with increasing and decreasing intensity profiles, JASA Express Letters, **134**, 4, EL321-EL326（2013）
35) 難波精一郎，桑野園子，山崎晃男，西山慶子：音楽演奏におけるレガート感と聴覚の動特性との関係，大阪大学教養部研究集録，**41**，pp. 17-35（1993）
36) S. Kuwano, S. Namba, T. Yamasaki and K. Nishiyama：Impression of smoothness of a sound stream in relation to legato in musical performance, Perception and Psychophysics, **56**, pp. 173-182（1994）
37) R. Y. Litovsky, H. S. Stevens, W. A. Yost and S. J. Guzman：The precedence effect, JASA, **106**, 4, pp. 1633-1653（1999）
38) C. W. Bishop, D. Yadav, S. London and L. M. Miller：The effects of preceding lead-alone and lag-alone click trains on the buildup of echo suppression, JASA, **136**, 2, pp. 803-817（2014）
39) M. Ebata, T. Sone and T. Nimura：Improvement of hearing ability by directional information, JASA, **43**, 2, pp. 289-297（1967）

第4章
音の流れと連続判断

4.1 連続判断の意義

　音は**時間の流れ**とともに情報を伝える。時間の流れの中で，われわれが音をどのようにとらえているのかを知るためには，時間の流れに沿ってわれわれが感じている世界をとらえることが必要である。また，生態学的妥当性という観点からも，音楽や音声，環境騒音など，現実の音の世界を知るためには，できる限り日常生活に近い条件で評価を求めることが望ましい。

　従来の心理学的測定法では，短い時間に分割した音刺激に対して判断が求められる。しかし，時間の流れの中で意味を持つ音を短い時間に分割すると，情報が失われてしまう。そのため，まとまりがあり，意味を持つ音を時間の流れに沿って，印象を求める方法が望まれる。このような目的で，筆者らは，"**カテゴリー連続判断法**"と呼ぶ新しい方法を開発した[1),2)]。本章では，カテゴリー連続判断法，および**線分長を用いた連続判断法**，多次元の印象をとらえる**連続記述選択法**の手続きとその適用例を紹介する。

4.2 連続判断法の手続き

4.2.1 カテゴリー連続判断法

　カテゴリー連続判断法による実験では，比較的長い意味を持つ時間的に変化する音刺激を提示し，実験参加者にその時々刻々の印象の判断を求める。普通

7段階くらいのカテゴリーを用意し，実験参加者は変化する音を聞いて，その印象に対応するキーを押して反応する。反応盤としてコンピュータのキーボードなどを用い，実験参加者がキーを押すと，モニタに表示された対応するカテゴリーの色が変化し，押したカテゴリーがわかるようになっている。実験参加者は変化する音を聞いて時々刻々の判断を行うが，必ずしも忙しくキーを押す必要はなく，色で表示されている印象が変わらなければキーを押す必要はない。その間は同じ印象が続いているとみなされ，印象が変わったときに印象に対応するキーを押せばよい。

カテゴリー連続判断法を開発した当初は，物理量も反応もレベルレコーダに記録し，それを読み取って分析をしていたが，その後はコンピュータを用いて行うようになった。そのソフトは初期のころは筆者が Basic で作成していたが，その後ウィンドウズマシンでも動作できるようにした[3]。

カテゴリー連続判断法によって求めた種々の交通騒音に対する反応と物理量の関係の例を図 4.1 に示す。

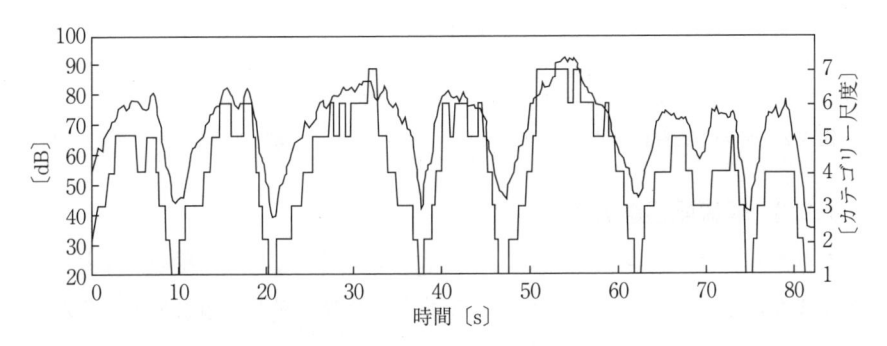

上の線が音のレベル（左の軸），下の線が一人の実験参加者の判断（右の軸）。反応時間は補正済みで，両者の相関係数 $r = 0.921$。

図 4.1 種々の交通騒音のレベル変化とカテゴリー連続判断法による判断の例

4.2.2 線分長を用いた連続判断法

カテゴリー連続判断法では普通七つのカテゴリーを用いて判断を求める。七つのカテゴリーで判断をすることは容易であり，ワーキングメモリの容量から

見ても適当な数といえる[4]。しかし，実験参加者は，異なるカテゴリーを使うほど大きな変化ではないが，刺激のわずかな変化に対応した印象を表現したいと感じることがある。そのために，線分長と聴覚の属性との**クロスモダリティマッチング**を行う方法も開発した[5]〜[10]。実験参加者は，刺激の時々刻々の印象と線分の長さの印象とがマッチするように，モニタに表示された線分の長さをマウスやトラックボールを用いて調整する。こうして求めた結果はカテゴリーを用いた場合と同様であった（図4.2）。なお，線分の長さの制約を減らすためには，より大きなスクリーンを用いて，線分を提示するとよい。

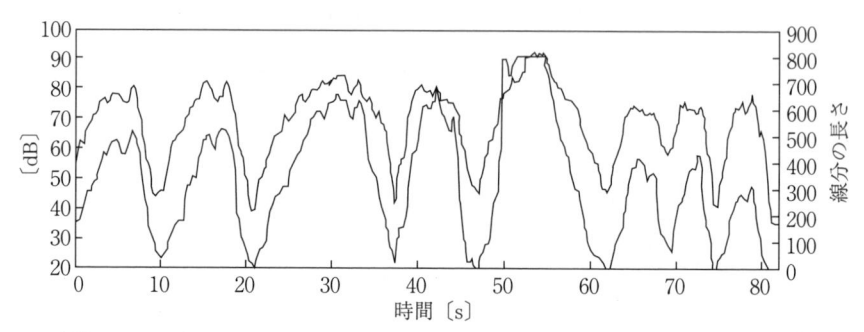

刺激は図4.1と同じ。上の線が音のレベル（左の軸），下の線が一人の実験参加者の判断（右の軸）。反応時間は補正済みで，両者の相関係数 $r = 0.908$。

図4.2 種々の交通騒音のレベル変化と線分の長さを用いた連続判断法による判断の例

4.2.3 連続記述選択法

われわれはある一つの音を聞いて，「大きい」，「美しい」，「鋭い」など，さまざまな印象を持つ。このような音の多次元の時々刻々の印象を求めるために，筆者らは連続記述選択法を開発した[6],[11]。実験に先立って予備実験を行い，実験参加者は音を聞いて，その印象を表す形容詞を自由にいくつでも記述する。その結果に基づいて通常15種類ほど形容詞を用意し，連続記述選択法に用いる。各形容詞はコンピュータのキーと対応づける。例えば，「美しい」に対しては「U」のキーを，「迫力がある」に対しては「H」のキーを割り当てる。実験参加者は時々刻々の音の印象に対応するキーを押して反応する。もし，「美しい」と「迫力がある」など二つの印象が同時に存在するとき，ピア

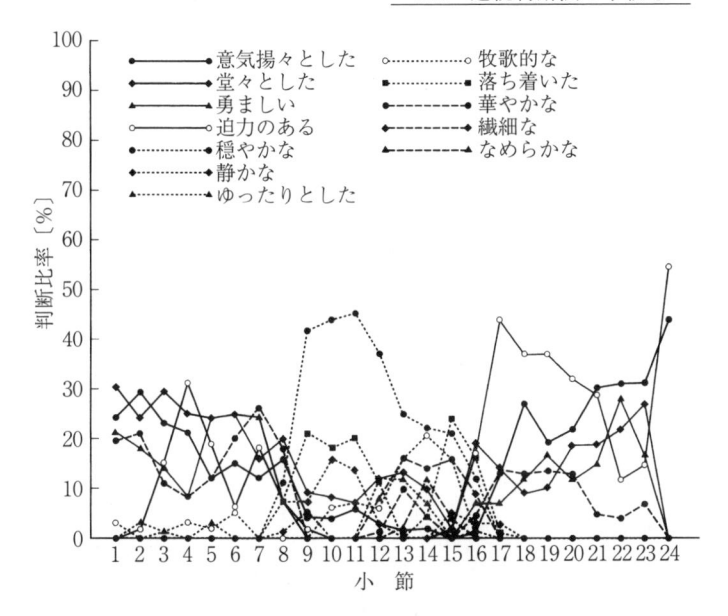

図 4.3 音楽演奏音の時々刻々の印象を連続記述選択法で求めた結果の例（ムソルグスキー作曲，組曲「展覧会の絵」，アシュケナージ指揮による「プロムナード 1」）[11]

ノのトリルの演奏のように，二つのキーを交互に速く押すように求めた．時間とともに変化する音楽演奏音の印象を求めた例を図 4.3 に示す．

4.2.4 反応時間の推定

音が提示されてから，実験参加者が印象に対応するキーを押すまでに時間遅れ（反応時間）がある．反応時間は，時々刻々の物理量（$L_{Aeq, 100\,ms}$ など）と 100 ms ごとにサンプリングした実験参加者の反応とを対応づけ，両者の時間間隔をずらしながら相関係数 r を求めることによって，推定することができる．その例を図 4.4 に示す[2]．ここで最も高い相関が見られた時間間隔を反応時間と推定する．反応時間を考慮に入れて，時々刻々の判断を全実験参加者について平均すると，ラウドネスやノイジネスの判断の場合，一般に 100 ms ごとにサンプリングした反応と $L_{Aeq, 100\,ms}$ の間に高い相関が認められる．特に，1 dB ステップごとの $L_{Aeq, 100\,ms}$ とそれに対する時々刻々の反応の平均値との間には高い相関

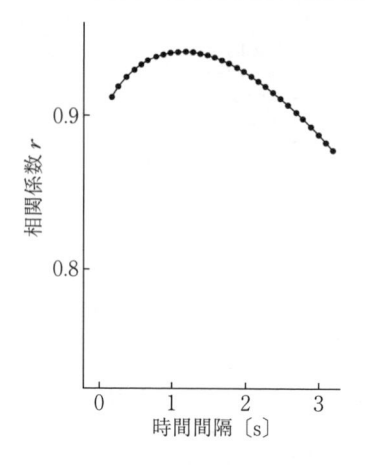

4. 音の流れと連続判断

図4.4 時間間隔と相関係数の関係[2]

最大の相関係数を示す時間間隔を反応時間と推定した。

$r = 0.984$
$y = 0.117x - 2.275$

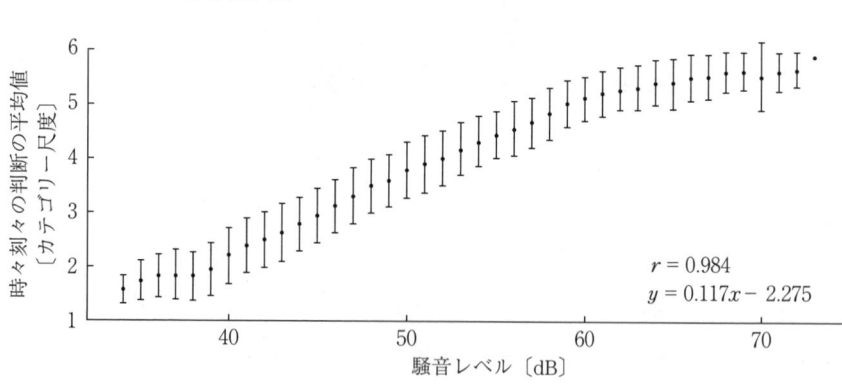

図4.5 1 dB ステップごとの物理量に対する連続判断の平均値[12]

表4.1 各騒音レベルに対する時々刻々の判断の平均値間の有意差検定の結果[12]

34–35	***	42–43	***	50–51	***	58–59	***	66–67	ns
35–36	**	43–44	***	51–52	***	59–60	***	67–68	ns
36–39	***	44–45	***	52–53	***	60–61	**	68–69	ns
37–38	*	45–46	***	53–54	***	61–62	***	69–70	ns
38–39	***	46–47	***	54–55	***	62–64	***	70–71	ns
39–40	***	47–48	***	55–56	***	63–64	***	71–72	ns
40–41	***	48–49	***	56–57	***	64–66	*	72–73	ns
41–42	***	49–50	***	57–58	***	65–66	*		

*** $p < 0.005$, ** $p < 0.01$, * $p < 0.05$

が認められ，統計的にいうならば，**図4.5**と**表4.1**に示すように，わずか1 dBの相違であってもその反応の間には有意差が見られることが示唆された[12]。

なお，反応時間は，音に注目して判断した場合はほぼ1秒くらいであるが，実験参加者が音を聴取するときの態度によって異なり，数秒間も要する場合もあった。例えば，放送音に混在する音質の劣化要因について検討した筆者らの実験[13]では，音質について注意して聞くと，日常生活で聴取している場合よりも，劣化要因の影響が過大評価される可能性がある。そのため，アンケート調査を行って放送番組の内容について尋ねることにより，放送番組の内容に注目して聞くようにさせた。すなわち，日常生活で放送番組を聞くときの聴取態度に近い状況で実験を行い，番組内容を聞きながら音質について連続判断を求めた。その結果，反応時間が長いケースもあったが，**図4.6**に示すように劣化要因と物理量の間に良い対応が認められた。

(a) S/Nと音質評価の関係　　(b) ひずみと音質評価の関係

いずれも高い相関が認められる。

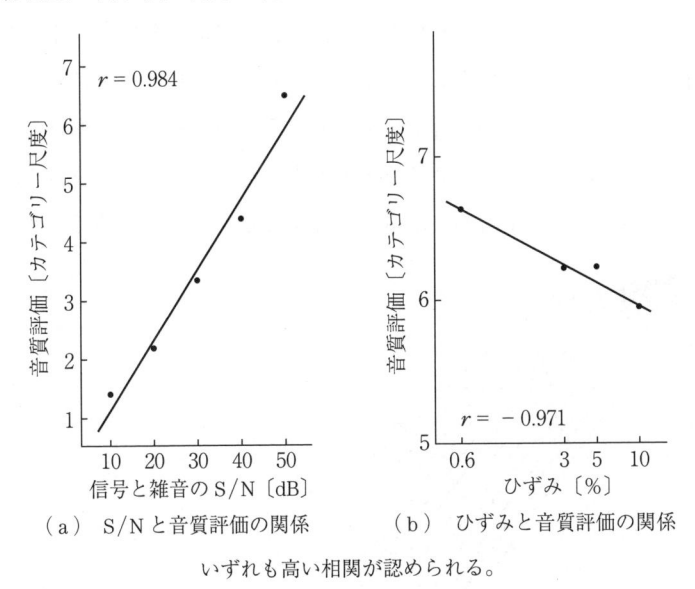

図4.6 カテゴリー連続判断法を用いた放送番組の音質評価[13]

4.3 連続判断の実験例

4.3.1 心理的現在の推定

物理的に計測される現在は点であるが,心理的には,すべての事象が同時と知覚される時間スパンがある。すなわち,物理的には刺激がある時間的な長さに広がりを持っていても,主観的にはすべてが現在として知覚される時間である。ウッドロー[14]はこの時間を一つのまとまった単位時間の閾値,あるいは**心理的現在**の上限閾と定義した。フレッス[15]によると,継時的に提示される二つの音の間隔が約 1.8 ～ 2 秒のとき,二つの音は同じ心理的現在に属するという。また,心理的現在の最長の時間は 7 ～ 8 秒とも報告されている[16]。

連続判断においても,時間の流れの中で変化する刺激を判断するとき,その瞬間の刺激だけではなく,それに先立つ部分にも影響を受ける可能性がある。ある瞬間の判断に影響を与える先行する刺激の部分の長さを検討するために,種々の時間の長さについて先行する部分のエネルギー平均値を求め,時々刻々の判断と対応づけた[2]。図 4.7 に結果を示すように,時々刻々の判断は先行する 2.5 秒のエネルギー平均値と最も高い相関を示した。この値はフレッス[15]の

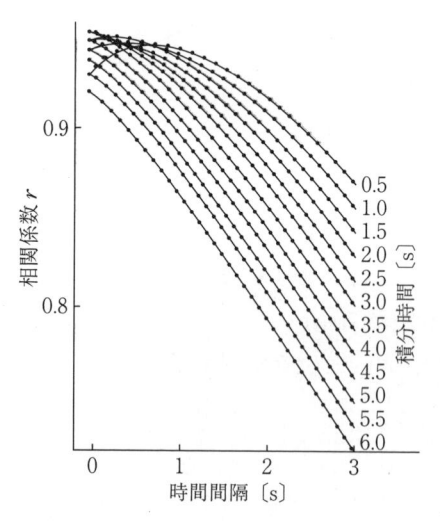

図 4.7 判断に先立つ種々の時間範囲で求めた L_{Aeq} と判断の対応[2]

提案する心理的現在を反映していると考えられる。すなわち，ある時間範囲の主観的印象が積分され，一つの単位として知覚され，ある長さを持つものと思われる。積分された物理量と時々刻々の判断の間の相関係数を心理的現在の指標とみなすなら，最も高い相関を示した積分時間が心理的現在を表していると思われる。

4.3.2　全体判断と時々刻々の判断の関係

　長時間にわたって変化する刺激の全体の印象を判断することは難しく，また，**全体判断**を決定する要因を見出すことは容易ではない。全体の印象は，ゲシュタルト心理学者が主張するように[17]，多くの個々の刺激の印象の単純な総和で決まるものではない。また，刺激全体を構成する各瞬間の印象の総和でもない。

　しかし，当然のことながら，全体の印象は時々刻々の印象とはたがいに独立ではない。全体の印象は，構成する刺激の印象にある種の心理的ウェイトをつけて決定されると考えられる。また，全体を構成している個々の刺激も，全体の文脈と過去の経験によって形成される枠組みによって影響を受ける[18]。

　長時間にわたる変動音の評価のために，時々刻々の判断とともに全体の印象も求めることが有益である。カテゴリー連続判断法を用いた実験では，連続判断が終了した後，質問紙を用意し，刺激全体の印象とともに実験データを解釈するための種々の質問を行う。音を提示してから全体判断を行うまでの時間間隔は注意して決める必要がある。もし，時々刻々の判断の直後に行えば，全体判断は刺激の最後の部分に基づいて行われるかもしれない。また，時々刻々の判断終了後，長い時間がたってから判断を求めると印象が曖昧になる可能性もある。

　全体判断と**時々刻々の判断の平均値**の関係を示す例を**図4.8**に示す[1]。時々刻々の判断直後に行った全体判断は時々刻々の判断の平均値より少しだけ過大評価されているが，時々刻々の判断から1か月後に行った全体判断は時々刻々の判断の平均値よりもずっと大きく判断されていることがわかる。このこと

4. 音の流れと連続判断

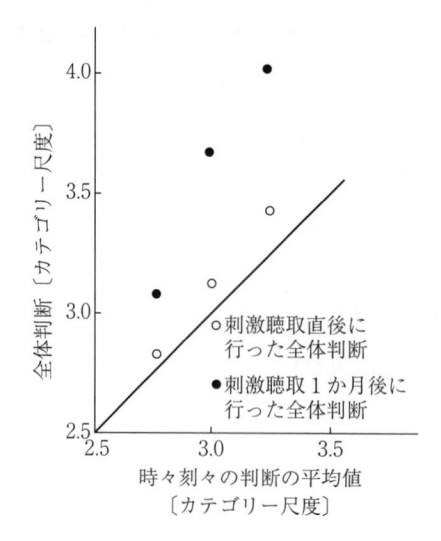

[図4.8: 縦軸「全体判断〔カテゴリー尺度〕」、横軸「時々刻々の判断の平均値〔カテゴリー尺度〕」。○印：刺激聴取直後に行った全体判断、●印：刺激聴取1か月後に行った全体判断]

時々刻々の判断を行ってから1か月後に全体判断を行うと（●印），時々刻々の判断を行った直後の全体判断（○印）よりも大きな過大評価が見られる。

図 4.8 航空機騒音の時々刻々の判断の平均値と全体判断の関係 [1]

は，記憶の法則を反映していると思われる。すなわち，時間が経過するほど，刺激の目立つ部分の印象が強くなり，一方，目立たない部分の印象は弱くなる。全体判断に貢献する要因を検討することは興味深く，また重要である。

また，オフィスで聞こえるさまざまな音源の音を含む音の時々刻々の印象をカテゴリー連続判断法により求め，各音源に対する時々刻々の判断の平均値とその後に求めた各音源の全体判断との関係を図 4.9 に示す[19]。音源によって過大評価の程度は異なるが，全体判断の過大評価が見られる。また，5〜11週間後に求めた全体判断では，図 4.10 に示すように，全体判断の過大評価がより大きくなっていることがわかる。なお，この実験では**生態学的妥当性**を維持するために，現実の音源を，録音したときのレベルとほぼ同じレベルで提示したため，日常生活で聞く音の大きさの判断が影響している可能性がある。そのため，録音したときのレベルよりも 10 dB だけレベルを上げた場合についても実験を行った。その結果，現実のレベルの場合よりも大きく評価されており，実験参加者は実験中に聞いた音に基づいて判断していることが示唆された[20]。

自動車交通騒音を用いて，全体判断と時々刻々の判断の平均値を検討した結果を図 4.11 に示す[2]。ここでも，時々刻々の判断の平均値よりも全体判断の

4.3 連続判断の実験例

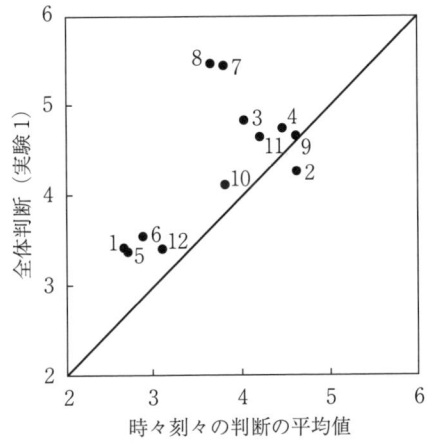

図 4.9 刺激中に含まれる個々の音源について，時々刻々の判断の平均値と時々刻々の判断後に行った全体判断（実験1）の関係[19]

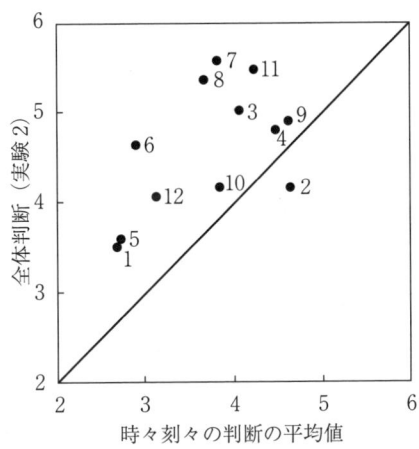

図 4.10 時々刻々の判断の平均値と音を聞いてから 5〜11 週間後に行った全体判断（実験2）の関係[19]

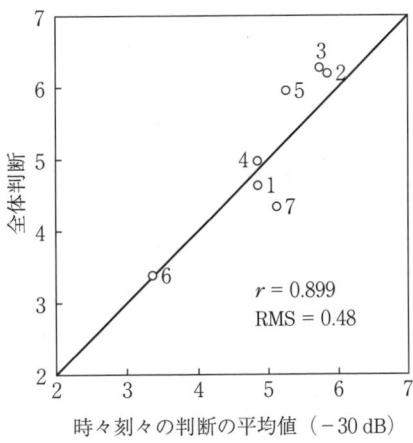

$r = 0.831$
RMS = 1.23

$r = 0.899$
RMS = 0.48

図 4.11 と比較して，良い対応が見られることがわかる。

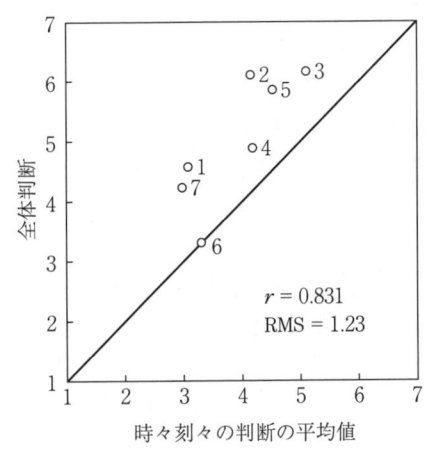

図 4.11 種々のパターンの自動車交通騒音について，時々刻々の判断の平均値と全体判断の関係[2]

図 4.12 刺激の最大値から −30 dB のところまでの時々刻々の判断の平均値と全体判断の関係[2]

ほうが大きいことがわかる。全体判断ではレベルの低い部分が目立たないため，全体判断への影響が小さいと考えられるので，レベルの高いところから，−10 dB，−20 dB，−30 dB のところまでの時々刻々の判断のみを平均すると，図 4.12 に示すように，−30 dB までの時々刻々の平均値と全体判断との間に良い対応が認められ，レベルの低い部分は全体判断にあまり貢献しないことがわかった。

　連続記述選択法により，多次元の印象を判断するとともに全体の印象も求めると[11]，連続判断では見られなかった印象が全体判断では見られるケースもあった。ムソルグスキー作曲の「展覧会の絵」の「プロムナード 1」を用いて行った実験結果の例を図 4.13，図 4.14 に示す。ここでは，全体判断では，「華やかな」という印象が最も多く選択されていたが，連続判断では見られなかった。「華やかな」という印象は，瞬間的な印象によって形成されるのではなく，種々の要因が総合された結果として生じる印象なのかもしれない。

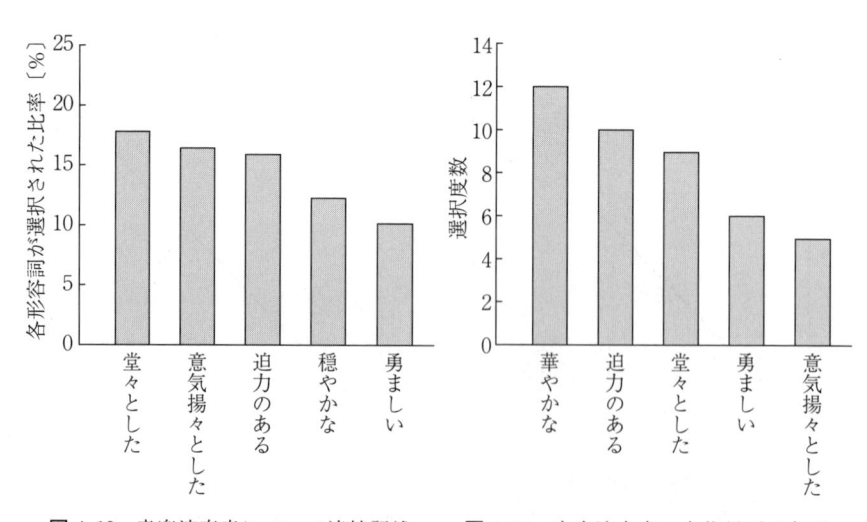

図 4.13 音楽演奏音について連続記述選択法で時々刻々の印象を判断した結果（ムソルグスキー作曲，組曲「展覧会の絵」，アシュケナージ指揮による「プロムナード 1」）[11]

図 4.14 音楽演奏音の全体判断で各形容詞が選択された度数（ムソルグスキー作曲，組曲「展覧会の絵」，アシュケナージ指揮による「プロムナード 1」）[11]

全体判断を決定するメカニズムは単純ではない。記憶の中で顕著な部分を形成するためには多くの要因が関与している。連続判断から得られた情報が知覚や記憶のメカニズムを理解するのに役立つであろう。同時に現実的な観点から見ると，連続判断と全体判断の関係，および連続判断と対応する刺激の物理量との関係に関する情報が，音質の改善のための方策を見つけ出すのに非常に有用であろう。

4.3.3 時間変化（音に対する慣れ）

騒音とは，望ましくない音，なければよいと思われる音である。しかし，たとえ望ましくない音がなくなっても，それで必ずしも快適な音環境になるとは限らない。無響室のようにまったく音がない環境ではくつろぐことができない。また，静かすぎるオフィスでは，小さな物音をたてることにも気を使う。そのため，慣れやすく，邪魔にならない音や，他のレベルの低い望ましくない音をマスクする音があるほうがリラックスできることがある。慣れやすい音はどのような音なのかを探求するために，カテゴリー連続判断法は有用である。

時間経過とともに，音の主観的印象も変化する。シャーフ[21]は，周波数が高くレベルの低い音ではラウドネスの**順応**が生じ，音が長く続けて提示されるとラウドネスの印象が減少することを示した。

音に対する**慣れ**は，ある刺激が繰り返し聴覚器官に提示されると刺激に対する反応がしだいに減少し，ついには反応が生じなくなる現象である。慣れは，刺激に注意を向けると容易に元に戻るという点で，順応や疲労とは異なる。従来の心理学的測定法を用いた実験では，実験参加者は判断するために刺激に注意を向けなければならないので，慣れを測定することは容易ではない。

音の継続時間が長いとき，実験参加者はつねに音に注意を向けているとは限らない。すなわち，ある時間は音の存在を意識していない可能性があり，反応が求められても反応しないことがある。特に実験参加者が精神作業に没頭しているときや他の刺激が存在するとき，このような事態が生じる。この影響は反応回数や反応しない時間に反映される。実験参加者が騒音に慣れたとき，反応

回数が減少したり，反応しない時間が長くなることが見られる[22)〜24)]。このことから，カテゴリー連続判断法は慣れを測定するために有用なツールであることが示唆される。

慣れを検討した筆者らの実験を紹介したい。実験参加者に精神作業を課し，その作業に強く動機づけを行った[22)]。実験参加者には，精神作業に従事しながら音のノイジネスをカテゴリー連続判断法で連続的に判断するよう求めた。音には，自動車交通騒音や物売りの声，テレビの音声，洗濯機の音，掃除機の音など家庭内で聞こえるさまざまな種類の音が含まれており，実験の一つのセッションの長さは約1時間半であった。この実験においては，30秒間音に反応しなければ反応するように，モニタに警告を提示した。実験参加者は，精神作業に没頭していると，警告が表示されているにもかかわらず音に反応しないことがある。警告が出ているにもかかわらず，反応しなかった時間の長さの総和を慣れの指標とした。各実験参加者について，慣れの時間の長さは2試行間で高い相関が見られ，音に慣れやすい者と慣れにくい者がいることがわかった。また，質問紙で尋ねた音に対する慣れやすさと，実験で得られた慣れの長さの間には図4.15に示すように対応が見られ，反応しなかった時間が慣れの指標と考えられることが示唆された。

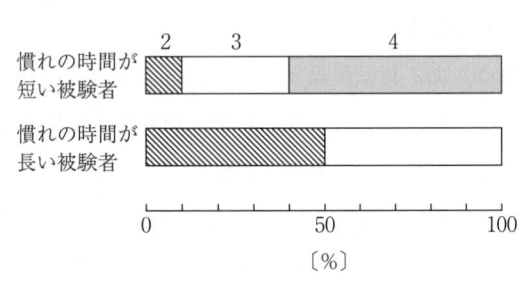

アンケート調査「あなたはどの程度騒音に慣れることができるとお考えですか。」
 1：すぐに慣れる。　　2：かなり慣れやすい。　　3：時と場合による。
 4：慣れることが難しい。　　5：まったく慣れることができない。
慣れの時間が長い被験者グループでは，アンケート調査でも「慣れやすい」と回答した者が多く，一方，慣れの時間が短い被験者グループでは，「慣れることが難しい」と回答した者が多い。

図4.15 質問紙に対する回答とカテゴリー連続判断法による実験結果の関係[22)]

自動車車内騒音の音質について検討した実験では，30分間の刺激の最初と最後の5分間に同じ音を提示し，両者に対する反応回数を指標として慣れを検討した[23]。実験参加者は音に注意していると，音の印象が変化するたびに反応する。一方，音に慣れていると，変化をそれほど意識せず，反応もしない。刺激の最初に比べて最後のほうが反応回数が少なくなるが，その変化の程度により，慣れやすい音と慣れにくい音を知ることができる。

連続判断は，どのような音，あるいは音のどの部分が目立つ音であり，望ましくない音であり，なくすべき音なのかを見出したり，逆に気にならない慣れやすい音はどのような音なのかを検討するのに有用であろう。

4.3.4 音の記憶

継続時間の長い音，あるいは長期にわたる音の全体の印象は記憶に基づいて判断される。記憶に基づいて音の印象を判断する瞬間に普通，音は存在しない。物理量と継続時間の長い音の印象の間に精神物理学的法則が存在するかどうかを調べることは興味深く，重要なことと思われる。

継続時間の長い**音の記憶**はさまざまな要因によって影響を受ける。その中でも，特に認知的要因と時間的要因が重要な影響を持つと思われる。前述のように，全体の印象は必ずしも時々刻々の印象の平均ではなく，一般に全体の印象は時々刻々の印象の平均値より過大評価される[1),2)]。このことから，印象に残る顕著な部分が全体の印象を規定するのにより大きな貢献をしていると思われる。どのような音がわれわれの記憶として残り，どのように全体の印象に貢献するのかを知ることは，記憶のメカニズムを知るために有用であるとともに，快適な音環境を創造するためにも役立つと思われる。筆者らはカテゴリー連続判断法を用いて，実験室で実験的に環境音の記憶について検討した[3),25)]。

実験ではドイツの郊外で録音した音をそのまま用いた。そこには，鉄道騒音，自動車交通騒音，人の声など種々の音が含まれていた。継続時間は約20分である。実験参加者には種々の音源を含む音を提示し，時々刻々の印象の判断を求めた。時々刻々の判断の終了後，刺激全体のラウドネスの判断も求め

た。また，各音源が提示された時間順序も含めて想起を求め，想起された音源のラウドネスの判断を求めた。以前の実験と同様に，全体判断は時々刻々の判断の平均値より過大評価されることがわかった。

全体の音を聞いて，各実験参加者は平均しておよそ15～20個の音源を想起した。実験参加者によって想起した音の種類も数も異なるが，想起された音源はその実験参加者にとって目立つ音と考えられる。各実験参加者について，想起された音源のラウドネスの判断の平均を算出し，その平均値を全実験参加者について平均した。この平均は全体判断の平均値に近似しており，両者の間に統計的有意差は見られなかった。想起された音は必ずしも大きな音ではなく，かなりレベルの低い小鳥の声も多くの実験参加者が想起していた。この結果から，印象に残る音は小さな音も含めて全体のラウドネスの印象を決定するのに貢献することが示唆される。図 4.16 に示すように，鉄道騒音，自動車交通騒音，踏切，警笛，小鳥の声の $L_{A\,max}$ は想起された音源のラウドネスの印象と良い対応を示した。すなわち，実験参加者は音源の種類だけでなく，そのラウドネスも記憶しており，全体の印象を判断していることが示唆された。

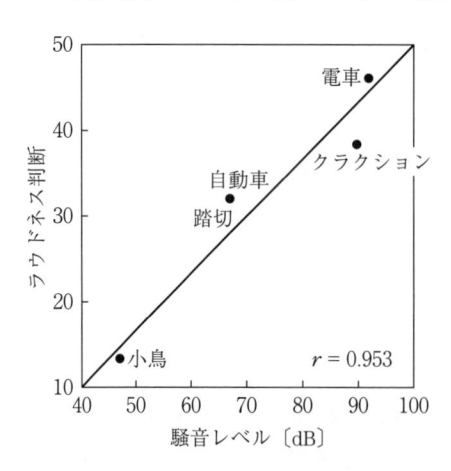

図 4.16 各音源の $L_{A\,max}$ とラウドネスの全体判断[25]

4.3.5 未来の予測

日常生活で，われわれは特に意識することなく，さまざまな行動を行っている。しかし，われわれが適切に行動するためには，過去の経験の記憶，現在の

状況の知覚や認知，および**未来の予測**に基づいて行動している。未来を予測することができるので，危険な状況も回避できる。音環境の評価においてもまた，過去の記憶，および現在の状況の知覚や認知に基づいて，音の未来の変化を予測することができる。

連続判断法を用いた実験から音の変化の未来予測について検討した[26]。音を聞いてから反応するまでには時間遅れ（反応時間）がある。前述のように，カテゴリー連続判断法では，反応時間は音圧レベルと実験参加者の反応との間の相関係数から推定する。反応時間は，音のレベル変化が予測できると異なると考えられるので，連続判断の結果から，航空機騒音の部分を，航空機が近づいてくるときと航空機が遠ざかっていくときの二つに分けて検討した。その前半では航空機の動きが予測できないが，後半では，近づいてくることや遠ざかっていくことが予測できる。そのため，いずれも前半では反応時間が長く，後半では短くなることが予想されるが，**表 4.2** に示すように，分析した結果でもそのことが裏付けられた。この結果は，実験参加者が音の変化を予測して反応していることを示唆する。

表 4.2　航空機が近づいてくるときと遠ざかっていくときについて，それぞれ航空機の動きが予測できない前半部分と予測できる後半部分の反応時間[26]

	近づくときの反応時間〔s〕	遠ざかるときの反応時間〔s〕
前半	1.83	3.15
後半	0.35	0.53

連続判断法では，全体の平均的な反応時間を使用することが多いが，個々の部分についても細かく検討することが可能なので，種々の観点から分析することによって有益な示唆が得られる。

4.3.6　聴覚の情景分析

ブレグマン（A. S. Bregman）[27]は，音環境に存在する種々の手がかりを用いて外界に存在する音源を認知する過程の解明を目指して，**聴覚の情景分析**（auditory scene analysis）の考えを提唱した。筆者らは，線分を用いた連続判

断法により，聴覚の情景分析にアプローチし，"**auditory stream**"を量的にとらえ，そこに見られる法則性について検討した[28)〜30)]．

実験では，400 Hz の純音を用い，種々のパターンの正弦波的な振幅変調音を作成し，これをターゲット音とした．妨害音として，200 Hz，1 kHz の純音，および 200 Hz，400 Hz，1 kHz の三角波の5種類を用意し，いずれか一つをターゲット音に重畳させた．妨害音も正弦波的な振幅変調音である．実験参加者はこれらの音を聞いて，ターゲット音のラウドネスとモニタに示された線分の長さの印象がマッチするように，線分の長さをトラックボールを用いて調節した．最初にターゲット音のみの条件を実施し，ターゲット音のみの場合には，図 4.17 に示すように十分な精度で追従することができることを確認した．

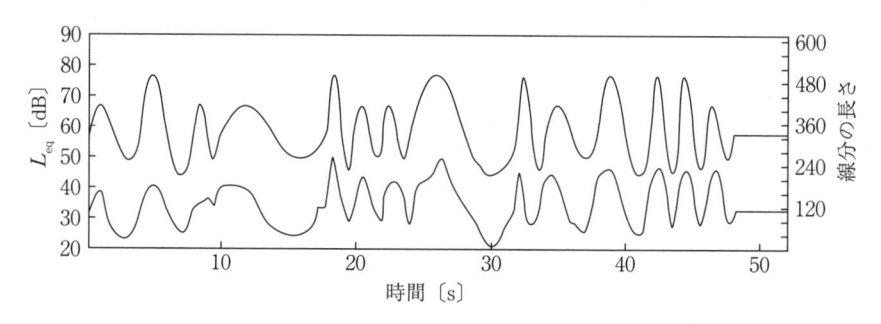

図 4.17 ターゲット音のみの場合の結果の例[28)〜30)]

上の線がターゲット音のレベル変化，下の線が実験参加者の反応を示す（$r = 0.806$）．

実験結果について，ブレグマンにならって，視覚における**ゲシュタルトの法則**と関連づけて検討した結果，以下の〔1〕〜〔3〕のようなことが示唆された．

〔1〕 **類同の要因** 純音のターゲット音と三角波の妨害音は音色が異なるので，"auditory stream"の分離が良くなると考えられたが，正弦波の妨害音を重畳させた場合と有意な差は認められなかった．他の要因の影響のほうが大きいと思われる．

〔2〕 **近接の要因** 搬送波の周波数が同じ場合（ターゲット音も妨害音も 400 Hz），ターゲットの追従はきわめて困難になった．両者は音色が異なるが，周波数が同じ場合は一つのゲシュタルトとしてとらえられ，ターゲット音と妨

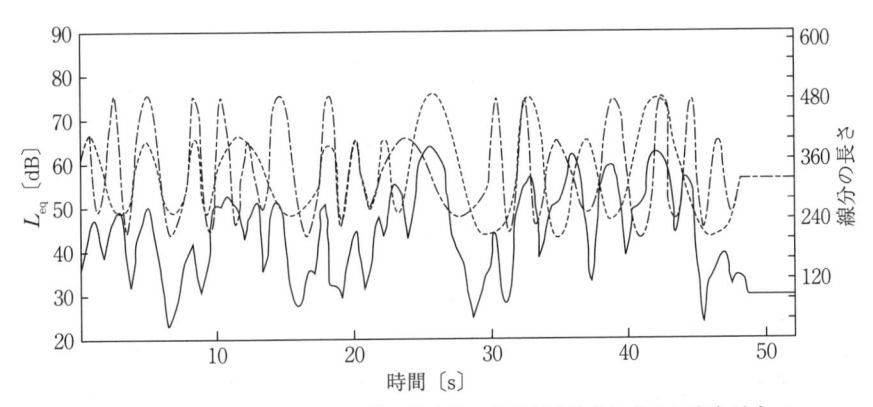

図 4.18 400 Hz の妨害音があるときの結果の例[28)~30)]

破線がターゲット音，一点鎖線が妨害音，実線が実験参加者の反応を示す。

害音のレベルを加算した値と反応とが良い対応を示した。例を**図 4.18**に示す。

〔3〕**良い連続，共通運命の法則**　ターゲット音が時間的に良い連続で変化し，妨害音と異なる変化をする場合にはターゲット音の追従が比較的容易であり，ターゲット音を見失うことも少ない。しかし，ターゲット音と妨害音がある時間，同じ動きをしていて，途中から異なった動きをし，かつ，妨害音の

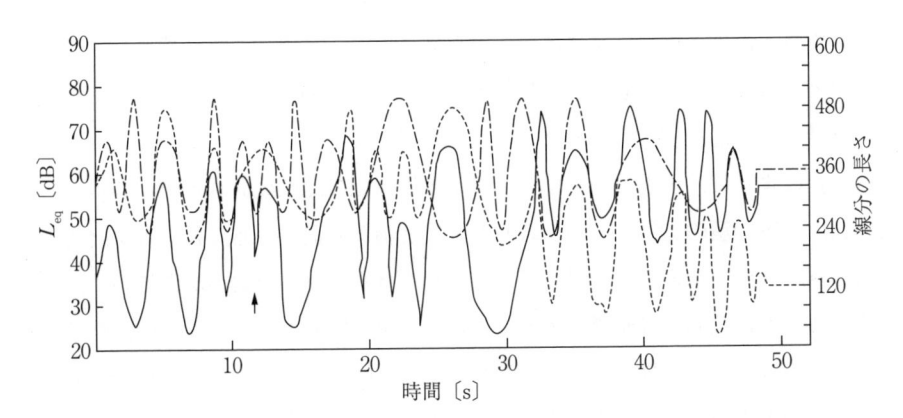

破線がターゲット音，一点鎖線が妨害音，実線が実験参加者の反応を示す。比較的やさしい条件であるが，矢印に示すように，ターゲット音と妨害音が同様の動きをした後，途中から異なる動きをすると，レベルの高い妨害音に追従するケースが見られた。

図 4.19　妨害音が 1 000 Hz の三角波の例[28)~30)]

レベルが高いときには，図 4.19 に例を示すように，妨害音に引きずられる傾向が見られた。さらに，ターゲット音の変化が良い連続から崩れると追従が難しくなるケースも見られた。

上述のように，線分を用いた連続判断法により，"auditory stream" を時間の流れに沿って測定し，聴覚の情景分析を数量的にとらえる可能性が示唆された。また，ゲシュタルトの法則から説明できる "auditory stream" をとらえる法則性についても示唆された。

4.4 その他の連続判断法の適用例

4.3 節では，主として時間に関連する研究例を中心に紹介したが，連続判断法は多くの特徴を持ち，筆者らは種々の音の側面について検討してきた。それらの例を簡単に紹介する。

〔1〕 **日常生活場面での適用** 屋外でカテゴリー連続判断法を行うことも可能である[31]〜[34]。まさに日常生活場面で時々刻々の印象をとらえることにより，その環境の音として，どのような音をどのようにとらえているかを知ることができる。例えば，実験中に救急車が通ったが，日常的な生活環境の音ではないとみなして，判断しない実験参加者もいた。実験中に音を録音しておき，物理量との対応を検討するとともに，実験室でも録音した音を用いて実験を行うことによって，現場での評価と実験室での評価の比較検討も可能である[32]。

〔2〕 **短い音の影響** パルス的な音など継続時間が非常に短い音は，その音のみの判断を求めると不快な音として判断されるが，家庭の居間にいて，いろいろな家電製品の音が聞こえてくる流れの中で聞くと，ほとんどの実験参加者はその音に対して反応しなかった[35]。また，同様に，自動車の走行中に聞こえる自動車車内音について，連続判断を求めた場合にも，サイドブレーキの音など短い音に対して実験参加者は必ずしも反応していないケースが見られた[36]。継続時間が短く，レベルも極端に高くなく，かつ何度も繰り返し生じなければ，不快感は少ないことが示唆される。

〔3〕 **背景騒音の影響** 特定騒音の印象は背景騒音のレベルによって影響を受ける。航空機騒音の印象について，同じ航空機騒音を含む音の背景騒音レベルを変化させてその影響をカテゴリー連続判断法により検討した[1),12)]。その結果，背景騒音レベルが高いほど，航空機騒音の評価は小さくなることがわかった。また，線分による連続判断法を用いて，レベルの低い背景騒音に航空機騒音を重畳させて判断を求めたところ，航空機騒音のレベルが同じでも，航空機騒音間の時間間隔が長いほど，すなわち，静かな時間が長いほど，静かと評価される傾向も示唆された[37)]。

〔4〕 **音楽の聴取最適レベル** われわれが音楽を楽しむ手段は，コンサートホールで演奏を聞くよりも，録音された音楽を再生して聴くことが多い。音楽を再生するレベルはアンプのボリュームを調整して決めるが，比較的長いクラシック音楽などの場合，曲全体にわたって，聴取最適なレベルになっているかどうかわからない。そのため，音楽を聴きながら，大きすぎるか，ちょうど良いレベルか，小さすぎるかの判断を連続的に求め，音楽演奏音の聴取最適レベルについて検討した[38)]。その結果，音楽経験の豊富な実験参加者は，特に弱音部について満足せず，大きすぎると感じていることがわかった。

〔5〕 **音源間の比較** 連続判断法では，特定の刺激に注目させないで判断を求めることができるので，実験終了後に，種々の音源に対する判断だけを取り出して比較検討することができる。筆者らは自動車車内音の評価を行って，走行中に聞こえるさまざまな音源の比較を行った[36)]。

4.5 まとめ

音は時間の変化によって情報を伝える。時間の流れがなくては聴覚のパターンはなく，時間的な変化がなければ情報はほとんど伝えられない。それゆえ，音の知覚について検討するためには音の時間変化に対応する印象を調べることは有意義である。

本章で述べた連続判断法のおもな特徴は，下記のとおりである。

（1） 時間の流れとともに変化する音の時々刻々の印象をとらえることができる信頼性のある方法である。

（2） 実験で，日常生活の場合と類似した状況での判断ができる。

（3） 判断がやさしいため，長時間の実験でもあまり疲れずにできる。筆者らが行った実験では，1時間半のセッションを2回実施したが，無理なく実験ができ，信頼性の高い判断が得られた。

（4） 時間の流れに沿って判断するために，実験参加者に特定の刺激に注目させずに判断を求めることが可能である。

（5） この手法は現実の環境音に適用でき，刺激条件と主観的な反応との関係，刺激条件間のトレードオフの効果も調べることができる。物理的な要因に依存する時々刻々の判断と物理量の関係から，騒音の音質を改善するための手がかりを得ることができる。

（6） 音の全体の印象は時々刻々の印象と密接に関連している。しかし，全体の印象は時々刻々の印象の単純な平均ではない。ゲシュタルトの法則が示唆しているように，目立つ部分やレベルの高い部分が「図」となり，全体の印象に大きな影響を持つ。目立たない，あるいはレベルの低い部分は「地」となり，慣れやすい。連続判断法を用いて全体の印象を規定する要因を検討することができる。

（7） 時々刻々の印象は，その瞬間の音圧レベルだけでなく，先行する部分によっても影響を受ける。心理的現在は，フレス[15]が述べているように，一つの点ではなく，ある継続時間を持つ。時々刻々の印象を規定する時間範囲を推定することが可能であり，それは心理的現在を定義するのに役立つと思われる。

（8） すべてのデータをコンピュータに保存しておくことにより，実験終了後，種々の観点からの分析が可能である。

連続判断法によって時々刻々の印象をとらえることによって，音環境を改善するための対策を見出すとともに，聴覚のメカニズムの理解へのアプローチとして大いに役立つと思われる。

引用・参考文献

1) S. Namba and S. Kuwano : The relation between overall noisiness and instantaneous judgement of noise and the effect of background noise level on noisiness, J. Acoust. Soc. Jpn. (E), **1**, pp. 99-106 (1980)
2) S. Kuwano and S. Namba : Continuous judgement of level-fluctuating sounds and the relationship between overall loudness and instantaneous loudness, Psychol. Res., **47**, pp. 27-37 (1985)
3) S. Namba, S. Kuwano, T. Kato, J. Kaku and K. Nomach : Estimation of reaction time in the continuous judgement, Proceedings of ICA 2004 (Apr. 2004)
4) G. A. Miller : The magical number seven, plus or minus two : Some limits on our capacity for processing information, Psychol. Rev., **63**, pp. 81-97 (1956)
5) S. Kuwano and S. Namba : Continuous judgement of loudness and annoyance, Proceedings of the 6th Annual Meeting of International Society for Psychophysics, pp. 129-134 (1990)
6) S. Namba, S. Kuwano and M. Koyasu : The measurement of temporal stream of hearing by continuous judgements — in the case of the evaluation of helicopter noise, J. Acoust. Soc. (E), **14**, pp. 341-352 (1993)
7) 加藤　徹，難波精一郎，桑野園子：調節速度可変の線分長によるラウドネス連続評価の試み，追手門学院大学文学部紀要，**28**, pp. 19-34 (1993)
8) 加藤　徹，難波精一郎，桑野園子：線分長とのクロスモダリティマッチングによるラウドネス連続評価について — 現実音への適用可能性について，追手門学院大学文学部紀要，**30**, pp. 33-43 (1994)
9) H. Fastl, S. Kuwano and S. Namba : Assessing the railway bonus in laboratory studies, J. Acoust. Soc. Jpn. (E), **17**, pp. 139-148 (1996)
10) T. Kato, S. Namba and S. Kuwano : Continuous judgement of loudness by cross-modality matching using line length, Proceedings of WESTPRAC, pp. 859-862 (Oct. 2000)
11) S. Namba, S. Kuwano, T. Hato and M. Kato : Assessment of musical performance by using the method of continuous judgement by selected description, Music Perception, **8**, pp. 251-276 (1991)
12) S. Kuwano and S. Namba : Evaluation of aircraft noise : Effects of number of flyovers, Environment International, **22**, pp. 131-144 (1996)
13) 難波精一郎，桑野園子，二階堂誠也：カテゴリー連続判断法による音質評価，日本音響学会誌，**38**, pp. 199-210 (1982)
14) H. Woodrow : Time perception, In S. S. Stevens (Ed.), Handbook of Experimental

Psychology, pp 1124-1236, John Wiley & Sons (1951)
15) P. Fraisse : Psychologie du Temps, Press University, Paris (1957), Japanese translation by Y. Hara, revised by K. Sato
16) J. A. Michon : The making of the present : A tutorial review, In J. Requin (Ed.), Attention and Performance Ⅶ, LEA (1978).
17) J. Hochberg : Organization and the Gestalt tradition, In E. C. Carterette and M. P. Friedman (Eds.), Handbook of Perception, Vol. 1, pp. 179-210, Academic Press (1974)
18) H. Helson : Adaptation Level Theory, Harper & Row (1964)
19) S. Kuwano, S. Namba and T. Kato : Memory of the loudness of sounds using sketch method, Proceedings of Inter-noise 2003 (2003)
20) S. Kuwano, S. Namba and T. Kato : Perception and memory of loudness of various sounds, Proceedings of Inter-noise 2006 (2006)
21) B. Scharf, : Loudness adaptation, In J. V. Tobias and E. D. Schubert (Eds.), Hearing Research and Theory, **2**, pp. 1-57, Academic Press (1983)
22) S. Namba and S. Kuwano : Measurement of habituation to noise using the method of continuous judgement by category, J. Sound Vib., **127**, pp. 507-511 (1988)
23) 波頭伸哉, 難波精一郎, 桑野園子:車内騒音に対する慣れの測定の試み ― 画像情報と関連づけて, 日本音響学会騒音・振動研究会, N 95-48, 1-4 (Oct. 1995)
24) 難波精一郎, 桑野園子, 木下明生:騒音に対する慣れの測定, 日本音響学会秋季研究発表会講演論文集, pp. 759-760 (1994)
25) S. Kuwano, S. Namba, T. Kato and J. Hellbrück : Memory of the loudness of sounds in relation to overall impression, Acoust. Sci. Tech., **24**, 4, pp. 194-196 (2003)
26) S. Kuwano : Psychological evaluation of sound environment along temporal stream, Proceedings of ICA 2007 (2007)
27) A. S. Bregman : Auditory Scene Analysis, MIT Press (1990)
28) 難波精一郎, 桑野園子, 加藤 徹:連続判断法による聴覚的情景分析の研究 ― 線分長による聴覚パターンの連続描写, 日本音響学会春季研究発表会論文集, pp. 471-472 (1995)
29) 加藤 徹, 難波精一郎, 桑野園子:連続判断法による聴覚的情景分析の研究 ― 種々のパターンの抽出, 日本音響学会春季研究発表会論文集, pp. 473-474 (1995)
30) 桑野園子, 難波精一郎, 加藤 徹:連続判断法による聴覚的情景分析の研究 ― パターン識別の手がかりについて, pp. 475-476 (1995)

31) 加来治郎,加藤　徹,桑野園子,難波精一郎:現場における騒音評価 ― カテゴリー連続判断法の適用,日本音響学会春季研究発表会論文集,pp. 767-768 (1997)
32) S. Kuwano, J. Kaku, T. Kato and S. Namba : The experiment on loudness in field and laboratory ― an examination of the applicability of L_{Aeq} to mixed sound sources, Proceedings of Inter-noise 97 (1997)
33) 加来治郎:聴感実験と社会調査の二つの手法を用いた環境影響評価における複合騒音の評価法に関する研究,大阪大学学位論文 (2001)
34) T. Kato, J. Kaku, S. Kuwano and S. Namba : Psychological evaluation of environmental noise in field using the method of continuous judgement by category, The Faculty of Humanics Review, Otemon Gakuin University, **9**, pp. 13-26 (2000)
35) S. Kuwano, S. Namba, M. Kanmuri and T. Hirose : Examination of the deteriorating factors of sound quality of home electric appliances, Proceedings of ICA 2010 (2010)
36) S. Kuwano, S. Namba and Y. Hayakawa : Comparison of the loudness of inside car noises from various sound sources in the same context, J. Acoust. Soc. Jpn. (E), **18**, pp. 189-193 (1997)
37) M. Morinaga, H. Tsukioka, J. Kaku, S. Kuwano and S. Namba : The effect of off-time length of intermittent noise on overall impression, Proceedings of Inter-noise 2011 (2011)
38) 荒川恵子,水浪田鶴,桑野園子,難波精一郎:音楽演奏の聴取最適レベルを決定する要因,音楽知覚認知研究,**1**, pp. 33-42 (1995)

第5章
マスキングと時間

5.1 マスキング

　マスキングという用語は，他の音，すなわちマスカーの存在によって，テスト音が聞こえなくなる現象を意味する。マスキングは音響心理学において，最も基礎的な現象の一つである。基本的にマスキング音の存在の下で，テスト音が聞こえるかどうかを評価する。日常生活での典型的な例は，列車が通過しているとき，その音によって，音声が聞こえなくなる現象に見られる。

　しかし，基礎的な音響心理学の実験では一般的に，テスト音として純音が用いられ，マスカーとして広帯域雑音，狭帯域雑音，純音，複合音，振幅変調音（AM音），周波数変調音（FM音）などが用いられる。図5.1に，白色雑音によるテストトーンのマスキングの例を示す[1]。縦軸はテストトーンのレベル，横軸はテストトーンの周波数を示す。実線で示す曲線のパラメータは白色雑音のスペクトルレベル I_{WN}，破線は無音のときのテストトーンの閾値を示す。白色雑音は平坦な周波数特性であるにもかかわらず，図5.1のマスキング閾は500 Hz以上の周波数で上昇している。この現象は，臨界帯域と呼ばれる聴覚系のフィルタの帯域幅によるものである。白色雑音のような広帯域の音では，マスキングは線形の変化を示す。すなわち，マスカーのレベルが10 dB上昇すると，テストトーンのレベルも10 dB上昇する。

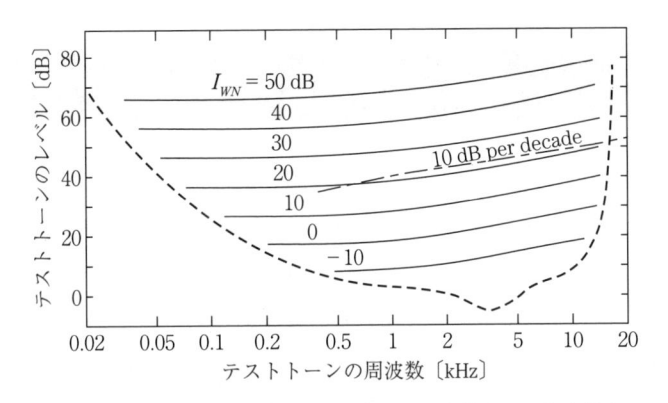

図5.1 白色雑音によるテストトーンのマスキング[1]

一点鎖線は，周波数が10倍になると10dB上昇することを示す。

それに対して，マスカーが狭帯域の音の場合にはテストトーンのマスキングは非線形になる。図5.2に，中心周波数が1kHzの狭帯域雑音によるテストトーンのマスキングの例を種々の臨界帯域のレベル L_{CB} について示す[1]。図に示すようにパターンの低いほうへの傾きは線形になるが，高いほうへの傾きは非線形であり，マスカーのレベルが20dB上昇すると，テストトーンのレベルは30〜40dBなどマスカーのレベル上昇よりもずっと多く上昇する。

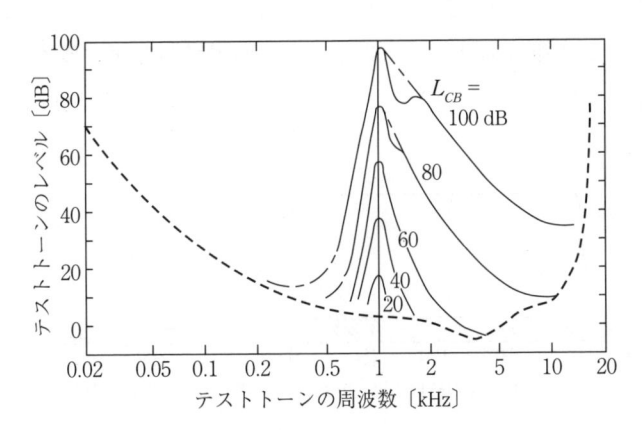

図5.2 中心周波数1kHzの狭帯域雑音によるテストトーンのマスキング[1]

5.2 時間マスキング

　図5.1，図5.2に示したいわゆる"古典的"マスキングの効果は継続時間の長いマスカーとテストトーンで測定されているが，**時間マスキング**は200 ms以下の短いマスカーで求められる[2]。マスカーを適切に"スキャン"するためには，かなり短いテストトーンを用いる必要がある。エネルギーが分散することによる影響を避けるために，テストトーンは臨界帯域と呼ばれる聴覚フィルタの対応する帯域幅の逆数より短くてはいけない。例えば，1 kHzで臨界帯域幅は約160 Hzであるので，1/160 Hz = 6.25 msより短いテストトーンは避けなければいけない。

　時間マスキングにおいて，テストトーンインパルスは，マスカーより前（後向マスキング，**pre-masking**, backward masking[3]），マスカーと同時（同時マスキング，simultaneous masking），あるいは，マスカーが終了した後（前向マスキング，**post-masking**, forward masking[4]）に提示される[†]。これらの関係を図5.3に示す。pre-maskingはわずか20 ms程度しか続かないが，post-maskingは，マスカーの終了後，200 msほど続く。

　テストトーンの継続時間が短くなるとき，**時間積分効果**が働く[5), 6)]。例を図5.4に示す。図5.4に示すように，テストトーンの継続時間が200 msより

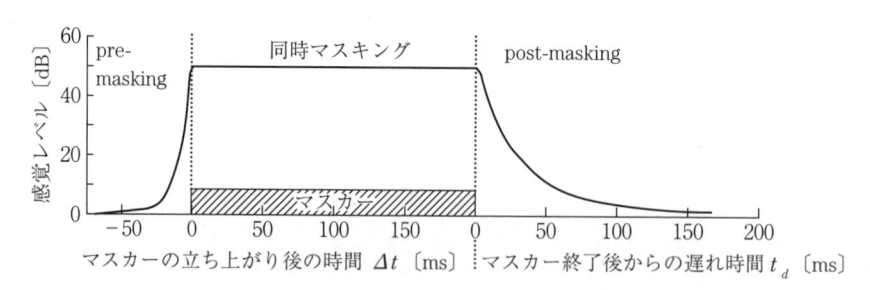

図5.3　pre-masking，同時マスキング，post-maskingの関係[1]

　[†] 本章では，著者の言葉に従ってpre-masking, post-maskingという用語を用いる。

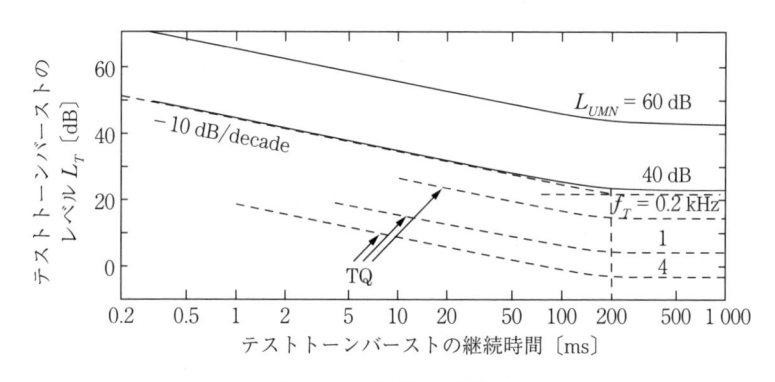

図 5.4 時間積分の効果[1]

短くなると，テストトーンが聞こえるためにはテストトーンのレベルを上げなければならない。このレベルの上昇については，継続時間が約 1/10 になるとテストトーンのレベルを 10 dB 上昇させなければならないという関係が見られ，この関係はマスク閾（実線）だけでなく，静寂時の閾値（破線 TQ）にも当てはまる。短いテストトーンインパルスで，マスカーを"スキャン"するとき，pre-masking（図 5.3 参照）の効果を測定することができるが，この効果は現実問題への応用にはあまり貢献しない。

同時マスキングでは，ツヴィッカー(E. Zwicker)[7]によって **"overshoot"** と名づけられた興味深い現象が見られる。すなわち，同時マスキングにおけるマスキング閾は，マスカーの立ち上がり時点で 200 ms 以降の時点よりも高くなる。この現象は，広帯域のマスカーと高い周波数の短いテストトーンインパルスで最も顕著に見られる。広帯域のマスカーと 8 kHz のわずか 1 ms のテストトーンインパルスでオーバーシュートは 20 dB 以上になることがわかった[8],[9]。

post-masking については，**図 5.5** 〜 **図 5.7** に示すように，予期しない時間の影響が見られた。非常に簡単にいうと，post-masking はコンサートホールの残響時間として知られている減衰過程とみなすことができるだろう。音楽が終わったあとでも，残響があるために，しばらく音は続いているように思われる。同様に，post-masking はマスカーインパルスが終わったあとも続く聴覚系における活動と考えることができる[10),11)]。しかし，物理的な残響は exciting

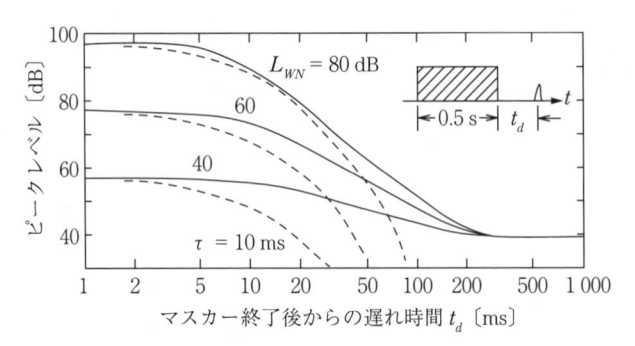

5. マスキングと時間

図 5.5 post-masking とマスカーレベルの関係

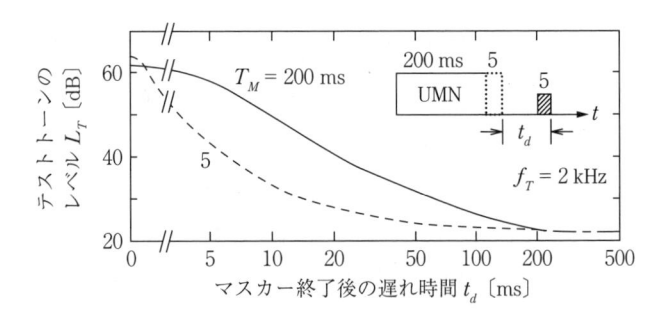

図 5.6 マスカーの継続時間が post-masking に及ぼす影響

マスカーの継続時間 T_M が，実線は 200 ms の場合，破線は 5 ms の場合。テストトーンの周波数は 2 kHz。

sound のレベルには依存しない，すなわち，残響が線形に減衰するのに対して，post-masking は強い非線形性を示す（図 5.5 参照）。

図 5.5 の破線は線形のふるまいを示す。すなわち，減衰（物理的な残響）は exciting sound のレベルに依存しない（横軸の時間は対数尺度になっていることに注意）。一方，実線で示す post-masking はマスカー音のレベルに明らかに依存した減衰形を示す。レベルの低いマスカー音に関しては，レベルの高いマスカー音に比べて，減衰はより平坦になる。開始レベル（マスカー音の終了時のレベル）にかかわらず，約 200 ms 後に静寂時の閾値に達するように思われる。それゆえ，マスカーのレベルが高いほど，減衰は急峻になる。

post-masking は，図 5.5 に示すレベルに対する非線形性に加えて，さらに，

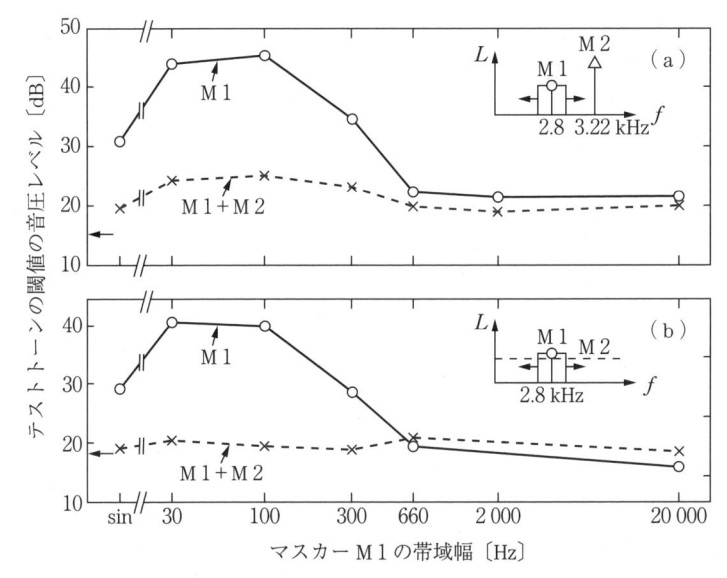

図 5.7 マスカー M 1 が単独のとき（実線）と M 1+M 2 の二つのマスカーが組み合わされたとき（破線）の post-masking

縦軸の矢印は，M 1 のみによる post-masking 閾を表す．

図 5.6 に示すように時間的にも非線形を示す[12]。図 5.6 の実線はマスカーが 200 ms のときの post-masking の減衰を示し，破線はマスカーが 5 ms のときの減衰を示す．図 5.6 に示すデータは，明らかに post-masking がマスカーの継続時間に依存することを示している．長いマスカー（実線）のあとでは，予想されたように，約 200 ms あとまで，なめらかに減衰している．しかし，5 ms の短いマスカー（破線）のあとでは，最初に急に減衰し，その後，しだいに静寂時の閾値に近づいていく．post-masking の影響を分析システムで模擬しようとするときには，このような複雑な動きを組み込まなければならない[13]。

post-masking について非常に驚くべき現象を図 5.7 に示す．第一のマスカー（M 1）があるとき，よりレベルの高い第二のマスカー（M 2）が加えられると，post-masking による閾値は，狭帯域マスカー M 1 に対する場合より 20 〜 30 dB も低くなる[14]。第二の，より大きなマスカーを加えることによって，post-masking による閾値が低くなるという予想されなかった現象は，狭帯域のマス

カー M1 に純音のマスカー M2 を加えたとき（図5.7（a）），あるいは，広帯域のマスカー M2 を加えたとき（図5.7（b））に最もよく見られる。図5.7に示す実験に用いた音を注意深く聞くと，"手がかりの効果"[14),15)]が重要な役割を果たしていることが示唆される。狭帯域の変動しているマスカー M1 の終了時点で短いテストトーンインパルスが提示されると，M1 が短い時間広がったと間違われる。それゆえ，マスカーの終了時点で別のイベントとしてテストトーンが聞こえることを確認するために，テストトーンのレベルを上げなければならない。しかし，もし，変動のない純音や広帯域雑音 M2 が付け加えられると，M1 + M2 のマスカーの終了時点でテストトーンインパルスは容易に検知される。

　pre-masking と post-masking による**時間ギャップの分解能**を，**図5.8**に示す。斜線の領域は，5 ms のギャップ（上のスケール）と 100 ms のギャップ（下のスケール）が広帯域雑音（UMN）に接するところを示す。対応する変調周波数は，それぞれ 100 Hz と 5 Hz になる。図5.8 の実線は 100 ms のギャップがきれいに分解される，すなわち聴覚系は時間ギャップを聞くことができることを示す。さらに，遅れ時間 150 ms のところで，約 5 dB のオーバーシュー

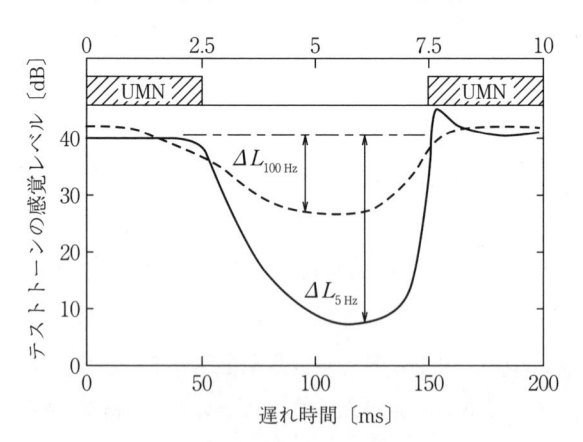

ギャップの長さが，実線は 100 ms の場合（下のスケール），
破線は 5 ms の場合（上のスケール）

図 5.8 時間ギャップの分解能

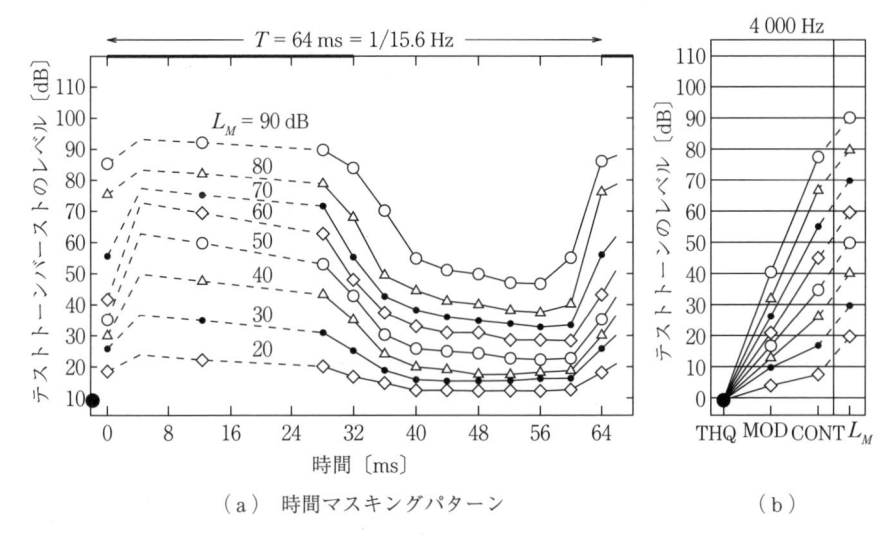

5.2 時間マスキング

(a) 時間マスキングパターン (b)

THQ：静寂時の閾値，MOD：変調音の閾値，CONT：連続音の閾値，L_M：マスカーのレベル

図 5.9 正常聴力の実験参加者による時間ギャップが 32 ms のときの分解能

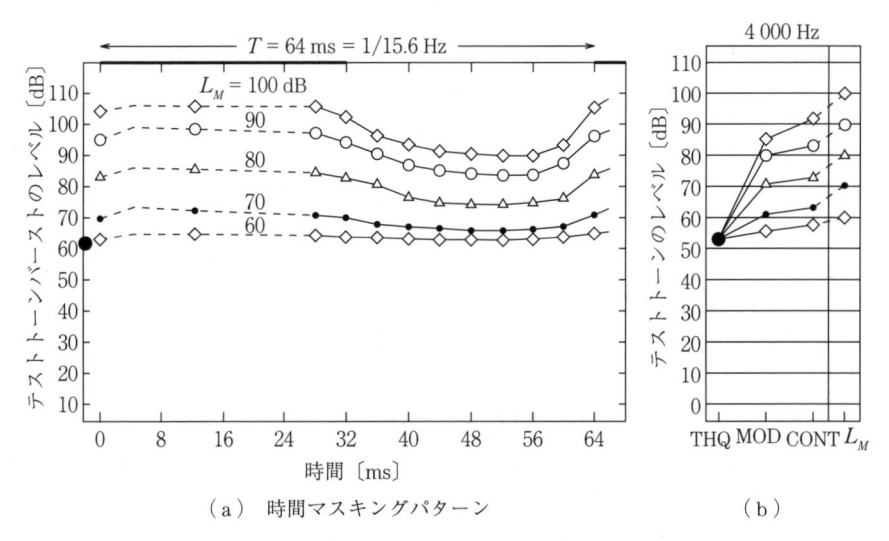

(a) 時間マスキングパターン (b)

THQ：静寂時の閾値，MOD：変調音の閾値，CONT：連続音の閾値，L_M：マスカーのレベル

図 5.10 4 kHz に聴力損失がある患者の時間ギャップが 32 ms のときの分解能

トが見られる．図5.8の破線はマスカーの5 ms のギャップが post-masking によって不鮮明になることを示す．

図5.8に示すように，時間分解能の効果は，基礎的な音響心理学だけでなく，オージオロジーへの応用でも重要な役割を果たす．この解釈は**図5.9**と**図5.10**に示すデータを比較することによって示される．正常聴力の人の場合（図5.9）はマスカーのレベル L_M = 90 dB のとき，テストトーンの最高と最低の差が約 40 dB となり，ギャップがわかる．一方，聴力損失のある患者の場合（図5.10）は，L_M = 90 dB のマスカーに対して，テストトーンの最高と最低の差はわずか 10 dB ほどに減少する．聴力障害がある場合，このような時間処理の制約については，補聴器による増幅では矯正できない．

図5.11 に，4 kHz, 300 ms の純音のマスカーの pre-masking, 同時マスキング，post-masking の影響を示す．3次元のパターンは**過渡的マスキングパターン**（transient masking pattern）と呼ばれる[16]．0 ms と 300 ms の間は，低いほうへのスロープは急峻で，高いほうへのスロープは緩やかであるという典型的な同時マスキングパターンを示す．マスカーの開始点からの時間 t が負の値では pre-masking が見られ，t が 300 ms より大きくなると，post-masking が生じ

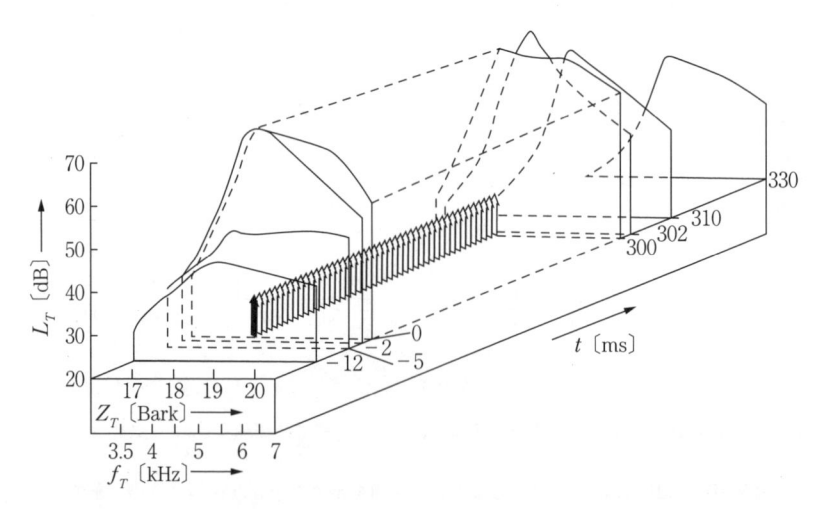

図5.11　4 kHz, 300 ms の純音のマスカーの過渡的マスキングパターン

5.2 時間マスキング

る。3次元の過渡的マスキングパターンは，聴覚系の時間変化する興奮の様子を示していると考えられる。

ここまで，マスカーの振幅のさまざまな変化による時間マスキングについて述べた。しかし，時間マスキングは FM 音でも観察される。**図 5.12** に，FM 音による時間マスキングの実験に用いた信号の概要を示す。図 5.12 の実線は，2 200 Hz から 800 Hz まで変化する FM 音の時々刻々の周波数を示す。FM 音（0，1/8，2/8 など）の周期内の異なる位置に，ガウス形のエンベロープを持つ短いテストトーンインパルスが提示され，その聞こえ方が評価された。**図 5.13** に，その音響心理実験結果を示す。

図 5.13 に示す時間マスキングは，図 5.12 の刺激パラメータと対応づけるとよく理解できる。例えば，マスカートーンの周波数は 4/8 周期のとき 800 Hz，すなわち図の中央である。それゆえ，700 Hz と 900 Hz のテストトーンの周波数 f_T について，対応する図の中央で時間マスキングの効果が最も大きいことがわかる。図 5.12 によれば，マスカーの周波数が 1 500 Hz になるのは 2/8 と

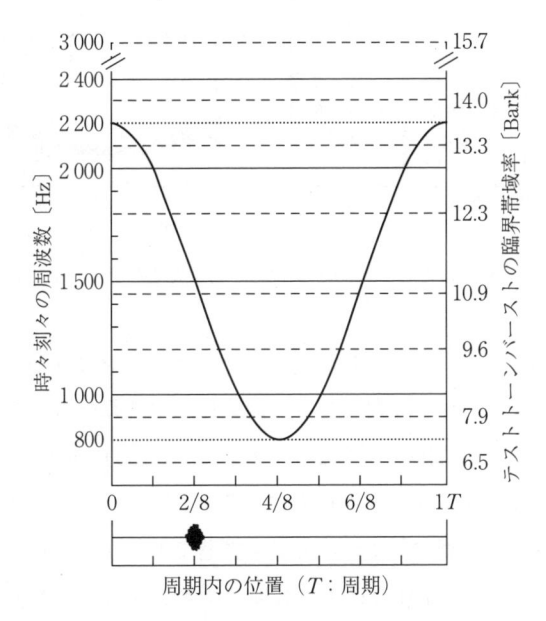

図 5.12 FM 音による時間マスキングの実験に用いた信号の例

5. マスキングと時間

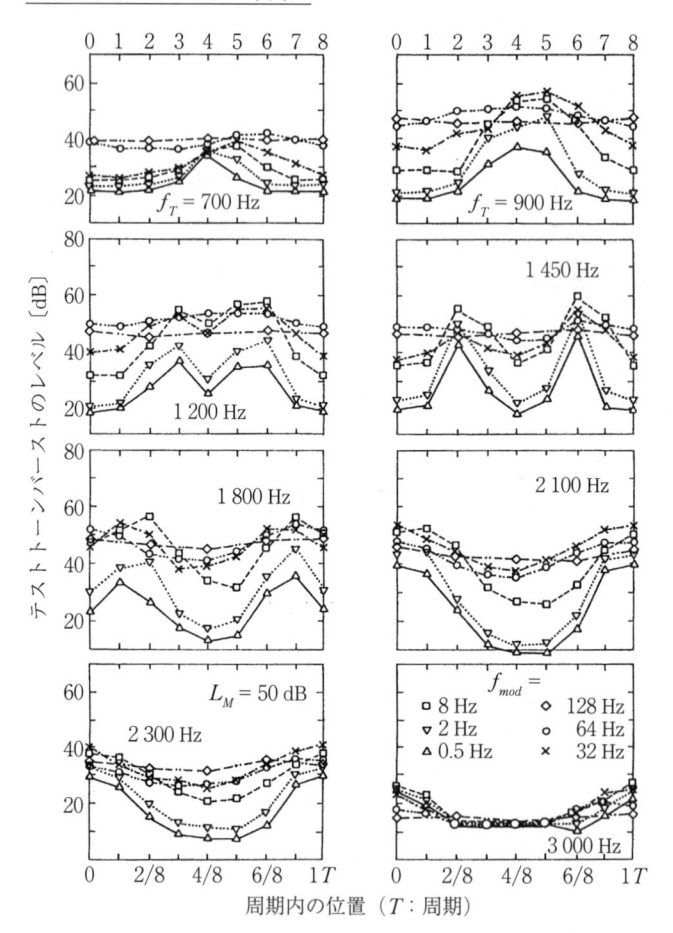

図5.13 800 Hz から 2 200 Hz まで時々刻々周波数が変化する FM 音によるトーンインパルスの時間マスキング

6/8のときである．それゆえ，1 450 Hz のテストトーンは周期の2/8, 6/8の2か所で時間マスキングが最大になる．最後に，マスカーの周波数が2 200 Hzになるのは0と1 T（1周期）になる．それゆえ，2 100 Hz のテストトーンでは，これらの場所で時間マスキングが最大になる．上述のパターンは0.5 Hz（△），2 Hz（▽）の低い変調周波数について最も顕著であるが，128 Hz（◇）の高い変調周波数については，FM音による時間マスキングは0と1 Tの間でほとん

ど平坦である。これは主として post-masking による影響が干渉し合っているためである。

ここまで，周期的なマスカーによる時間マスキングについて述べてきた。しかし，白色雑音のように確率論的に変動しているマスカーもまた，時間マスキングを生じる。例えば，32 Hz 幅のフリーズした帯域雑音のマスカーによる結果を図 5.14 に示す。図の実線は，フリーズした狭帯域雑音のマスカーの時間エンベロープを示す。点は短いテストトーンインパルスのマスキング閾を示す。図 5.14 の結果は，マスカーが確率論的にゆっくりと変動している場合，時間マスキングはフリーズした狭帯域雑音の時間エンベロープに忠実に従うことを示す。

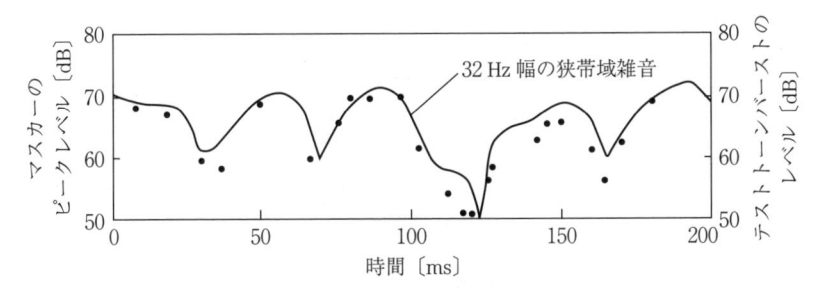

図 5.14 フリーズした狭帯域雑音による短いテストトーンインパルスの時間マスキング

一般に行われるように，マスカーの**時間エンベロープ**ではなく，マスカーの時間関数自体を考えるとき，特殊な時間マスキングが見られる。その結果得られるパターンは，**マスキング-周期パターン**と呼ばれる[17),18)]。例を図 5.15 に示す。マスカーは 100 Hz の純音で，テストトーンインパルスは 2 500 Hz で 1 ms の場合，マスカーの周期内での異なる時間位置の結果を示す（図（a），(b)）。図（c）に示す結果は，逆転した形であるが，純音のマスカーの時間関数が関連するマスキング-周期パターンに忠実に反映されている（図（b），(c)）。さらに，マスカーのレベルが高いとき（L_M = 105 dB），1 周期内に二つのピークが見られる。

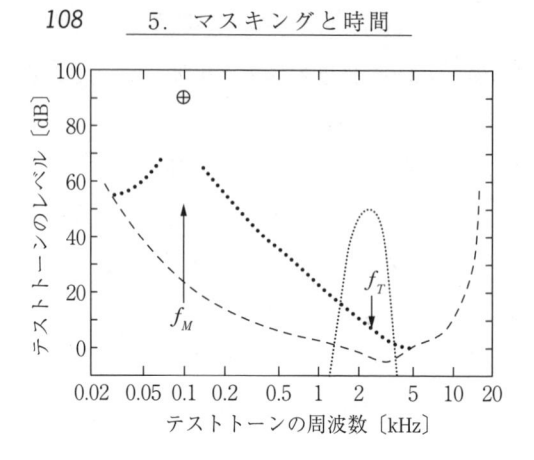

108   5. マスキングと時間

(a) 周波数条件

大きな点線はマスキングが起こる範囲。マスカーがマスキングを生じる範囲でのみマスキング–周期パターンを測定することができる。
小さな点線はテストトーンの周波数範囲。

(b) 時間条件

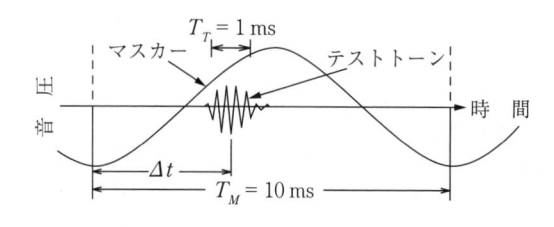

テストトーンの継続時間はマスカーの1/8周期以下でなければならない。

(c) テストトーンバーストの閾値

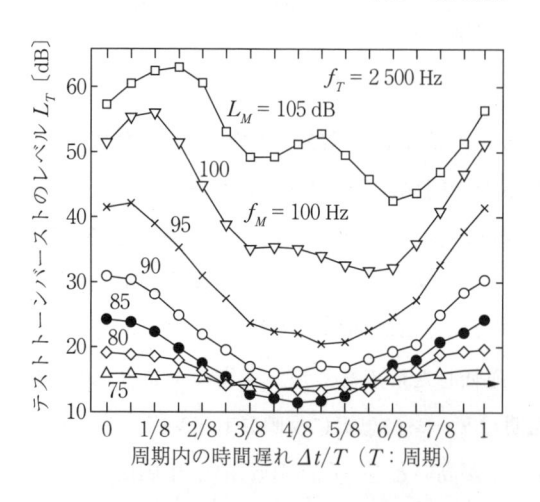

縦軸の矢印は,静寂時の閾値を表す。

図5.15　100 Hzの純音のマスカーのマスキング–周期パターン(パラメータはマスカーのレベル)

5.3 時間マスキングと聴覚の動特性

　時間マスキングの効果は，**聴覚の動特性**を理解し，説明する上で，有用である[19]。**主観的継続時間**と**フラクチュエーションストレングス**，**ラフネス**の三つの例を示す。

　図 5.16 に示す結果は，主観的に同じ時間として知覚されるためには，空白時間の長さはインパルスの物理的継続時間の 3 倍以上でなければならないという驚くべき現象を示している[20]。このことは，物理的に 100 ms のインパルスと主観的に同じ長さに聞こえるためには，空白時間の物理的長さは約 380 ms でなければならないことを意味する。

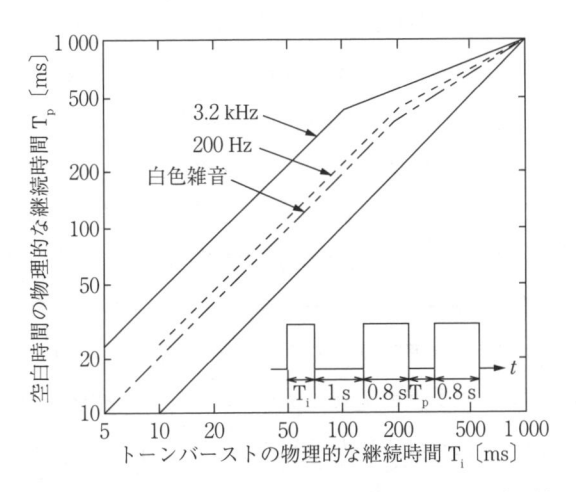

図 5.16　主観的に同じ継続時間と知覚されるために必要な
　　　　　トーンインパルスと空白時間の物理的な長さ

　時間マスキングに基づくこの不思議な現象は図 5.17 で説明される[21),22)]。図 (d) は，図 (b) に示されるようなパターンを，知覚の上で生じるために必要な物理的継続時間を示している。すなわち，同じ長さのトーン-ポーズ-トーン-ポーズが知覚され，続いて，2 倍の長さのトーンとポーズ，そして再び初めの長さのトーンとポーズが知覚される。物理的な長さ（図 (d)）と主観的

110　　5．マスキングと時間

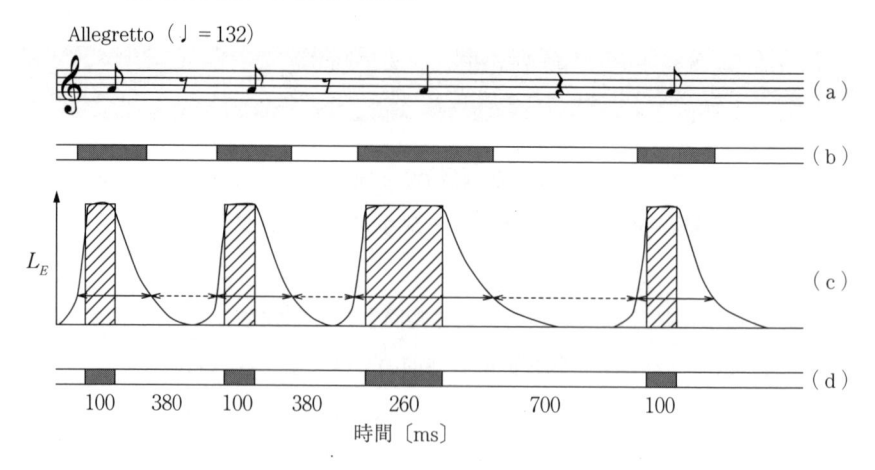

図 5.17　時間マスキングパターンによる主観的持続時間の現象に関する説明

な長さ（図（b））の大きな相違は，関連する時間マスキングパターン（図（c））によって解明される．post-masking は，トーンの主観的継続時間を長くし（実線の矢印），同時にポーズの主観的継続時間を短くする（破線の矢印）．

　図（c）に示したものと同様の時間マスキングパターンが，オーバーシュートの効果も含めて難波らによって提案されている．難波らは，非定常音の大きさの実験により，**図 5.18** に示す**聴覚の動特性のモデル**を提案した[23]．このモデルは，刺激の最初に**オーバーシュート**があり，中央付近では**サプレッション**，刺激が終了した後には**アフターエフェクト**があるというモデルである．その後，難波らは，マスキングの実験によりこのモデルを確認した[24]．また，このモデルは音楽演奏音におけるレガートの印象にも当てはめることができることを報告している[25]．

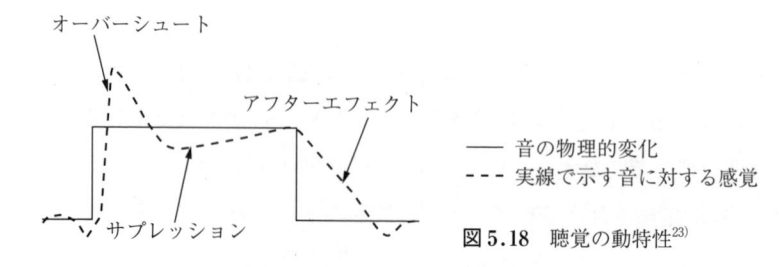

図 5.18　聴覚の動特性[23]

5.3 時間マスキングと聴覚の動特性　111

レベル変動音については，2種類の聴覚の現象が見られる。すなわち，約20 Hz までの遅い変動のフラクチュエーションストレングス[26)]と数百 Hz にも及ぶ速い変動に対応するラフネス[27)]である。図 5.19，図 5.20 に示すように，この二つの聴覚は，変調周波数の関数としてバンドパスの性質を示す。フラクチュエーションストレングス（図 5.19）に関しては，バンドパスの中心は約 4

（a）AM, GVR　　　（b）AM, SIN　　　（c）FM, SIN

縦軸は，フラクチュエーションストレングスとその最大値の比率。

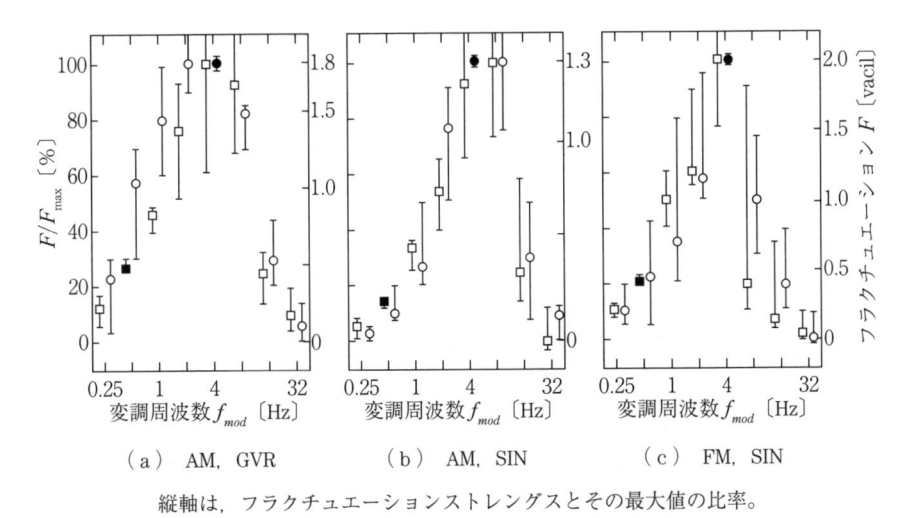

図 5.19　フラクチュエーションストレングスと変調周波数の関係

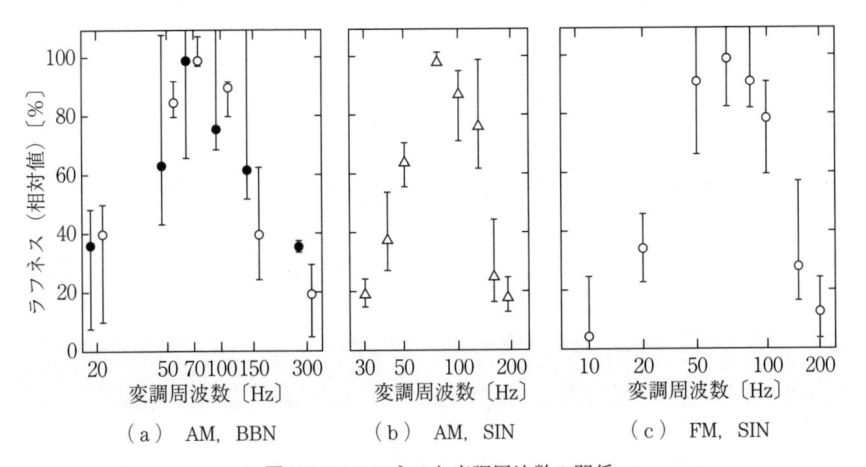

（a）AM, BBN　　　（b）AM, SIN　　　（c）FM, SIN

図 5.20　ラフネスと変調周波数の関係

Hz 付近の変調周波数であり，ラフネス（図5.20）については，バンドパスの中心は約 70 Hz 付近の変調周波数である。

時間マスキングパターンによって，フラクチュエーションストレングスとラフネスの両方の説明の基礎を形成することができるという事実は，時間マスキングパターンの重要性を強く示している[28),29)]。この理由を**図 5.21**に示す。斜線で示す領域は正弦波で振幅変調した音の時間エンベロープである（横軸は，対数であり，それゆえ，ロマン大聖堂の窓のような形になっている）。図 5.21 の実線は時間マスキングパターンを示す。聴覚について説明するために最も重要な要因は，時間マスキングパターンの変調の深さ ΔL と変調周波数 f_{mod} である。

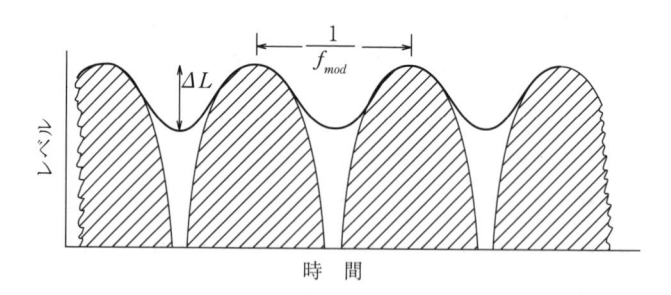

図 5.21　正弦波的に振幅変調した時間マスキングパターンの模式図

これら二つの量に基づいて，フラクチュエーションストレングスとラフネスは次式で表すことができる。

$$F \sim \frac{\Delta L}{(f_{mod}/4\,\mathrm{Hz})+(4\,\mathrm{Hz}/f_{mod})} \quad (\text{フラクチュエーションストレングス}) \quad (5.1)$$

$$R \sim f_{mod}\Delta L \quad (\text{ラフネス}) \quad (5.2)$$

5.4　ま　と　め

マスキングは音響心理学で最も基礎的な現象の一つであり[30)]，その上，時間

5.4 まとめ

の影響がマスキングにおいて重要な役割を果たす。それゆえ，マスキングと時間に関する実験結果は，ヒトの聴覚系の信号処理の理解に貴重な示唆を与える[31]。さらに，実験結果は聴覚の動特性を量的に説明するための基礎を形成する[19],[32]とともに，基礎的な音響心理学の知識は多くの現実の問題への応用のために用いられ成功している[33],[34]。

マスキングと時間の関係を研究するとき，「時間マスキング」という用語がしばしば用いられる。時間マスキングの実験には，テストトーンとして非常に短い純音のパルスを用いなければならない。しかし，音の継続時間を短くすると，必然的にそのスペクトルは広がる。そのための納得のいく妥協案として，純音を短くすることによって広がるスペクトルの幅が聴覚のフィルタ，すなわち，対応する臨界帯域の幅を超えなければよいと一般に認められている。

テストトーンパルスとマスカーが提示されるタイミングによって，テストトーンが，マスカーと同時に提示される同時マスキング，マスカーの前に提示される pre-masking（後向マスキング，backward masking），あるいは，マスカーの後に提示される post-masking（前向マスキング，forward masking）がある。この3種類のマスキングの組合せから時間マスキングパターンが導かれ，それによって，聴覚の重要な現象を説明することができる。

マスキングパターンから，主観的継続時間のモデルについて数量的に評価するための情報が得られる。音楽演奏におけるリズムの知覚に大きな意味を与えるこの驚くべき現象は，主観的に同じ継続時間と知覚されるためには，音楽の物理的な空白時間は，音符の物理的な時間より3倍も長くなければならないことを意味する。

時間的に変動する音について，関連する時間マスキングパターンに基づいて，二つの聴覚の現象を説明することができる。すなわち，20Hz以下の遅い変動に関するフラクチュエーションストレングスと数百Hzまでの早い変動に関するラフネスである。

最も重要なのは，時間マスキングパターンの変調の深さであり，決して刺激の物理的な変調の深さではない。さらに，ラフネスは変調周波数にも比例する

ので，ラフネスが関連する刺激のパラメータに依存することを述べるためには，基本的に時間マスキングパターンの変調の深さと変調周波数を掛け合わせた値と関連づけて説明しなければならない。変調周波数の関数として，時間マスキングパターンの深さは低域通過フィルタのように減少する一方，変調周波数それ自身，変調周波数に依存して高域通過フィルタの特性を示す。両方の依存性を合わせると，結果として中心周波数 70 Hz 近傍の帯域通過フィルタの特性を形成することになる。

フラクチュエーションストレングスについても，時間マスキングパターンの変調の深さが本質的な役割を果たしている。この場合，変調の深さは（$f_{mod}/4\,\text{Hz} + 4\,\text{Hz}/f_{mod}$）（$f_{mod}$ は変調周波数）で割ることになる。

上述のように，時間マスキングパターンについて，マスカーの時間関数のエンベロープが関係する。しかしまた，マスキングと時間の関係は，マスカーのエンベロープだけではなく，マスキングと時間の関数自体を考えることによって検討できる。この場合，そのパターンはマスキング-周期パターンと呼ばれる。それは，数百 Hz までの低い周波数の音について生じる。興味深いことに，100 dB 以上の高いレベルの純音のマスカーについて，マスキング-周期パターンは二つのピークを示す。低いレベルでは，マスキング-周期パターンは，位相が逆転するが，正弦波のマスカーの時間の関数を反映している。

以上をまとめると，マスキングにおいて，時間の影響は決定的な役割を果たしている。それゆえ，マスキングと時間に関する実験結果は，ヒトの聴覚系における信号処理を理解する上で，貴重な示唆を与える。さらに，それらは聴覚の動特性を量的に表現する基礎となる。

引用・参考文献

1) H. Fastl and E. Zwicker : Psychoacoustics ― Facts and Models, 3rd ed., Springer, Heidelberg（2007）
2) H. Fastl : Temporal masking effects : III. Pure tone masker, Acustica, **43**, pp. 282–294（1979）

3) J. M. Pickett : Backward masking, J. Acoust. Soc. Am., **31**, pp. 1613-1615 (1959)
4) L. L. Elliott : Backward and forward masking of probe tones of different frequencies, J. Acoust. Soc. Am., **34**, pp. 1116-1117 (1962)
5) J. J. Zwislocki : Theory of temporal summation, J. Acoust. Soc. Am., **32**, pp. 1046-1060 (1960)
6) M. Florentine, H. Fastl and S. Buus : Temporal integration in normal hearing, cochlear impairment, and impairment simulated by masking, J. Acoust. Soc. Am., **84**, pp. 195-203 (1988)
7) E. Zwicker : Temporal effects in simultaneous masking by white-noise bursts, J. Acoust. Soc. Am., **37**, pp. 653-663 (1965)
8) H. Fastl : Temporal masking effects : I. Broad band noise masker, Acustica, **35**, pp. 287-302 (1976)
9) S. Schmidt : Abhängigkeit des Overshoot-Effekts von der spektralen Zusammensetzung des Maskierers, In Fortschritte der Akustik, DAGA '89, Verl. : DPG-GmbH, Bad Honnef, pp. 387-390 (1989)
10) R. Plomp : Rate of decay of auditory sensation, J. Acoust. Soc. Am., **36**, pp. 277-282 (1964)
11) H. Fastl : Reverberation and post-masking, In Proc. FASE 78, Vol. Ⅲ, pp. 37-40 (1978)
12) E. Zwicker : Dependence of post-masking on masker duration and its relation to temporal effects in loudness, J. Acoust. Soc. Am., **75**, pp. 219-223 (1984)
13) U. Widmann, R. Lippold and H. Fastl : A computer program simulating post-masking for applications in sound analyzing systems, Proceedings of NOISE-CON '98(Ypsilanti, Michigan, USA, 1998), S. pp. 451-456 (1998)
14) H. Fastl and M. Bechly : Post masking with two maskers : Effects of bandwidth, J. Acoust. Soc. Am., **69**, pp. 1753-1757 (1981)
15) B. C. J. Moore and B. R. Glasberg : Contralateral and ipsilateral cueing in forward masking, J. Acoust. Soc. Am., **71**, pp. 942-945 (1982)
16) H. Fastl : Mithörschwellen als Maß für das zeitliche und spektrale Auflösungsvermögen des Gehörs, Dissertation TU München (1974)
17) E. Zwicker : Masking period patterns of harmonic complex tones. J. Acoust. Soc. Am., **60**, pp. 429-439 (1976)
18) E. Zwicker : Masking-period patterns and hearing theories, In E. F. Evans and J. P. Wilson(Eds.), Psychophysics and Physiology of Hearing, pp. 393-402, Academic Press (1977)
19) H. Fastl : Dynamic hearing sensations : Facts and models, J. Acoust. Soc. Jpn., **40**, pp. 767-771 (1984) (in Japanese)
20) E. Zwicker : Subjektive und objektive Dauer von Schallimpulsen und

Schallpausen, Acustica, **22**, pp. 214-218 (1970)
21) H. Fastl : Mithörschwellen-Zeitmuster und Subjektive Dauer bei Sinustönen, In Fortschritte der Akustik, DAGA 75, Physik Verlag, Weinheim, pp. 327-330 (1975)
22) H. Fastl : Subjective duration and temporal masking patterns of broadband noise impulses, J. Acoust. Soc. Am., **61**, pp. 162-168 (1977)
23) S. Namba, S. Kuwano and T. Kato : The loudness of sound with intensity increment, Japanese Psychological Research, **18**, pp. 63-72 (1976)
24) S. Namba, T. Hashimoto and C. G. Rice : The loudness of decaying impulsive sounds, J. Sound Vib., **116**, pp. 491-507 (1987)
25) S. Kuwano, S. Namba, T. Yamasaki and K. Nishiyama : Impression of smoothness of a sound stream in relation to legato in musical performance, Perception & Psychophysics, **56**, 2, pp. 173-182 (1994)
26) H. Fastl : Fluctuation strength of modulated tones and broadband noise, In R. Klinke and R. Hartmann(Eds.), Hearing-Physiological Bases and Psychopysics, pp. 282-288, Springer (1983)
27) E. Terhardt : On the perception of periodic sound fluctuations (roughness), Acustica, **30**, pp. 201-213 (1974)
28) H. Fastl : Roughness and temporal masking patterns of sinusoidally amplitude modulated broadband noise, In E. F. Evans and J. P. Wilson(Eds.), Psychophysics and Physiology of Hearing, pp. 403-414, Academic Press, London (1977)
29) H. Fastl : Fluctuation strength and temporal masking patterns of amplitude modulated broadband noise, Hearing Research, **8**, pp. 59-69 (1982)
30) R. L. Wegel and C. E. Lane : The auditory masking of one pure tone by another and its probable relation to the dynamics of the inner ear, Phys. Rev., **23**, pp. 266-285 (1924)
31) H. Fastl : Transient masking pattern of narrow band maskers, In E. Zwicker and E. Terhardt(Eds.), Facts and Models in Hearing, pp. 251-257, Springer, Berlin (1974)
32) H. Fastl : Beschreibung dynamischer Hörempfindungen anhand von Mithörschwellen-Mustern, Hochschul-Verlag, Freiburg (1982)
33) H. Fastl and M. Florentine : Loudness in daily environments, In M. Florentine, A. N. Popper and R. R. Fay(Eds.), Loudness, **37**, pp. 199-222, Springer (2011)
34) H. Fastl : Basics and applications of psychoacoustics, Proceedings of International Congress on Acoustics, ICA 2013, Montreal, Canada, **19**, 032002 (June 2013)

第6章 リズム，テンポ，同期タッピング

6.1 秒以下の時間スケールでの知覚と運動の協調

　本章では，**同期タッピング**（synchronous tapping）という単純な感覚運動協調課題に焦点を当て，人が数百ミリ秒から数秒の時間をどのように知覚し，それに対してどのように運動を協調させるのかということについて論じる。

　同期タッピングは，規則的に到来するペース信号に同期して手，指，足などで打叩する課題である。正確な同期タッピングを行うためには，信号の時間間隔を正しく知覚し，つぎに来る信号のタイミングを予測し，適切なタイミングで手や足の動きを制御する必要がある。一見単純であるが，**知覚**（perception），**認知**（cognition），**運動**（movement）の複雑な協調を必要とする課題である。同期タッピングは時間知覚，リズム知覚，**感覚運動協調**（sensory-motor coordination）などのさまざまな研究領域で用いられ，これまでに多くの知見が集積されてきた。

　本章は**リズム**（rhythm）および**テンポ**（tempo）の知覚についての説明から始まる。これは，楽曲のような複雑な音の系列に対しては楽曲のテンポやリズムがどのように知覚されるかによって，何にタップを同期させるかが変わってくるためである。

　また，本章では**感覚モダリティ**（sensory modality）による時間処理の違いにも焦点を当てる。視覚，聴覚，触覚というそれぞれの感覚モダリティは時間的な処理の面でどのような特徴があり，ペース信号がどの感覚モダリティで呈

示されるかによって，どのような違いが同期タッピングに生じるのであろうか。

最後に，本章では刺激の呈示や反応の取得に高い時間的な精度が要求される同期タッピングの実験システムを構築する際に留意すべき事柄について，ソフトウェアとハードウェアの両面から解説する。

6.2 リズムとテンポ

6.2.1 リズムとは，テンポとは

リズムとは何であろうか。われわれは，惑星の運動や潮の満ち引きのような自然現象から，心拍，呼吸，睡眠のような生物現象，詩や音楽のような芸術作品まで広範囲な対象に対してリズムという概念を用いる。リズムという言葉の語源は，ギリシャ語の「周期運動」と「流れる」という言葉までさかのぼることができるとされる[1]。

リズムという概念は多くの要素が交じり合った複雑な概念であるが[2]，概念の核にあるのはそれが時間の秩序に関係しているという点である。そして，そのような秩序はわれわれが知覚して初めて生じると考えることができるのである。フレスによれば，リズムは「心的構築によって生まれる，継起する事象の秩序立った特性」と定義される[1]。リズムは現象に知覚的なまとまりと周期性をもたらして，予測と期待を生じさせる。これは特に音楽においては重要な性質であり，そこから**情動**（emotion）や**意味**（meaning）が生じてくる核心的性質である[3]。

一方で，テンポは単位時間当りに継起する要素数，あるいは速さに対応した概念である。リズムとテンポはたがいに不可分の関係にある。同じリズムであってもテンポが違えば異なった知覚のされ方をする。例えばテンポが極端に遅くなると音と音の間に知覚的なまとまりが感じられなくなり，リズムそのものが消失する[1]。テンポはリズムの知覚を決定づける重要な変数といえる。

6.2.2 リズムの知覚

〔1〕 **単純な音列の知覚的体制化**　音列のリズム知覚の根底にあるメカニズムは音の時間軸上での**分節化**（segmentation）と**群化**（grouping）であり，これらを合わせて**知覚的体制化**（perceptual organization）という。知覚的体制化は，時間的に近接した音や特徴が似ている音が自動的にまとまりを形成する**データ駆動**（data-driven）・**ボトムアップ**（bottom-up）型の処理と，経験あるいは知識に基づく認識の枠組み（スキーマ（schema））による**概念駆動**（conceptually driven）・**トップダウン**（top-down）型の処理という二つの異なった処理の相互作用によってなされる。例えば，われわれが持つ二つあるいは四つごとに音をまとめて聴く傾向はスキーマに基づく概念駆動・トップダウン型の処理の一つの現れであると考えられている[2),4)]。

まったく同一の音が等しい時間間隔で呈示される音列（**単調拍子**（cadence））を聴いた場合にですら主観的には均等ではない知覚が生じ，二つあるいは三つごとにまとまって聞こえることが多い。これは**主観的リズム**[1),5)]と呼ばれ，やはり概念駆動・トップダウン型の処理の良い例である。主観的リズムの実在は**脳波**（electroencephalogram, **EEG**）のような客観的な生理学的指標によっても確認されている[6)]。

等音高，等間隔でなく，強さも異なる音列の場合は，長い音，強い音，高い音が知覚的なアクセントとなり，その音を中心として他の音が体制化される。また，音の強さ，長さ，高さの間には密接な相互作用があり，より強い音はより長く高く，より長い音や高い音はより強く知覚される傾向がある[1)]。

知覚された全体的な音のパターンによって，個々の音の高さ，強さ，長さが異なって知覚されるということも生じる。例えばパターンを形成している個々の音の時間間隔が**同質化**（assimilation）されるように知覚されたり，逆に**対比**（contrast）によって異なるように知覚されたりする[1)]。このような知覚は200 ms 以下の非常に短い時間間隔についても生じることが知られており，例えば三つの音を 60 ms, 100 ms という時間間隔（音の立ち上がりの間の間隔）で呈示した場合，後続する 100 ms の時間間隔はより短く知覚される。これは

時間縮小錯覚（time-shrinking illusion）と呼ばれている[7]。

〔2〕**音楽的リズムの知覚**　より複雑な楽曲のリズムはどのように知覚されるのであろうか。楽曲のリズム構造は，音の流れから**パルス**（pulse）や**拍**（beat）という基本要素が分節化され，それらが**フレーズ**（phrase）や**拍子**（meter）というより大きなまとまりや構造を形成することで知覚される[2,3]。

パルスや拍は周期的ななんらかの音源の変化に基づいて知覚される規則的な時間間隔であり，フレーズや拍子はパルスや拍をどのようにグルーピングするかを決める構造である。このような**拍節構造**（metrical structure）には，小さなまとまりから大きなまとまりまでさまざまなレベルから成る**階層性**（hierarchy）がある。われわれが自然と手をたたいてしまうレベルは，ほどよいテンポで最も規則的に要素が繰り返されるレベルである[8]。そのようにリズムに対して自然と手をたたくことができる状態は，その外的なリズムに対して聴き手が自らの内的なリズム（**内的クロック**（internal clock））をうまく適合させることができるときであるとされる[9]。内的クロックの適合させやすさにより，そのリズムの知覚や記憶のしやすさが変わってくる[9]。また，楽曲の知覚的体制化にはリズム構造の処理のほかに**旋律線**（melodic contour）や**調性**（tonality）の処理があり[4]，拍節構造の知覚は旋律の知覚とも無関係ではない[2]。

〔3〕**テンポの知覚**　テンポは，単位時間当りに知覚された要素の数，もしくは要素の持続時間そのものに対応する[1]。単調拍子のように音が等しい時間間隔で呈示される場合には，その間隔のみによってテンポの知覚が決定づけられる。しかし，7章で具体的に述べるように，さまざまな時間間隔を含むより複雑な音列や音楽的な楽曲の場合，与えられた一定の時間内にどれだけのパルスやパターンが知覚されるかに依存してテンポの知覚が左右される[10]。このことから，テンポの知覚はリズムの知覚に部分的に依存していることがわかる。その一方で，先に述べたようにリズムの知覚もまたテンポに大きく左右され，テンポが極端に遅くなるとリズムそのものが消失する[1]。このようにリズムとテンポはたがいに不可分の関係にある。

〔4〕**自発的テンポ**　基準となるペース信号なしにタッピングさせたとき

の速さは**自発的テンポ**（spontaneous tempo, パーソナルテンポ, 心的テンポともいう）と呼ばれ, 好みのテンポとも一致する[1]。自発的テンポは音の時間間隔でおよそ 380 ～ 880 ms の間をとり, 600 ms 程度が代表値とされる。自発的テンポは個人差が大きい反面, 個人内ではかなり時間的に一貫している[1),11)]。

自発的テンポは, タッピングの後のフィードバックを遅らせたり, 強制的に他のテンポでタッピングさせたり, あるいは単に他者のタッピングを観察するだけでも変化することが知られている。しかし, そのような変化は一時的であり, 時間が経過すると元のテンポに戻る[11]。このような特徴から, 自発的テンポは, 生理的な負荷を最小にし身体効率を最大にするような動きの速さではないかといわれている[11]。

〔5〕 **テンポによるリズム知覚の違い**　リズムが知覚できるかどうかはテンポによって大きく左右される。テンポが速すぎると音と音を区別することができなくなるし, 逆に遅すぎると音と音がまとまりを形成しなくなる。主観的リズムが知覚されるテンポの範囲は, 音の時間間隔にしておよそ 120 ～ 1 800 ms の間といわれる[1]。この範囲は自発的テンポや同期タッピングが可能なテンポともほぼ対応しており, 知覚と運動の密接な結びつきをうかがわせる。

リズムパターンの群化もテンポに大きく左右される。Preusser[12]は高さの異なる二つの音をさまざまな時間間隔および順序で呈示して, どのようなパターンが聴こえたかを答えさせる実験を行い, 遅いテンポ（1秒当り1音）では最長の連（同じ種類の音の連なり）がパターンの最初になるが, 速いテンポ（1秒当り4音）では逆に最長の連がパターンの最後になる傾向を見出した。このような違いは, リズムを知覚するモードがテンポによって変化したために生じたと考えられている。速いテンポでのリズムは統合的, 直接的, 受動的に知覚されるが, 遅いテンポでのリズムは分析的, 推論的, 能動的に構築される[1]。

〔6〕 **感覚モダリティごとのリズムの知覚しやすさの違い**　リズムが聴覚的に（音によって）呈示される場合と, それが視覚的に（光の点滅や動きによって）あるいは触覚的に（振動や皮膚への接触によって）呈示される場合とで, 知覚しやすさに違いは見られるのであろうか。

まず、聴覚的リズムは、視覚的リズムと比較してより知覚しやすくまた記憶されやすい[13),14)]。これは、1～3章、および9章でも述べるように、聴覚が視覚よりも時間的な処理に優れているためであると考えられている[13),15),16)]。ただし、視覚の場合でも動きがある場合[15),17)]や、聴覚的なリズムを体験した後[18),19)]はリズムを知覚しやすくなる。特に後者の場合は、視覚的リズムが脳内で聴覚的リズムに変換されて符号化されている可能性も示唆されている[19),20)]。

触覚的リズムの知覚についての研究は少ないが、聴覚的リズムと同程度の知覚しやすさであることが示されている[21)]。聴覚も結局は鼓膜の振動を検出する感覚であることを考えると、リズム知覚におけるこのような触覚と聴覚の類似性は驚くにあたらないのかもしれない。

6.2.3　リズムに対する同期

〔1〕　**リズムと運動**　　われわれはリズムに対して無意識的に同期して身体を動かしてしまう傾向を持っている[22)]。そして、そのようなリズムへ同期する能力を表現する言葉として、われわれはしばしば**リズム感**（sense of rhythm）という言葉を使う。この言葉の使われ方はさまざまであり、時間知覚や運動制御の正確さを指す場合、リズム表現に関するなんらかの特徴を指す場合（グルーヴ、スウィング†）などがある。

Seashore は、「リズム感とは、繰り返される感覚の印象を正確にまた生き生きと、時間または強さもしくはその両方の側面でグループ化する本能的な傾向」と定義した[5)]。彼によると、リズム感は ① 時間の感覚、② 強さの感覚、③ 聴覚イメージ、④ 運動イメージ、⑤ リズムに対して身体を動かしたくなる衝動、という五つの基本的な能力から成る。この定義から、Seashore はリズム感を感覚、知覚、運動の面からバランスよくとらえていることがわかる。

リズム感という言葉は個人差を表現する際にもよく用いられ、白人と黒人とはリズム感が異なるなどといわれる[2)]。大串[23)]は、知覚と運動の両側面につい

---

　†　グルーヴもスウィングもリズムに乗った状態や躍動感を表現する言葉である。

て，日本人と欧米人の「リズム感」を比較した。その結果，日本人と欧米人とで知覚的なグルーピングの仕方やリズムの演奏の仕方に違いが見られた。母語の時間構造の違いがこのようなリズム表現の違いに反映されていると考えられている[23),24)]。

〔2〕 **リズム知覚と表出の障がい**　脳梗塞などの後遺症により，リズムの知覚と表出がうまくできなくなってしまう**失リズム症**（arrhythmia）という障がいがある。失リズム症の患者はリズムパターンの再生や弁別がうまくできず，音楽をリズミカルに演奏することや，音楽に合わせてテンポをとったり身体を動かしたりすることが困難になる。失リズム症は，旋律の知覚や表出の障がい（**失メロディー症**（amelodia））とは独立して生じることがあり，リズムの処理と旋律の処理との独立性を反映していると考えられている[24)]。

また最近になって，聴覚と運動能力にまったく障がいが見られないにもかかわらず，リズムに同期して身体を動かすことが生得的に困難な障がい事例が"beat-deafness"として報告されている[25)]。興味深いことに，この事例では障がいが楽曲に特化しており，単調拍子に対して同期する能力は正常であった。

〔3〕 **リズムに対する同期の発達と進化**　リズムに対して同期して身体を動かす能力はどのくらい早期から発達するのであろうか。最近の研究から，1

> **コラム 10**
>
> **踊るオウム「スノーボール」**
> 　音楽に合わせて身体を動かすことが人間以外の動物でも可能かどうかを調べることは，音楽の起源を明らかにするための有力な手がかりを提供するものと考えられている。動画投稿サイト YouTube に投稿された一つの動画[26)]が，音楽の起源について研究していた Patel らの興味を引いた。その動画は，「スノーボール」と名づけられたキバタン（sulphur-crested cockatoo）という種のオウムがロックミュージックのビートに合わせて踊っている動画であった。Patel らは同じ曲を用い，テンポを ± 20 % の範囲でさまざまに変えた条件でもスノーボールが音楽に同期できることを示した[27)]。この研究により，人間以外の動物も音楽に同期する能力を持っていることが初めて実証された。

歳未満の新生児も成人同様にリズムの拍節構造を知覚できることが示されている[28]。しかし，リズムに対する同期は，少なくとも 4〜5 歳にならないと上手にはできない[1),29),30]。

長い間，音の流れに拍を知覚し，タイミングを予測しつつ同期して体を動かす能力は人間に固有のものであると考えられてきた[24),31]。しかしながら，最近の研究で少なくともオウムなどの鳴鳥類は，音楽のリズムに同期して身体を動かす能力を持っていることが示された[27),30]。このような能力は複雑な音声学習を行うための神経回路と密接に関係していることが示唆されている[24]。

6.3 同期タッピング

6.3.1 同期タッピングとは

同期タッピングは，規則的に呈示されるクリック音のような単純な信号に同期して手や指をたたくという一見すると単純な感覚運動協調課題である。しかしその背後では，知覚，認知，運動にかかわるさまざまな処理が同時並行的に協調しながら働いている。このような特徴から，同期タッピングは，時間知覚，リズム知覚，感覚運動協調などのさまざまな研究領域で実験課題として用いられてきた。同期タッピングは，単に外界に対して反応するのではなく，つぎのタイミングを予測するための内的なリズムを自ら作り出し，それを外的なリズムに対して協調させる行動といえる[29]。

6.3.2 同期タッピングの特徴

〔1〕 **タッピングの速さの限界**　一般的な成人では，ペース信号の時間間隔が 200〜1 800 ms の間で同期タッピングが可能であり，400〜800 ms のときに最も正確になる。これは自発的テンポや好みのテンポの範囲とも一致する[1]。

タッピングの速さの上限は，二つの音を区別できる知覚の**時間窓**（temporal window）の幅（160〜170 ms）や手指の動きの限界（200 ms）によって決められている。一方，速さの下限（1 800 ms）は，2〜4 章で述べた**心理的現在**

（psychological present）の範囲やワーキングメモリの限界を反映していると考えられる[29]。

タッピングの速さの上限に関しては，音楽的に訓練を受けた人は音の時間間隔が 100 〜 120 ms まで速く同期タッピングをすることができるといわれる[29]。一方，ペース信号とペース信号の間で打叩するタッピングはペース信号に同期して打叩するタッピングより難しく，音楽的訓練を受けていない人の場合は 1 000 ms でもタッピングが困難になることがあり，音楽的訓練を受けた人でも 300 〜 350 ms が限界であるといわれる[29]。

〔2〕 **負のずれあるいは予期的傾向**　同期タッピングでは，平均するとペース信号より前に（予期的に）タッピングがなされる。これは，**負のずれ**（negative asynchrony）あるいは**予期的傾向**（anticipation tendency）と呼ばれる。興味深いことに，ほとんどの人はこのずれにまったく気がつかない[29],[32]。

負のずれはペース信号のテンポが速くなるほど[33]，また，視覚的なペース信号を用いたほうが聴覚的なペース信号を用いたときよりも[34]，また，音楽的訓練を受けた人のほうがそうでない人よりも[32]，それぞれ小さくなる。一方でペース信号のテンポが非常に遅くなると（およそ 2 秒に 1 回程度），もはや負のずれが生じない[33]。これはもはや予測的なタッピングが困難になり，ペース信号が呈示された後にタッピングしてしまうからである。これは，ペース信号の知覚的なつながりが消失しリズムが感じられなくなるテンポと対応している[1]。

なぜ負のずれが生じるのであろうか。有力な説明はタップの知覚（触覚）に要する時間とペース信号の知覚（例えば聴覚）に要する時間との差に基づく説明である[32],[35]。この説では，触覚信号の知覚に要する時間が聴覚信号の知覚に要する時間よりも長いため，両者が脳の知覚中枢で同期するためには物理的に前者が後者よりも先に呈示される必要があると考える。この説はさまざまな実験結果をよく説明できる[29]。例えば，足による同期タッピングでは手による同期タッピングよりも大きな負のずれが生じるが，これは足から大脳皮質までの信号の伝達に要する時間が手よりも長いからであると説明できる。また，ペース信号のテンポが速くなると負のずれが小さくなるのは，速いテンポでは

高頻度で感覚フィードバックが与えられるために触覚信号がより速く処理されるようになり，聴覚信号の知覚に要する時間との差が縮まるためであると説明できる．

なお，負のずれを説明するこのほかの仮説としては，ペース信号で区切られた時間の長さが知覚的に過小評価されるためとする説[36]，タップがペース信号に先行する場合よりも遅れる場合のほうがずれに気づきやすいためとする説[32]などがあるが，必ずしもさまざまな実験結果を包括的に説明する説にはなり得ていない[29]．

〔3〕 **タッピングのばらつき**　ペース信号のテンポが遅くなるとタッピングのばらつきも大きくなる[34]．同期タッピングのばらつきの大きさとペース信号の時間間隔との比は広いテンポの範囲において約5％で一定となることが知られており，時間の弁別閾に関する**ウェーバーの法則**（Weber's law）との関係が示唆されている[29]．しかしながら，非常に速いテンポ（時間間隔で250 ms以下）あるいは遅いテンポ（時間間隔で2秒以上）の場合にはこの関係が必ずしも成り立たない[30]．また，ペース信号の整数倍のテンポでタッピングしたり，ペース信号数個おきに同期タッピングしたりする場合はタッピングの変動が小さくなることが知られている[37]．これはタッピングのタイミングを計る参照点が1対1タッピングの場合よりも多くなり，つぎのペース信号の到来時刻を予測しやすくなるためである．

発達や習熟による影響はあるのであろうか．発達の影響については，幼少期は同期タッピングのばらつきが大人より大きいものの，15歳くらいには成人並に小さくなり，それ以降はほぼ一定となることが知られている．老年になっても運動能力は衰えるものの同期タッピングの正確さはほとんど損なわれない[38]．習熟の影響については，一般に音楽的な訓練を受けた人のほうがそうでない人よりも同期タッピングのばらつきは小さいことが知られている[29]．

〔4〕 **音楽的な文脈での同期タッピング**　単純なペース信号に対する同期タッピングの実験から明らかになったことは，より複雑な楽曲に対する同期タッピングにどの程度当てはまるのであろうか．

楽曲に対する同期タッピングの場合は，楽曲から知覚された規則的な拍（ビート）に対して同期タッピングを行うことになる。興味深いことに，楽曲に対する同期タッピングは，単調拍子に対する同期タッピングと比べて正確であり，負のずれがほとんど生じないことが示されている[39]。このような差はおもに手がかりの量の差，つまり，タッピングするべき拍の間にタイミングの手がかりとなる多くの音が存在していることで説明可能であり[29],[36]，基本的には単純な信号に対する同期タッピングと同じメカニズムが使われているものと思われる。

しかしながら，先に述べた失リズム症の事例のように，単調拍子に対しては同期タッピングが可能だが楽曲に対してはうまくそれができない場合も報告されており[25]，楽曲の拍節構造の知覚に特有の神経回路が存在する可能性も示唆されている。

6.3.3 同期の制御

同期タッピングにおいて，タップとペース信号の同期を保ち続けることは意外と難しい。最初のうちはうまく同期させることができたとしても，その後はしだいに同期がずれていってしまうのである。しかし，同期のずれが大きくなればそれは検出されて修正される。同期タッピングはこのようにずれの検出とその修正の絶え間ない繰り返しから成っている。では，それはどのようなメカニズムでなされているのであろうか。

〔1〕 **意識的な制御と自動的な制御**　同期タッピングでは，テンポを維持することとペース信号とタップのずれを最小にすることの両方が求められる。そこでは**周期修正**（period correction）と**位相修正**（phase correction）という異なるメカニズムがかかわっていると考えられており[3],[29]，それぞれテンポを維持することとタップとペース信号のずれを最小にすることに関係している。しかし，これらがどのような順序で働くのか，またどの程度自動的に働くのかについてはさまざまな議論がある。

Thautらは，まずすばやい周期修正が自動的に起き，その後ゆっくりと位相

修正が働くというモデルを提案した[3]。しかし，一方で Repp は，位相修正はすばやく自動的に働くが，周期修正は意識的なコントロールの下でゆっくりと働くというまったく逆の主張をしている[29]。このように同期タッピングには意識的な制御と自動的な制御の両方がかかわっていると考えられているが，両者を明確に切り分けることは難しいといえる。

　また，テンポの維持のためには，直前のいくつかのタッピングのタイミングをワーキングメモリにとどめておく必要性がある。どの程度のタップを記憶しているのかについては研究者間で異論があるが，10 〜 12 秒程度もしくは 20 〜 26 タップ程度であるとされている[31]。

　ペース信号のテンポによっても制御の自動性の程度が異なってくると考えられている。Miyake らは，テンポによって大きく分けて二つの異なる同期タッピングのモードがあることを示唆している[40]。彼らによれば，ペース信号の時間間隔が 1 800 〜 3 600 ms の場合は意識的な制御下で，時間間隔が 450 〜 1 500 ms の場合はかなり自動的な制御下で，同期タッピングがなされるとされる。

　意識的な制御と自動的な制御ではかかわっている脳のネットワークも異なるようである。同期タッピングでは，**補足運動野**（supplementary motor area, **SMA**），**前運動皮質**（premotor cortex, **PMC**），**前頭前皮質**（prefrontal cortex, **PFC**），**大脳基底核**（basal ganglia），**小脳**（cerebellum）などのさまざまな脳の部位が協調して働いていることが知られている[41),42]。自動的な制御はおもに小脳が，意識的な制御は大脳基底核や前頭葉の領域が司っていると考えられている[30),43),44]。また，大脳基底核と補足運動野および前運動皮質はどのような順番で運動を実行するかという高次の運動計画にかかわっているのに対して，個々の運動の細かい制御は小脳が担っていると考えられている。それぞれは扱う時間スケールにおいても異なっており，小脳はおもに 1 秒以下の時間の処理に，大脳基底核と補足運動野はおもに 1 秒以上の時間の処理にかかわっている[41),42]。

〔2〕 **ずれに対する順応（時間的再較正）**　同期タッピングのずれに対しては，オンラインの修正メカニズムが働くだけではない。タッピングをやめた

あとも残効として残る，いわばオフラインの適応も生じることが知られている。このような適応は，**時間的再較正**（temporal recalibration）ないし**ラグアダプテーション**（lag adaptation）と呼ばれている[45)～47)]。

時間的再較正はずれを感じさせなくする方向に作用し，タップとペース信号の**主観的同時性**（subjective simultaneity）そのものを変化させる。時間的再較正は同期タッピングのような感覚運動間のタイミングのずれに対してだけではなく[48)～50)]，9章で述べるように，視覚，聴覚，触覚といったさまざまな感覚入力のずれに対して生じることが知られている[47)]。

時間的再較正は非常に速やかに生じることが知られており，タッピングの場合はおよそ1分間，60回程度のタッピングで生じる[50)]。順応がこのように速やかに生じることから，同期タッピングにおいてこのような再較正はつねに生じており，ペース信号とタッピングの主観的同時性はつねに変化しているものと思われる。

6.3.4　感覚モダリティによる違い

同期タッピング課題では音がペース信号として使われることが多いが，光や触覚刺激が使われることもある。製品化されている機械式もしくは電子式メトロノームも音だけではなく，振り子の動きや光の点滅などの視覚的信号が併用されている。では，ペース信号がどの感覚モダリティ（視覚，聴覚，触覚）で呈示されるかによって，同期タッピングになんらかの違いが見られるのであろうか。

〔1〕　**時間処理での聴覚優位性**　ヒトは視覚的な動物であるといわれ，外界に関する多くの情報を視覚的に得ているといわれる[51)]。しかし，先に述べたように時間的な情報の処理に関しては聴覚が視覚よりも優れており，聴覚的に呈示されたリズムは視覚的に呈示されたリズムより知覚しやすい。

同期タッピングの場合も聴覚信号をペース信号にした場合は視覚信号の場合よりも安定した同期タッピングがなされることが示されており，聴覚と運動の間の非常に強い結びつきが指摘されている[16),31),34),50),51)]。最近の脳イメージング研究からは，脳の運動野と聴覚野の間に密接な神経接続があることが示唆さ

れており，同期タッピングにおける**聴覚優位性**（auditory dominance）の神経基盤と考えられている[42]。

一方で，ペース信号とタップの同期のずれの大きさは視覚的信号のほうが聴覚的信号よりも小さい。これは，視覚的なペース信号への同期タッピングが聴覚的なペース信号の場合より正確であるということを示しているわけではなく，視覚刺激の知覚に要する時間が聴覚刺激のそれよりも長いことに起因するものと考えられている[16]。

また，触覚的なペース信号の場合の同期タッピングは聴覚的ペース信号の場合と同程度に安定していることが示されている[52]。これは先に述べた触覚的リズムが聴覚的リズムと同程度に知覚しやすいという知見[21]とも一致する。

〔2〕 **マルチモーダルあるいはクロスモーダルな効果** 複数のペース信号をそれぞれ別の感覚モダリティで呈示した場合は，干渉が生じる場合と促進が生じる場合がある。

干渉が生じるのは，ペース信号のタイミングがずれているときである。どちらかのペース信号に同期してタッピングを行いもう一方は無視するように指示されると，9章でも述べるように視覚と聴覚の場合は聴覚から視覚への強い干渉が見られ，視覚信号に同期してタッピングしようとしても聴覚信号のタイミングに大きく引き寄せられてしまう。しかし，逆の視覚から聴覚への影響は非常に小さく，視聴覚間の干渉の方向性は対称ではない[16],[51],[53]。

一方，促進効果が生じるのは異なる感覚モダリティで呈示される複数のペース信号のタイミングが同期しているときである。この場合は，ペース信号がそれぞれ単独で呈示されたときよりも同期タッピングは安定する[51],[52]。このような複数の感覚情報を統合する能力は老年になっても保たれている[54]。

6.4 同期タッピングの実験システム構築例

ここでは実験システムの時間精度を保つために必要なソフトウェアとハードウェアについて，著者の実験システムを例に挙げながら解説する。

6.4 同期タッピングの実験システム構築例

同期タッピングの実験では信号の呈示や反応の取得に1 msの**時間分解能**(temporal resolution)が必要といわれる[55]。しかし，現在の**パーソナルコンピュータ**(personal computer, **PC**)でミリ秒の時間精度を達成することはじつは非常に難しい。それはPCを動かす**基本ソフトウェア**(operating system, OS)が複数の処理を同時並行的に実行する**マルチタスク**(multitasking)で動作しており，個々の処理の実行タイミングはユーザではなくOSにより管理されているためである。そのため，マルチタスクOSでは実験者が望んだタイミングで特定の処理が実行されることは保証されない[56),57)]。

6.4.1 ソフトウェアについて

ソフトウェアに関しては，シングルタスクOSを利用する場合と，一般的なマルチタスクOSを利用する場合がある。

一度に一つの処理しか実行できないシングルタスクOS (代表的なものはMS-DOS)を利用する場合は，実験制御プログラムによる正確なタイミング制御が可能である。しかし，使い慣れたさまざまなアプリケーションが使えなくなってしまうというデメリットがある。また，通常は実験者がC言語などで独自に実験制御プログラムを作成しなければならない[40)]。

マルチタスクOSを利用する場合は，リアルタイム処理可能なOSを使用する方法[57)]と，Windows，MacOS，GNU/Linuxなどの非リアルタイムOS上で，ミリ秒の時間精度での制御を可能にする専用のアプリケーションソフトウェアを使って実験を制御する方法がある。そのようなソフトウェアとしては，E-Prime[55)]をはじめとしてさまざまなものがある[58),59)]。

E-Primeの利点は，あらかじめ文字や画像，音を呈示するための豊富なサブルーチンが用意されており直感的な操作でプログラミング可能なこと，また多くの研究で使用されている実績があり，研究者間での実験制御プログラムの共有もしやすいことなどが挙げられる。ただし，ミリ秒の時間精度を保つためには，外部からの干渉を避けるために実験を制御するPCをネットワークに接続せずスタンドアローンで実行させること，また不要なサービスはあらかじめ停

止させておくことなどの留意点がある[55]。E-Prime の欠点は，Windows 版のみである点と，商用ソフトウェアであり高価であるという点である。導入コストを抑えたい場合は，無償のオープンソースソフトウェアで実験システムを構築することもできる[59),60)]。

6.4.2 ハードウェアについて

ハードウェアに関しては，PC 本体と入出力デバイスの時間精度が問題となる。PC 本体の時間精度については，実験制御プログラムがプロセッサ上の高精度の**水晶クロック**（crystal clock）を正確に読み出せるかが問題となる[55]。読み出しエラーが生じるのは，OS が他の処理を実行させるために実験制御プログラムの処理を一時的にブロックしてしまうためである。E-Prime ではこの精度を測定するための専用の測定プログラムが提供されている[55]。

入出力デバイスの時間精度については処理の**遅延時間**（latency）とそのばらつきが問題となる。これは製品により大きな違いがあり，使用する**デバイスドライバ**（device driver）によっても大きく変わってくる[55),56),61)]。例えば，ごく普通のキーボードの場合でも，キー入力にあたって 20 〜 70 ms もの一定でない遅延が発生する[61]。この問題は主として，デバイスの**ポーリングレート**（データ更新間隔，polling rate）が低いことと，OS がデバイスからの処理要求を予測不可能なタイミングで実行することから生じている。

入出力デバイスの時間精度を上げるためには，ミリ秒の精度による入力が可能な専用デバイスを用いるのが望ましいが[55),58),61)]，高価であったり，入手困難であったりする。そこで，ポーリングレートの高いゲーム用途のマウスとキーボードを用いる方法が手軽でよいと思われる。ただし実験を行う前に，要求される時間精度が実験システムに備わっているかを**オシロスコープ**（oscilloscope）により測定して確認する必要がある。

〔1〕 **マウスとキーボード**　一般的なマウスのポーリングレートは 125 Hz であり，8 ms の間隔でクリックの有無をチェックしている[62]。このことは，クリックが PC に検出されるまでに最大でこの時間間隔，平均するとその半分

のランダムな遅延が生じるということを意味している。これがゲーム用マウスになると，500〜1000 Hz，つまり2〜1 ms となる[50),62)]。このほかに，マウスおよびPC本体のクリック検出のための電子回路やデバイスドライバソフトなどに由来する遅延が加わり，最終的な遅延はゲーム用マウスで8 ms 程度，一般的なマウスで35 ms にもなることがある[62)]。

一方，一般的なキーボードのポーリングレートは50〜200 Hz，およそ5〜20 ms である[56),61)]。これは，キー入力がPCに検出されるまでに最大でこの時間間隔，平均するとその半分のランダムな遅延が生じるということを意味している。一方でゲーム用キーボードのポーリングレートは一般的なキーボードと比較してはるかに高く500〜1000 Hz 程度，つまり1〜2 ms の間隔でキー入力を検出する[63)]。

〔2〕 **その他の入力デバイス** 高い時間精度を持つ専用の入力デバイスとしては，PST Serial Response Box や RT box などがあり[55),61)]，いずれもミリ秒の時間精度があるとされている。これらは一般的にはボタン押しによる入力が可能で，音声入力をできるものもある。しかしながらボタン押しに力を必要とするものもあり，同期タッピングの実験には不向きな場合が多い。しかしPST Serial Response Box のようにマイクロフォンによる音声入力も可能な場合は，打叩音をマイクロフォンで拾うことによりタッピング検出器とすることができる。

また，ゲーム用デバイスは処理の遅延時間が短く高い時間精度を持つ機器が多く，マウスやキーボードでは検出できないデータ（例えば加速度データ）を測定できるものもある[25)]。

〔3〕 **サウンドボード** 音刺激をPCから出力する場合に問題となるのはプログラムが音出力を指示してから実際に音が出力されるまでの遅延時間である。これはハードウェアとソフトウェアの組み合わせによって大きく変わってくる[55)]。一般的に，ゲーム用の**サウンドボード**（sound board）は遅延時間が短いので実験に向いているといえるが，ハードウェアとソフトウェアの組み合わせによって同じサウンドボードでも性能が大きく変化するので，オシロス

コープによりきちんと測定する必要がある。一般的には，先行研究で使用された実績を持つハードウェアとソフトウェアの組み合わせを用いるのが無難であろう。

〔4〕 **ディスプレイとグラフィックボード**　視覚刺激をディスプレイ装置に呈示する場合に最も問題となるのは**ディスプレイ**（display）の画面書換えの頻度（**リフレッシュレート**（refresh rate））である。リフレッシュレート以上の精度での視覚刺激の呈示タイミングの制御はできない。例えば，ディスプレイによっては設定によって 100 Hz 程度までリフレッシュレートを上げることができるものがあるが，これでも 10 ms より短い時間の制御はできない。精密な時間制御を必要とする場合は，**発光ダイオード**（light-emitting diode, **LED**）を PC に接続して直接制御するなどの方法を考える必要がある。

また，**ブラウン管**（cathode-ray tube, **CRT**）と**液晶ディスプレイ**（liquid crystal display, **LCD**）では応答速度の面から CRT を用いることが望ましいとされている[62]。しかし最近の研究からは，実験にもよるが，LCD も CRT と遜色ない時間精度を持つことが示されている[57]。近年は CRT を入手することが困難であることを考えると，LCD の使用も視野に入れるべきかもしれない。

なお，**グラフィックボード**（graphic board）については，静止視覚刺激を呈示するだけであれば標準的なもので十分な時間精度を持つと思われる[55],[59],[60]。しかし，複雑な動的映像を使う実験の場合は，ゲーム用の高性能なグラフィックボードの使用を考えるべきかもしれない。

〔5〕 **MIDI デバイス**　MIDI デバイスによる入力（例えば MIDI キーボード）については，MS-DOS のようなシングルタスク OS を使うか[56]，マルチタスク OS を使う場合はプログラムの実行優先度を高くしたり遅延時間の短い MIDI デバイスとドライバソフトを使用したりするなど細部にわたりチューニングすることによりミリ秒の時間精度を実現することが可能である[64]。しかし逆に，このようなチューニングを施さないシステムの時間精度は必ずしも保証されないので注意が必要である。MIDI デバイスを用いた出力（例えば外部ハードウェア音源）を使用する場合も同様のチューニングが必要である[65]。MIDI

デバイスの出力遅延については7章で詳しく述べる。

6.4.3 オシロスコープによるタイミングの測定例

　光または音をペース信号としマウスクリックで同期タッピングを行う実験を例に挙げ，マルチチャンネルオシロスコープによって機器の時間精度を測定する方法について紹介する。この例ではクリック音をマイクで拾うことによりマウスクリックのタイミングを測定する。ほかにはマウスのボタン部分に簡単なスイッチを取り付ける方法も提案されている[62]。

　測定に必要なものは，マルチチャンネルオシロスコープ，**フォトトランジスタ**（phototransistor）を使った光検出器，マイクロフォン，パラレルポートを備えたPC，測定用プログラム（E-Prime等）である。**図6.1**は，4チャンネルオシロスコープを使った場合の機器の接続方法である。オシロスコープのチャンネル数が少ない場合は，光検出器，PCのオーディオ出力，マウスクリック音検出用マイクロフォンを同一のチャンネルで切り替えて別々に測定する。

　測定用プログラムはマウスクリックを検出すると即座にパラレルポートに信号を出力し，同時にオーディオ出力端子を介して音を出力するか，もしくは画面に図形を表示する。このようなシステムで複数回の測定を行い，クリック検

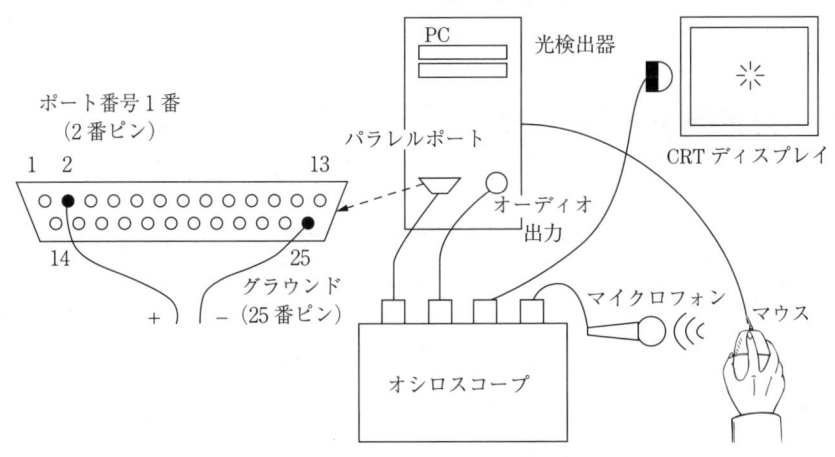

図6.1　マルチチャンネルオシロスコープで機器の時間精度を測定する際の接続例

出と刺激呈示の遅延時間の平均値と標準偏差を確認する。特に遅延時間の標準偏差が実験に要求される精度を満たしているかを確認することが重要である。7章でも述べるように，コンピュータによる刺激呈示において遅延は避けることができない。しかし，それがほぼ一定であればよほど大きくない限り問題とはならない。その遅延の分だけ早く刺激を呈示すればよいのである。実験において小さく抑えなければならないのは遅延時間のばらつき（標準偏差）のほうである。

マウスクリックと音出力の遅延時間を測定した結果の一例を図6.2に示す。パラレルポート出力に要する時間はほぼ0 msとみなせるため[58]，マウスクリック音とパラレルポート出力のオンセットの差がマウスクリック検出の遅延時間，オーディオ出力とパラレルポート出力のオンセットの差が音出力の遅延時間となる。図ではマウスクリックの検出に7〜8 msもの遅延がある。これは，クリックの誤検出防止のためにハードウェア的もしくはソフトウェア的に実現されている不応答時間[61],[62]を反映している可能性がある。

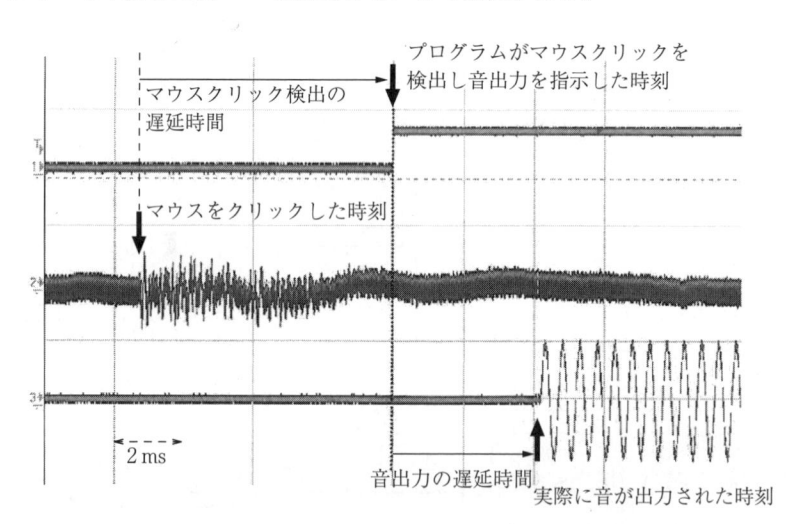

図6.2 マウスクリック検出と音出力の遅延時間の測定結果例

6.5 まとめ

　本章では同期タッピングという，単純ではあるが複雑な知覚と運動の協調を必要とする課題を取り上げ，人が数百ミリ秒から数秒の時間をどのように知覚しそれに対してどのように運動を協調させるのかについて，古典的研究から最新の研究までを参照しつつ概説した。

　6.2節では導入として，リズムやテンポが知覚されるメカニズム，感覚モダリティやテンポの違いによるリズム知覚の違い，リズムに対して同期する能力の発達と進化などの問題を取り上げた。

　6.3節では同期タッピングそのものに焦点を当て，タッピングの速さの限界やばらつき，発達や習熟に伴う変化，予期的なタッピングの傾向，同期を制御するメカニズム，感覚モダリティ間の違いなどについてまとめた。

　6.4節では，同期タッピングの実験システムについて，ソフトウェアとハードウェアの両面から留意すべき点を挙げ，システムの時間精度を測定により確認する方法について具体例を挙げて解説した。

　同期タッピングは，ペース信号に同期して身体を動かすという非常に単純な課題でありながら，時間の知覚，知覚と運動の協調，異なる脳領域の相互作用の様子などのさまざまな興味深い問題に光をあてることができる，いわば扉であり窓となる有益なツールである。今後もさまざまな研究領域で用いられ，新たな知見が蓄積されていくに違いない。

引用・参考文献

1) P. Fraisse：Rhythm and tempo, In D. Deutsch (Ed.), The psychology of Music, pp. 149-180, Academic Press (1982). 津崎　実 訳：リズムとテンポ, 寺西立年, 大串健吾, 宮崎謙一 監訳：音楽の心理学, pp. 181-220, 西村書店 (1987)
2) 後藤靖宏：リズム（旋律の時間的側面），谷口高士 編著, 音は心の中で音楽になる ― 音楽心理学への招待, 北大路書房 (2000)

3) M. Thaut: Rhythm music and the brain: Scientific foundations and clinical applications, Routledge (2005), 三好恒明, 頼島 敬, 伊藤 智, 柿崎次子, 糟谷由香, 柴田麻美 訳: 新版 リズム, 音楽, 脳 — 神経学的音楽療法の科学的根拠と臨床応用, 三秀社 (2011)
4) 阿部純一: 旋律はいかに処理されるか, 波多野誼余夫 編, 音楽と認知, pp. 41-68, 東京大学出版会 (1987)
5) C. E. Seashore: The sense of rhythm as a musical talent, The Musical Quarterly, **4**, pp. 507-515 (1918)
6) R. Brochard, D. Abecasis, D. Potter, R. Ragot and C. Drake: The ticktock of our internal clock: Direct brain evidence of subjective accents in isochronous sequences, Psychol. Sci., **14**, pp. 362-366 (2003)
7) Y. Nakajima, G. ten Hoopen, G. Hilkhuysen and T. Sasaki: Time-shrinking: A discontinuity in the perception of auditory temporal patterns, Percept. Psychophys., **51**, pp. 504-507 (1992)
8) F. Lerdahl and R. S. Jackendoff: A generative grammar of tonal music, MIT Press (1983)
9) D. J. Povel and P. Essens: Perception of temporal patterns, Music Percept., **2**, pp. 411-440 (1985)
10) G. W. Cooper and L. B. Meyer: The rhythmic structure of music, The University of Chicago Press (1960), 徳丸吉彦, 北川純子 訳: 新訳 音楽のリズム構造, 音楽之友社 (2001)
11) 平 伸二: 精神テンポの発現機構, 松田文子, 甲村和三, 山崎勝之, 調枝孝治, 神宮英夫, 平 伸二 編著, 心理的時間 — その広くて深いなぞ, pp. 169-182, 北大路書房 (1996)
12) D. Preusser: The effect of structure and rate on the recognition and description of auditory temporal patterns, Percept. Psychophys., **11**, pp. 233-240 (1972)
13) A. M. Glenberg and M. Jona: Temporal coding in rhythm tasks revealed by modality effects, Mem. Cognit., **19**, pp. 514-522 (1991)
14) P. Fraisse: Multisensory Aspects of Rhythm, In R. Walk and H. Pick Jr.(Eds.), Intersensory Perception and Sensory Integration, pp. 217-248, Springer US (1981)
15) J. A. Grahn: See what I hear? Beat perception in auditory and visual rhythms, Exp. brain Res., **220**, pp. 51-61 (2012)
16) B. H. Repp and A. Penel: Auditory dominance in temporal processing: New evidence from synchronization with simultaneous visual and auditory sequences, J. Exp. Psychol. Hum. Percept. Perform., **28**, pp. 1085-1099 (2002)
17) M. J. Hove, M. J. Spivey and C. L. Krumhansl: Compatibility of motion facilitates visuomotor synchronization, J. Exp. Psychol. Hum. Percept. Perform., **36**, pp. 1525-1534 (2010)

18) J. A. Grahn, M. J. Henry and J. D. McAuley：FMRI investigation of cross-modal interactions in beat perception: Audition primes vision, but not vice versa, NeuroImage, **54**, pp. 1231-1243 (2011)
19) J. D. McAuley and M. J. Henry：Modality effects in rhythm processing: Auditory encoding of visual rhythms is neither obligatory nor automatic, Attention, Perception, Psychophys., **72**, pp. 1377-1389 (2010)
20) S. E. Guttman, L. A. Gilroy and R. Blake：Hearing what the eyes see: Auditory encoding of visual temporal sequences, Psychol. Sci., **16**, pp. 228-235 (2005)
21) R. Brochard, P. Touzalin, O. Després and A. Dufour：Evidence of beat perception via purely tactile stimulation, Brain Res., **1223**, pp. 59-64 (2008)
22) G. Madison：Experiencing groove induced by music: Consistency and phenomenology, Music Percept., **24**, pp. 201-208 (2006)
23) 大串健吾：音楽のリズムと言語のリズム,信学技報,SP2009-149, pp. 7-12 (2010)
24) A. D. Patel：Musical rhythm, linguistic rhythm, and human evolution, Music Percept., **24**, pp. 99-104 (2006)
25) J. Phillips-Silver et al.：Born to dance but beat deaf：A new form of congenital amusia, Neuropsychologia, **49**, pp. 961-969 (2011)
26) Snowball (TM) — Our Dancing Cockatoo
https://www.youtube.com/watch?v=N7IZmRnAo6s （2015年3月現在）
27) A. D. Patel, J. R. Iversen, M. R. Bregman and I. Schulz：Experimental evidence for synchronization to a musical beat in a nonhuman animal, Curr. Biol., **19**, pp. 827-830 (2009)
28) I. Winkler, G. P. Háden, O. Ladinig, I. Sziller and H. Honing：Newborn infants detect the beat in music, Proc. Natl. Acad. Sci. U. S. A., **106**, pp. 2468-2471 (2009)
29) B. H. Repp：Sensorimotor synchronization：A review of the tapping literature, Psychon. Bull. Rev., **12**, pp. 969-992 (2005)
30) B. H. Repp and Y. H. Su：Sensorimotor synchronization: A review of recent research (2006-2012), Psychon. Bull. Rev., **20**, pp. 403-452 (2013)
31) Y. Chen, B. H. Repp and A. D. Patel：Spectral decomposition of variability in synchronization and continuation tapping: Comparisons between auditory and visual pacing and feedback conditions, Hum. Mov. Sci., **21**, pp. 515-532 (2002)
32) G. Aschersleben：Temporal Control of Movements in Sensorimotor Synchronization, Brain Cogn., **48**, pp. 66-79 (2002)
33) J. Mates, U. Müller, T. Radil and E. Pöppel：Temporal integration in sensorimotor synchronization, J. Cogn. Neurosci., **6**, pp. 332-340 (1994)
34) P. A. Kolers and J. M. Brewster：Rhythm and responses, J. Exp. Psychol. Hum. Percept. Perform., **11**, pp. 150-167 (1985)

35) G. Aschersleben and W. Prinz : Delayed auditory feedback in synchronization, J. Mot. Behav., **29**, pp. 35-46 (1997)
36) A. Wohlschläger and R. Koch : Synchronization error: An error in time perception, In P. Desain and L. Windsor(Eds.), Rhythm perception and production, pp. 115-127, Swets & Zeitlinger Lisse, The Netherlands (2000)
37) B. H. Repp : Rate limits in sensorimotor synchronization with auditory and visual sequences: The synchronization threshold and the benefits and costs of interval subdivision, J. Mot. Behav., **35**, pp. 355-370 (2003)
38) K. Drewing, G. Aschersleben and S. C. Li : Sensorimotor synchronization across the life span, Int. J. Behav. Dev., **30**, pp. 280-287 (2006)
39) M. H. Thaut, J. A. Rathbun and R. A. Miller : Music versus metronome timekeeper in a rhythmic motor task. Int. J. Arts Med., **5**, pp. 4-12 (1997)
40) Y. Miyake, Y. Onishi and E. Pöppel : Two types of anticipation in synchronization tapping, Acta Neurobiol. Exp., **64**, pp. 415-26 (2004)
41) R. B. Ivry and R. M. C. Spencer : The neural representation of time, Curr. Opin. Neurobiol., **14**, pp. 225-232 (2004)
42) R. J. Zatorre, J. L. Chen and V. B. Penhune : When the brain plays music : Auditory-motor interactions in music perception and production, Nat. Rev. Neurosci., **8**, 547-58 (2007)
43) P. A. Lewis and R. C. Miall : Distinct systems for automatic and cognitively controlled time measurement : Evidence from neuroimaging, Curr. Opin. Neurobiol., **13**, pp. 250-255 (2003)
44) C. V Buhusi and W. H. Meck : What makes us tick? Functional and neural mechanisms of interval timing, Nat. Rev. Neurosci., **6**, pp. 755-765 (2005)
45) J. Vroomen, M. Keetels, B. de Gelder and P. Bertelson : Recalibration of temporal order perception by exposure to audio-visual asynchrony, Cogn. Brain Res., **22**, pp. 32-35 (2004)
46) W. Fujisaki, S. Shimojo, M. Kashino and S. Nishida : Recalibration of audiovisual simultaneity, Nat. Neurosci., **7**, pp. 773-778 (2004)
47) J. Vroomen and M. Keetels : Perception of intersensory synchrony: A tutorial review, Attention, Perception, Psychophys., **72**, pp. 871-884 (2010)
48) C. Stetson, X. Cui, P. R. Montague and D. M. Eagleman : Motor-sensory recalibration leads to an illusory reversal of action and sensation, Neuron, **51**, pp. 651-659 (2006)
49) J. Heron, J. V. M. Hanson and D. Whitaker : Effect before cause : Supramodal recalibration of sensorimotor timing, PLoS One, **4**, e7681 (2009)
50) Y. Sugano, M. Keetels and J. Vroomen : The build-up and transfer of sensorimotor

temporal recalibration measured via a synchronization task, Front. Psychol., **3** (2012)
51) 菅野禎盛：視覚刺激に対する聴覚的捕獲：同期タッピング課題でのクロスモーダルな誘引効果，音楽知覚認知研究，**10**, pp. 1–12 (2004)
52) A. M. Wing, M. Doumas and A. E. Welchman：Combining multisensory temporal information for movement synchronisation, Exp. brain Res., **200**, pp. 27–282 (2010)
53) G. Aschersleben and P. Bertelson：Temporal ventriloquism：Crossmodal interaction on the time dimension：2. Evidence from sensorimotor synchronization, Int. J. Psychophysiol., **50**, pp. 157–163 (2003)
54) M. T. Elliott, A. M. Wing and A. E. Welchman：The effect of ageing on multisensory integration for the control of movement timing, Exp. brain Res., **213**, pp. 291–298 (2011)
55) W. Schneider, A. Eschman and A. Zuccolotto：E-Prime: User's guide, Psychology Software Inc. (2002)
56) H. Shimizu：Measuring keyboard response delays by comparing keyboard and joystick inputs, Behav. Res. Methods, instruments, Comput., **34**, pp. 250–256 (2002)
57) P. Garaizar, M. a Vadillo, D. López-de-Ipiña and H. Matute：Measuring software timing errors in the presentation of visual stimuli in cognitive neuroscience experiments, PLoS One, **9**, e85108 (2014)
58) R. Canto, I. Bufalari and A. D'Ausilio：A convenient and accurate parallel input/output USB device for E-Prime, Behav. Res. Methods, **43**, pp. 292–296 (2011)
59) S. Mathôt, D. Schreij and J. Theeuwes：OpenSesame：An open-source, graphical experiment builder for the social sciences, Behav. Res. Methods, **44**, pp. 314–324 (2012)
60) J. W. Peirce：PsychoPy — Psychophysics software in Python, J. Neurosci. Methods, **162**, pp. 8–13 (2007)
61) X. Li, Z. Liang, M. Kleiner and Z. -L. Lu：RTbox：A device for highly accurate response time measurements, Behav. Res. Methods, **42**, pp. 212–225 (2010)
62) M. Y. Khitrov et al.：PC-PVT：A platform for psychomotor vigilance task testing, analysis, and prediction, Behav. Res. Methods, **46**, pp. 140–147 (2013)
63) S. T. Mueller and B. J. Piper：The psychology experiment building language (PEBL) and PEBL test battery, J. Neurosci. Methods, **222**, pp. 250–259 (2014)
64) S. A. Finney：FTAP：A Linux-based program for tapping and music experiments, Behav. Res. Methods, Instruments, Comput., **33**, pp. 65–72 (2001)
65) 長嶋洋一：音楽的ビートが映像的ビートの知覚に及ぼす引き込み効果，芸術科学会論文誌，**3**, pp. 108–148 (2004)

第7章
演奏表現と時間

7.1 芸術的逸脱

「美術は空間芸術,音楽は時間芸術」といわれるように,演奏表現において時間の要因は演奏の印象を決めるおもな要因であると言えよう。譜面が与えられた音楽においても時間の要因は重要であり,特にルバートやアッチェレランドなど,譜面上での時間制御に関する指示語が多岐にわたることからもそれがわかる。譜面を器楽で実際に演奏する場合には,指示語に対する時間制御の判断は演奏者にゆだねられ,演奏者は自分の解釈やその作品の時代等を考慮しながら演奏を遂行する。そのような演奏を科学する最初の試みとして,シーショア (C. E. Seashore) による**芸術的逸脱** (artistic deviation) が有名であり,芸術的逸脱は時間や強度の時間関数によって表され,特に時間制御による表現が熟達した演奏では多く再現されることが知られている[1]。

演奏に含まれる芸術的な要素は,楽譜からの演奏の逸脱によるものであることが過去の研究により明らかにされている[2],[3]。この逸脱を芸術的逸脱といい,演奏の芸術性を述べる上で集中的に議論されてきた。例えば,芸術的な要素がまったく認められないような楽譜どおりの演奏を人間が聴取した際に,聴取者には不自然で機械的であると知覚されることはよく知られている[4]。また,演奏に含まれる芸術的な要素による演奏に対する印象や感情の変化についての議論においても芸術的逸脱が関係する[5]~[8]。例えば,演奏に対する印象については,ピアノ小曲演奏からリタルダンド(しだいにテンポを落とす表現

方法）を取り除くと，聴取者は元の演奏とは大きく異なる印象を持つが，さまざまな時間変動を持つ演奏を合成して心理実験を行った結果，リタルダンドよりも平均テンポの違いが演奏の印象を大きく左右することが示されている[5]。また，音楽家はリタルダンドを含む楽曲を好んだが，音楽的に訓練されていない聴取者は一貫した判断を下せないことが示されている[6]。演奏に対する感情の変化については，聴取者にヴァイオリン演奏や音声を聴取させ，演奏および音声に含まれている感情を回答させる心理実験により，聴取者は奏者が演奏に盛り込んだ感情をかなり正確に知覚できることが示されている[7],[8]。

奏者の芸術的な要素による演奏の熟達度について考えると，熟達度によってどのようにその芸術的逸脱が変化するのかについてはあまり議論がなされていなかった。ピアノ演奏における熟達度を定量的に表す指標を明らかにすることを目的とし，電子ピアノを用いた演奏における芸術的な要素に基づく熟達度推定の研究が行われている[9]ものの，そのような調査はあまり見られない。そこで次節ではスプラインカーブを用いた演奏傾向曲線を紹介し，その後，主成分分析を用いてその演奏傾向曲線の特徴を抽出し，芸術的逸脱を調査した研究を紹介する。

7.2 スプラインカーブを用いた演奏傾向曲線

演奏の特徴をとらえる方法としてスプラインカーブによる**演奏傾向曲線**がある[9]。この方法では，**MIDI**（musical instruments digital interface）によって記録されたピアノ演奏を，メトロノーム等の基準からの誤差を用いてグラフ化し，その逸脱曲線をスプラインカーブとそれからの逸脱でモデル化する方法である。図 **7.1** にその概念図を示す。図では，単純な上下行1オクターブ演奏の場合を例示している。このカーブは，瞬時的な逸脱の影響を抑え，対象とするカーブの全体的な傾向を表すことができる点と，かつ運指を考慮して音群に分割することにより，手指の動きを考慮したカーブを描くことができる点が特徴的である。また，スプラインカーブに限った話ではないが，スプラインカー

7. 演奏表現と時間

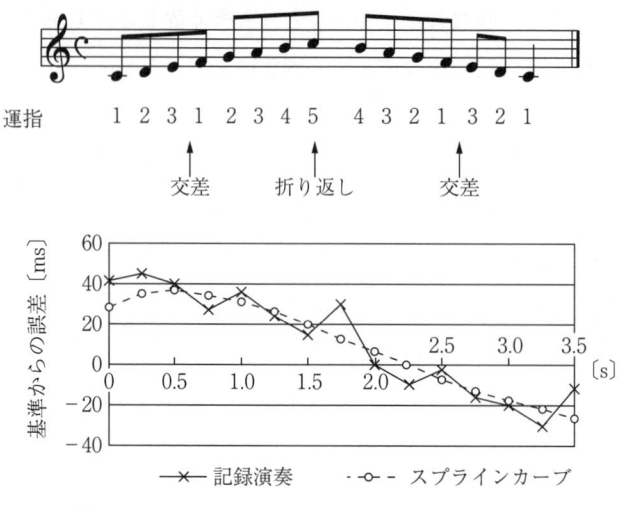

運指　1 2 3 1 2 3 4 5　4 3 2 1 3 2 1
　　　　　　↑　　　↑　　　　↑
　　　　　　交差　折り返し　　交差

図 7.1 スプラインカーブによる演奏逸脱のモデル化

ブを用いることで演奏をその全体的な傾向とそれからの逸脱に分割することができるため，芸術的逸脱の分析を深めることができる．

　スプラインカーブを得る手段について述べる．ピアノの右手の片手による演奏の場合を例にすると，音高範囲の広い単旋律を演奏する場合に，手指の移動は避けられず，例えば親指のくぐりや，指の交差などを伴うことが多い．1オクターブの上下行音階を考えた場合は，右手の片手による演奏では，上行音列の8音を指の交差やくぐりなどは避けられないものである．手首の移動によってこの動きをとらえると，この手首の移動は楽器と奏者の手指構造の関係に起因するものであり，目的とする演奏音を実現する上での自由度というよりも制約であるといえる．よって，この制約の影響を強く受けた演奏情報は，奏者の意図した演奏というよりも，むしろその制約によるものであり，評価においてはなるべく無視してよいと考えてよい．よって，ここでのスプラインカーブの描写基準として，交差と折り返しに基づくとする．交差には，いわゆる親指のくぐりも含まれる．つぎにこれらを境界とした音列（クラスタ）に分割する．ただし，折り返しについては前後両方のクラスタに含める．つぎに各クラスタの代表点を求める．横軸を時間，縦軸をパラメータの値とした場合の代表点で

7.2 スプラインカーブを用いた演奏傾向曲線

あり，モーメント重心となる位置に定義する．図 7.1 の場合は，クラスタが四つ存在するので，四つの代表点が与えられる．その後，開始音の 8 拍前，および終了音より 5 拍後に基準点を置き，合計 6 点を通過するスプラインカーブを求める．なお，演奏熟達度の推定において，スプラインカーブ以外に，移動平均，高次曲線による近似，および線形予測法によるカーブの比較が行われている[10]．その結果，スプラインカーブを傾向曲線として用いた場合が最も熟達度推定精度が高いことが示されており，スプラインカーブの熟達度評価での有用性が確認されている．

スプラインカーブの妥当性検証に関する研究に，**演奏データ転換**[11]がある．演奏データ転換とは，異なるピアノ演奏のスプラインカーブ（以降，S 成分）と演奏データのスプラインカーブからの逸脱（以降，D 成分）を入れ替えて新しい演奏を作成する方法である．これにより，S 成分と D 成分に対する熟達度評価の役割の調査ができる．先行研究[11]では，打鍵時刻のみ，かつ D 成分のみを対象とすることで，演奏データ転換を実施した．用いられたデータはピアノ熟達度推定に関する先行研究[9]のものである．演奏データ転換によって生成された演奏データに対する熟達度の主観評価の結果，熟達した演奏の S 成分に未熟な演奏の D 成分を付与することで熟達度が低下すること，D 成分を複数の演奏間で平均化した場合には，たがいに打ち消し合うことで，演奏の自然性が向上するといった効果が確認された．よって，D 成分が熟達度や自然性に寄与する可能性が見出された．後の研究[12]では，先の研究では考慮されなかった S 成分の影響も調査された．また，運指の違いや右手左手の違いを考慮するために，右手のみ，かつ運指が同じとなるハ長調とロ長調のみが用いられた．評価項目には熟達度だけでなく，「表現」「技術」も含まれた．調査の結果，以下の点が報告された．① 打鍵時刻だけでなく，打鍵強度，押鍵時間長においても，熟達した S 成分に未熟な D 成分を付与することで，全体の熟達度スコアが低下した．② S 成分，および D 成分のどちらか片方が未熟であれば全体的に未熟であると評価された．これは，ギター演奏の熟達度評価において，個々の演奏要素の完成度よりも全体としての完成度を重視した評価がなさ

れているという研究成果[13]と一致するものであり，熟達度評価においては未熟とされる要素が含まれると評価が下がるという音楽演奏に共通の特徴が示唆された。③ 限定的ではあるものの，表現的な評価にはS成分が，技術的な評価にはD成分の寄与が示唆された。

7.3 アイゲンパフォーマンスによる特徴解析[14]

本節では，主成分分析を用いた演奏解析法について述べる。対象とする演奏データは，先行研究[9]で用いられた，幼児教育専攻の学生らによって演奏された1オクターブ上下行長音階であり，5人の専門家らによって10段階で熟達度評価が行われたものである。つぎに，演奏に対するパラメータを取得する。ここでは特に，「標準偏差」，「スプラインカーブからの逸脱の二乗和平方根」，「スプラインカーブの最大と最小の差」，「隣接する2音の階差の二乗和平方根」，「基準値とスプラインカーブの誤算の和」，「スプラインカーブの形状が類似する演奏データ7個の平均評価スコア」，「スプラインカーブからの逸脱の標準偏差」とした。なお，これらにはあらかじめピアノ専門家によって**熟達度スコア**が付与されている。よって，ここで336通りの演奏に対するスプラインカーブが336通り得られる。

つぎに，これらに対してグルーピングを行う。*k*-means 法によるクラスタリングを行う。*k*-means 法とは，教師なしクラスタリングの一種であり，ユーザがクラスタ数を指定するだけで，パラメータの値に基づいて似ているものどうしを同じグループにまとめる方法である。クラスタへの分割後，それぞれのクラス内の全サンプルに対する熟達度スコアの95％信頼区間を求め，それが重複しないクラス数を求めた。これを2～6クラスタで実施した。その結果，4クラスタに分割した場合が最も適切とされた。分割された各クラスタにおける評価スコアの平均値を**図7.2**に示す。縦軸は各クラスタにおける評価スコアの平均値を表し，図のティックは95％信頼区間を表す。各クラスタの95％信頼区間に重複は認められない。また，Holm 法による多重比較の結果，5％

7.3 アイゲンパフォーマンスによる特徴解析

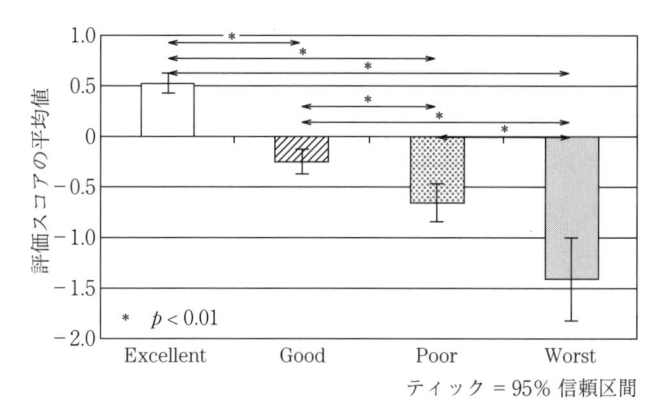

図 7.2 k-means の結果

有意水準で有意差が認められている。このことから，4 クラスタの分割が妥当であるといえ，また特徴パラメータが演奏の熟達度を表現可能であることが確認された。つぎに，熟達度の高い順に Excellent，Good，Poor および Worst とラベリングした。なお，各クラスタのサンプル数は，Excellent から順に 158，121，37，20 である。

分析方法について述べる。大量の演奏データから特定のパターンを抽出する方法として，例えば Repp[15]のように**平均演奏**を生成することが考えられる。熟達した演奏データのみを用いて平均演奏を生成することで，熟達した演奏に共通する特徴を抽出することは可能になると考えられるが，奏者の芸術的表現を損なう可能性が高い。そこで，大量の演奏データから可能な限り情報の欠落を抑えるために，**主成分分析**（principal component analysis, **PCA**）を用いた調査を行う。PCA を用いた類似研究として，安部らによるベースパート自動編曲がある[16]。この研究では，大量の楽曲データからベースパートのオンセット情報やヴェロシティ情報等におけるパターンを抽出することで，自動編曲を行っていたが，ここでは同様の手法を編曲ではなく調査に用いる。具体的には，熟達した演奏と未熟な演奏におけるスプラインカーブのパターンを比較することで，熟達した演奏におけるスプラインカーブの形状を調査する。

PCA により抽出する主成分は累積寄与率が 90 % 以上までとし，PCA によっ

148   7. 演奏表現と時間

て抽出されたスプラインカーブのパターンを**アイゲンパフォーマンス**（eigenperformance，固有演奏成分）と呼ぶ．k-means 法によるクラスタリングの結果得られた 4 クラスタについて，打鍵時刻，打鍵強度および押鍵時間長の三つの演奏要素に対してアイゲンパフォーマンスを求める．つまり，4 クラスタ×演奏要素（打鍵時刻，打鍵強度，押鍵時間長）= 12 通りのアイゲンパフォーマンスを得る．そして，それぞれのクラスタのアイゲンパフォーマンスを比較し，熟達した演奏の特徴を明らかにする．**図 7.3** にアイゲンパフォーマンスによる調査の概要を示す．

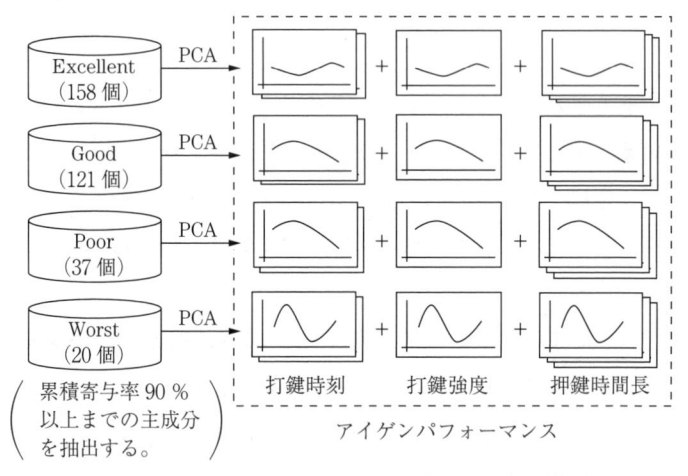

図 7.3　アイゲンパフォーマンスによる調査の概要

図 7.4 にアイゲンパフォーマンスの抽出結果を示す．図 7.4 から，打鍵時刻の場合は，Excellent のスプラインカーブは線形的な変化を持つことがわかる．つまり，打鍵のタイミングに急峻な変化はなく，一定のテンポを維持していることが示唆された．しかし，Worst の場合は打鍵のタイミングが不安定であり，スプラインカーブがなめらかな変化を持たない．また，Good や Poor の場合では急峻な変化を持つ場合があり，スプラインカーブは曲線に近い形状を持つことが考えられる．すなわち，打鍵時刻においてスプラインカーブはゆるやかに変化する形状を持つ場合に熟達していると評価されることが示唆される．

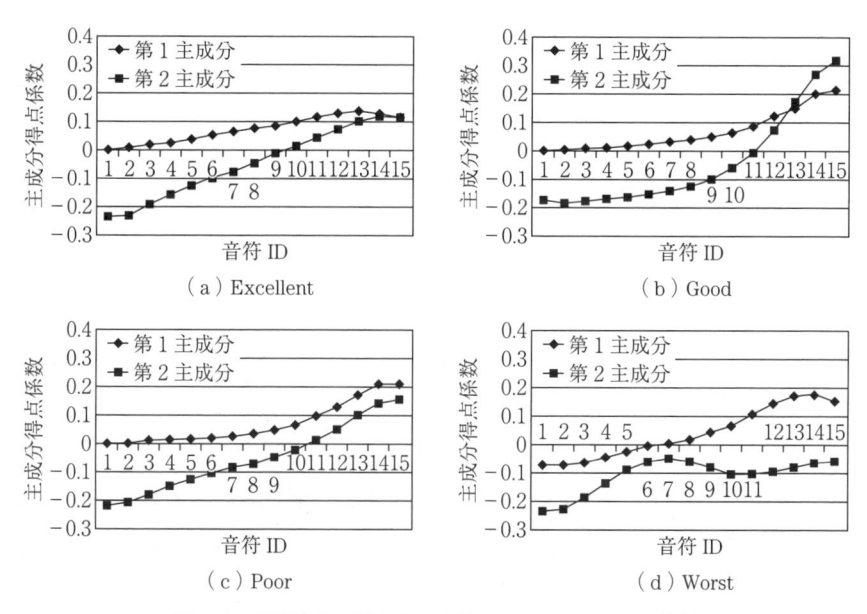

図 7.4 音階演奏に対するアイゲンパフォーマンスの結果

このように熟達した演奏の傾向が，大量の演奏より分析されている．このような研究を進めることで，特定の演奏課題によらない，よりグローバルな特徴としての芸術的逸脱の解析が進められるであろう．

7.4 MIDI の精度

前節で述べたように芸術的逸脱の研究が進められているものの，ここではその精度について考える．当然ながら自然楽器の演奏を記録し分析することは演奏科学の研究では重要なステップであるが，その道具の精度を知る必要性がある．特にピアノを対象とした演奏制御に着目すると，MIDI で解析するか，あるいは波形から解析するかであろう．MIDI の場合，時間制御が問題となる．MIDI 機器を扱う上では，MIDI 機器側の時間制御，記録機器側の時間精度が問題となる．MIDI 記録精度を調査した実験においては，同一の時間波形を等間隔に MIDI 機器に入力し，そこから発せられる MIDI 信号を時間的に記録し，

IOI（inter-onset-interval）を分析すると，約 2 〜 30 ms の時間ばらつきが確認される[17]。MIDI は記録時だけでなく再生時にもばらつきが生じる。MIDI 上では等間隔とされる信号をシーケンサ上で生成し発音させると，これも時間ばらつきが生じる。よって，MIDI を用いた記録と再生は実験上，問題となることがある。

ここで寄能らによって行われた一連の研究について述べる[18),19)]。特定の MIDI 音源を用いて，記録精度が検証されている。この MIDI 音源は，MIDI ドラムと呼ばれる電子ドラムセットのための音源で，ドラムパッドに埋め込まれている振動素子の応答を利用する。電子ドラムのパッドから発せられる波形をパソコンによって人工的に生成し，それをその MIDI 音源に送信することで，MIDI 信号を人工的に生成するという手法である。図 **7.5** にその調査環境を示す。パソコンによって生成された波形が MIDI 音源（Roland 社 TD-10）に送信され，専用インタフェースを通してその MIDI 音源から送信される MIDI 信号をシーケンサで記録する。図 **7.6** にその評価信号の例を示す。この環境ではパソコンの OS における記録誤差もあるが，音楽研究で用いられる MIDI 記録環境と同等であり，実際の MIDI 記録と同等の環境であることから，この精度は MIDI 記録を研究で実施する研究者にとって有意義な結果であろう。

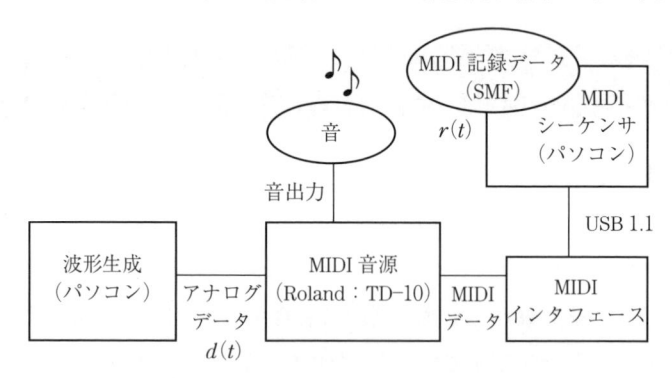

図 **7.5** MIDI 機器の記録精度の調査環境

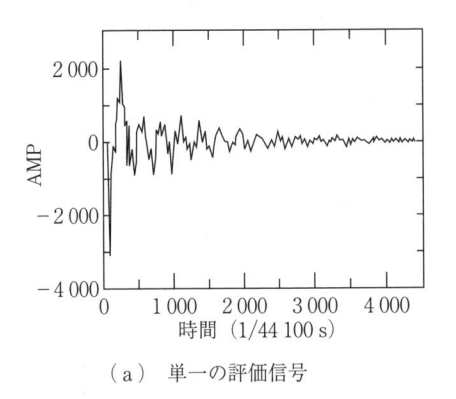

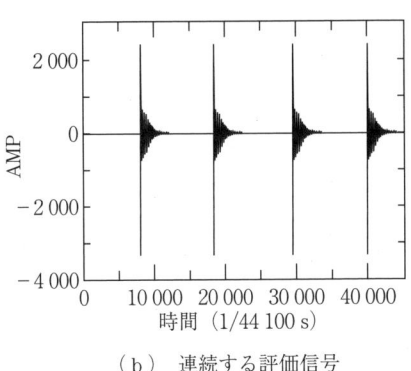

図 7.6　評価信号の例

(a) 単一の評価信号
(b) 連続する評価信号

7.4.1　MIDI ヴェロシティの記録精度

　MIDI ヴェロシティの記録精度については，MIDI 楽器が最も安定して強弱検知される強度（MIDI でいうヴェロシティ値）を持った評価信号を用いて調査されている。図 7.5 に示す調査環境において，強弱を持たせた評価信号を MIDI 音源に送信して MIDI 記録を行い，MIDI 音源の音のヴェロシティ値記録の精度が調査された。数種類の強弱の記録を行うことで，MIDI 音源の強弱検知すなわちヴェロシティ値記録の精度を調査対象とした。等間隔 250 ms（120 bpm で八分音符に相当）で評価信号を基準データとして用いた。

　ここでは強さの異なる 3 種類の評価信号を用いた。それぞれの評価信号を MIDI 機器で記録した場合の強弱記録の精度について調査した。特にヴェロシティ値の最頻値が「16, 27, 67」となる 3 種類の評価信号で打鍵 200 回に相当する評価信号を対象とした。記録結果をヒストグラムで示す（図 7.7）。横軸が記録されたヴェロシティ値，縦軸が頻度，図の SD（standard deviation）は標準偏差を表す。最頻ヴェロシティ値に対して，ヴェロシティ値で 1〜2 程度の計測誤りが発生していることが確認される。これより，まったく同じ状況で演奏を行ったとしても，MIDI 音源でヴェロシティが若干ずれることがわかった。

152   7. 演奏表現と時間

(a) MIDI ヴェロシティ値 = 16 の場合

(b) MIDI ヴェロシティ値 = 27 の場合

(c) MIDI ヴェロシティ値 = 67 の場合

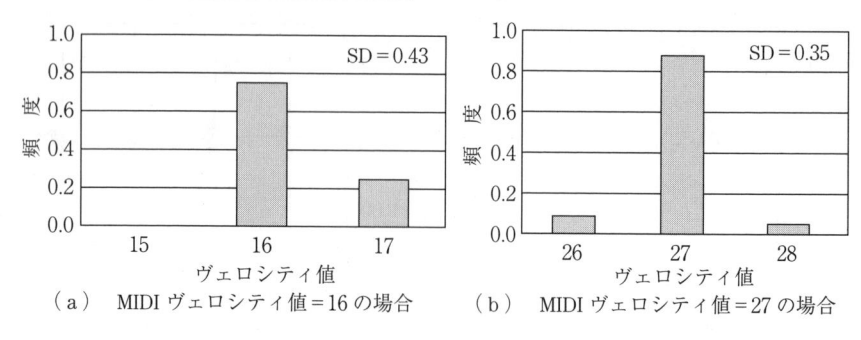

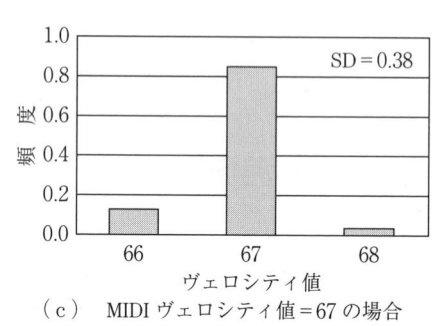

図 7.7　MIDI ヴェロシティの記録例

7.4.2　MIDI の時間精度

　MIDI の時間精度は MIDI 楽器を用いた記録や演奏においては重要であり，リアルタイムな演奏の場合は遅延が重要となる．演奏した直後，すなわちほぼ遅延なく発せられるのであれば実際の利用では問題とならないが，電子ドラムや電子楽器ではどうしてもその遅延が生じる．一般に 10 ms や 5 ms までの遅延であれば奏者にも遅延はあまり感じられないだろうが，ハードウェア的，ソフトウェア的な要因による遅延の影響は避けられない．

　ここで，リアルタイムな演奏音の生成よりもう少し単純な場合を考える．音楽研究の場合，リアルタイムな演奏音再生も重要であるが，演奏を記録し分析に用いるためには記録精度が重要であろう．特に MIDI 楽器から均一に発せられる信号を用いた場合の時間逸脱を調査することは，意味ある調査といえる．図 7.5 に示した環境を用いて記録した結果を**図 7.8** に示す．ここで，記録さ

7.4 MIDI の精度

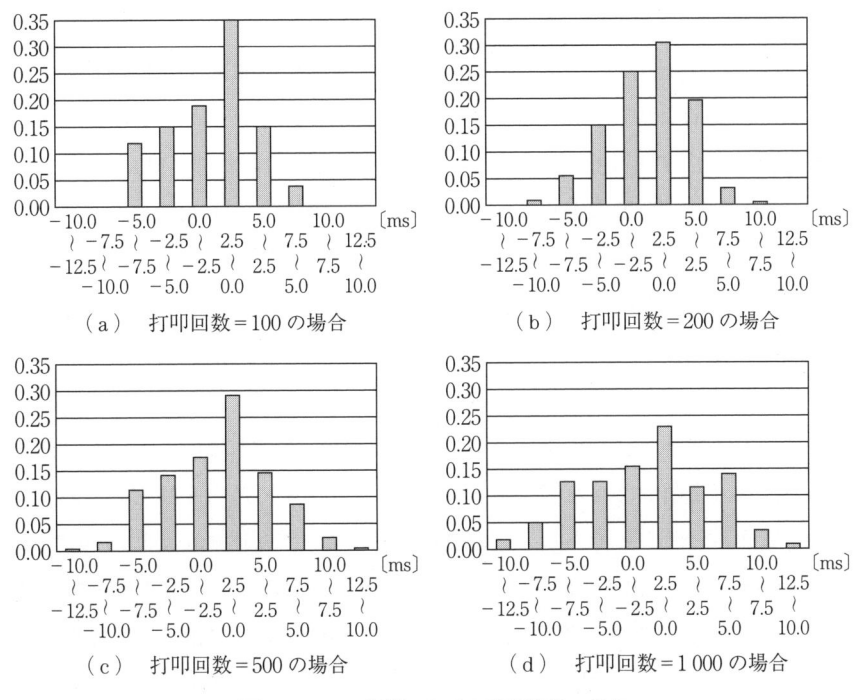

(a) 打叩回数=100 の場合

(b) 打叩回数=200 の場合

(c) 打叩回数=500 の場合

(d) 打叩回数=1 000 の場合

図 7.8 MIDI 記録における時間誤差の結果

れた打叩系列を理想系列と比較し，その誤差が最小となる位置を定めた上で，各打叩位置の誤差を計測した．MIDI 記録の場合は，リアルタイム演奏の場合とは異なり，いわゆる固定ずれは問題とならないが，記録のばらつきが問題となるため，このような測定が行われている．図 7.8 より，打叩回数が増えるにつれてその精度が低下する様子がわかり，特に 1 000 回の場合だと，最大誤差の範囲はそれほど頻繁に生じないものの 20 ms を超える様子がわかる．

以上，MIDI 記録の精度についてまとめる．上述の結果からもわかるように，強弱記録において強度記録における SD は約 0.4 であり，最大幅は 2 であった．また，時間精度における平均ずれは約 4 ms であり，時間記録の差分の最大幅は 25 ms であると報告されている．

現状の MIDI 楽器を用いて，音楽聴取実験を行う場合には，この研究で確認された誤差を考慮して評価を行う必要があると考えられる．これらの誤差の調

査の対象機材は「MIDI音源」,「MIDIソフトウェアシーケンサ」であろう。MIDI音源はハードウェア市販品であるため,技術的に改良がきわめて困難であるが,技術的な敷居の比較的低いMIDIソフトウェアシーケンサの持つ問題点を補間・解決する高精度の記録システムを提案することで,MIDI楽器を用いた音楽心理・音楽聴取実験の信頼性を向上させることが可能であると考えられる。しかし,現状において,信頼性の高い音楽心理実験を行う場合に,ここで確認された誤差を考慮して評価を行う必要があるとはいえ,少なくともその精度をその環境において測定する必要があろう。例えば,演奏情報を残すことを目的として演奏した場合,先の述べた誤差が存在しているため,その精度についてよく考慮する必要があろう。これは記録後,奏者にMIDIデータの発音による演奏音を聴取させた場合に,楽曲のクオリティの違いを与えてしまう危険性も考えられるからである。この誤差をどのように抑制すればよいか検討する必要はあるが,MIDI音源製品そのものに要因があるため,修正は困難であると考えられる。また,記録した波形からどのようにしてMIDI情報に変換するのかについて検討した場合,やはり連続波形からタイムスタンプを押すことになるので,時間波形からのオンセット抽出と同じ問題を持つといえよう。よって,MIDI記録においては上述の記録精度を認識しつつ,それが実験に影響しない範囲での実験とならざるを得ない。

7.5 音響波形に対する時間精度

前節で述べたように,MIDI記録においては,ある一定の時間誤差があり,音響信号に基づいた分析のほうが一見よいといえるであろう。要するに,音響信号に基づいた記録のほうが,MIDIよりは十分に精度がよいといえよう。ところが,音響信号から時刻を正確に求めるには困難を極める。確かに音響信号そのものの記録精度はよいものの,音響信号のどの部分が音の立ち上がりであるかを決めることは難しい。

これは,音響信号のエンベロープを用いるにも最大ピークが一意に定まらな

いからである。ローパスフィルタを用いて平滑化すると，ピークの位置が処理によって多少ずれることもある。最近では，**STFT**（short time Fourier transform）を用いて短時間スペクトルを求め，そのスペクトル変動をスペクトラルフラックスという変数を用いて打鍵時刻を推定する手法もある[20]。より一般的な楽器音に対する方法としては，Vos と Rash によるラウドネスに基づいた決定方法もある[21]。この方法は，得られた信号からラウドネス関数を算出し，最大ピークから一定のレベルだけ降下した位置を発音時刻と定める方法である[22]。

7.6 テンポの推定

音楽のテンポもまた演奏にかかわる時間として重要である。テンポが譜面上で明確に示されている（例えば四分音符 = 120 のように）場合であっても，演奏者はそこから緩急をつけた演奏が可能となる。また，J-POP に代表されるようなポピュラー音楽の場合を考えると，テンポがおおよそ固定されている場合も多く，それゆえ，近年の音楽音響信号を対象とした波形処理に基づく研究においてテンポを自動的に推定する技術が多く行われているのも納得のいくことであろう。

例えばメトロノーム音が完全に等間隔にカチッカチッと音を鳴らしている場合に，その音響信号からテンポを推定するのはそれほど困難ではない。音響波形を記録し，エンベロープを抽出し，それを時間波形とみなし，**フーリエ変換**を行い，最大ピークを計測すれば問題はない。ところが，J-POP のようなポピュラー音楽で同じことを行うとうまくいかない。一つは**倍半テンポ問題**である。これはオクターブテンポエラーとも呼ばれるものであり，例えば 120 bpm の楽曲に対して 60 bpm や 240 bpm に相当するパワーが最大となる場合である。これは音声信号処理における「倍ピッチ，半ピッチ問題」と類似している。この場合は人間の知覚にどのように近づけるかについての議論もあり，その倍半テンポ値問題に対処した手法も提案されている[23]。

近年では，さらにテンポをそもそも一つにしか聞こえないのではなく，複数のテンポが許容されるという報告も見られる。**テンポ知覚の曖昧性**に関する研究では，個人間におけるテンポ知覚の一致または不一致の判定[24]。知覚されやすいテンポ値の範囲の調査が行われている[25]。Peetersらは，音響信号の物理的特徴に基づいて，テンポ知覚に共通性が認められるかを判定する手法を提案している[24]。Mckinneyらは，人が知覚しやすいテンポ値はおよそ87〜175 bpmの範囲にあり，120 bpmに近いテンポ値が最も知覚されやすいと説明している[25]。これらの研究では知覚されるテンポ値の曖昧性が注目されているが，その曖昧性の要因については議論されていない。よって，テンポ知覚の曖昧性の要因が近年では注目を浴びている[26]～[28]。

それらの研究では，人間のテンポ知覚の曖昧性について，母語の影響を考えている。歌唱かつ歌詞付きのポピュラー音楽を考えた場合，われわれは普段聞き慣れている言語で聴取すると，その言葉の意味をとらえることができ，単語や文章といったまとまりを感じる。すなわち**知覚的体制化**が行われる。一方，母語でない言語で聞いた場合は，それが難しくなるため，まとまり感が得られず，テンポの知覚に影響するのではないかと考えられる。それを検証するために，日本語話者のみを用いて，日本語で歌唱されたポピュラー音楽と日本語以外（例えば英語）で歌唱された演奏との比較を行った。特にJ-POPはおもに商業目的で制作されているため，テンポ知覚が多様であるというよりもむしろ，一つの固まったテンポに聴こえることが期待された。具体的には，被験者にJ-POP 100曲，および非J-POP 100曲を聴取させ，単一楽曲に対してテンポ値を3回ずつ回答させた。ここで，聴取する楽曲内の位置は被験者に自由に選ばせた。楽曲の再生にはパソコンとヘッドフォンを用いた。テンポ値の測定にはKORG社製のDigital Tuner Metronome TM-40を使用し，被験者が楽曲に合わせてタップすることで測定した。単一楽曲に対して一人の被験者から得られた3回のテンポ値から，値の近い二つのテンポ値の平均を求め，その平均テンポ値を被験者がその楽曲に対して知覚したテンポ値とした。そして，被験者10名の間のテンポ値の一致および不一致を調査し，J-POPおよび非J-POPに

7.6 テンポの推定

おいてどのような傾向が見られるかを調査した。

共通のテンポが知覚された人数の算出結果を図 7.9 に示す。この図から確認できるように、被験者 10 人が共通してテンポ知覚した楽曲は J-POP では 50 曲，非 J-POP では 11 曲であった。また，すべての楽曲において少なくとも 5 人は共通したテンポ知覚をしたことが確認された。よって，テンポ値が部分的に共通であった楽曲の数は，J-POP よりも非 J-POP のほうが多いことが確認された（J-POP では 5 曲，非 J-POP では 19 曲）。ゆえに，非 J-POP よりも J-POP のほうがテンポ知覚の曖昧性が少ないということが確認された。

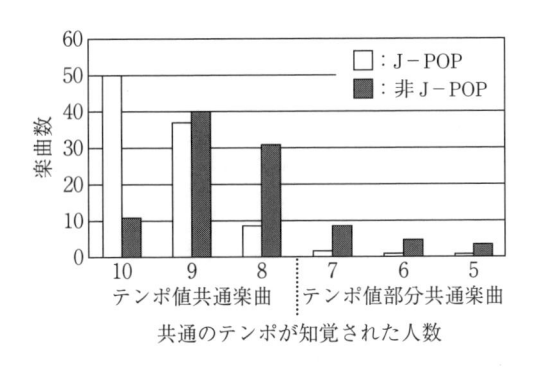

図 7.9 テンポ知覚の曖昧性

この要因として，まず楽曲に対する認知度が考えられる。聴取実験の被験者 10 人は全員日本語を母語としており，非 J-POP よりも J-POP を聴取する機会が多いと考えられる。さらに，J-POP 100 曲のアーティストは，全員日本を母語としており，曲中の歌詞も日本語のものがほとんどであるため，歌詞からテンポ知覚がしやすくなったとも考えられる。また，非 J-POP というジャンルの範囲が広かったこともテンポ知覚の曖昧性に差が生じた要因の一つであると考えられる。

つぎに，テンポ知覚の曖昧性が生じる要因の一つとして歌唱言語に注目し，歌唱言語の違いに起因したテンポ知覚の曖昧性が存在するかが調査されている[27]ことに触れる。テンポ知覚の曖昧性には，大きくは「拍の出現周期の一時的な変化に起因する曖昧性（以降，**テンポ変動曖昧性**）」，「同一楽曲に対して聴取者によって知覚されるテンポ値が異なるという曖昧性（以降，**テンポ知覚の個人間曖昧性**）」，および「同一楽曲に対して同一人物が複数のテンポ値を許容するという曖昧性（以降，**テンポ知覚の個人内曖昧性**）」の 3 通りが考えられる。

テンポ変動曖昧性とは，例えば4/4拍子の楽曲において一時的に大三連符（四分音符二つ分の音価の合計を3等分した場合のそれぞれの音符）が出現した場合に感じられるようなテンポ変動のことであり，テンポが変化したとみなすか否かとも解釈でき，テンポの定義に起因する多義性のことをいう。個人間曖昧性とは，多くの先行研究で注目された現象であり，例えば同一楽曲に対して60 bpmと感じる人もいれば120 bpmと感じる人もいるという現象のことをいう。また，個人内曖昧性とは，例えば同一人物がある楽曲を聴取した際に，60 bpmまたは120 bpmのような決定的なテンポ値を知覚するのではなく，60 bpm，120 bpmのどちらの場合においても合っていると知覚するような曖昧性である。これは，そもそも拍の出現頻度が倍や半分になっても，根本的なずれが生じないことによるもので，どちらも合っていると許容してしまうことから生じる。このような許容を特に**倍半許容**と呼ぶ。

　個人間曖昧性のみに着目する。この曖昧性を調査するためには，複数の聴覚刺激に対して複数の聴取者による回答を調査する必要があり，特にその曖昧性を誘導する物理特性についての議論を進めることで，曖昧性の要因が解明できる。

　歌唱言語が異なるものの譜面が同一の音楽刺激を用いて聴取実験を行うことで，歌唱言語の違いが起因するテンポ知覚の曖昧性が調査された。具体的にはまず，音楽刺激の拍時刻に合わせてクリック音を付与する。そのクリック音の系列を**クリック音系列**と呼ぶ。クリック音系列が付与された音楽刺激を聴取させ，単位時間当りのクリック音の数と音楽刺激の主観的な速さを比較させ，5段階で評価させる。そして「合っている」と感じられたテンポ値を求め，このテンポ値を調査することで，歌唱言語の違いに起因するテンポ知覚の曖昧性が存在するかを調査する。

　聴取実験により歌唱言語の違いに起因するテンポ知覚の曖昧性を調査するためには，歌唱言語が異なるものの譜面が同一の音楽刺激を用いて調査する必要があると考えられる。ここで，2013年のディズニーアニメ映画「アナと雪の女王」の劇中歌として使用された楽曲「Let it go」を用いた。映画「アナと雪の女王」は世界各国で上映され，その劇中歌である「Let it go」は42か国の

言語で歌われている。また,「Let it go」は,劇中のキャラクターであるエルサによって歌われた楽曲であるため,ボーカルが全員女性であり,かつ言語が異なるとしても歌声の声質は類似するように制作されている。すなわち,「Let it go」を実験刺激として用いることで,歌唱される声質の違いが最小限に抑えられていると考えられる。42か国の言語で歌唱された楽曲「Let it go」から5言語（日本語,英語,ドイツ語,フィンランド語,アラビア語）を選び音楽刺激としている。

歌唱言語の違いに起因するテンポ知覚の曖昧性を調査するためには,言語ごとのテンポ評価値のばらつきを比較すればよいと考えられる。ここで,被験者は全員日本語を母語としているため,この研究では日本語で歌唱された場合のテンポ評価値を基準とし,他の言語で歌唱された場合のテンポ評価値と比較している。日本語で歌唱された刺激に対するテンポ評価値と日本語以外の言語で歌唱された場合のテンポ評価値の相関係数を求め,かつF検定を用いてテンポ評価値の分散の差を比較した。相関係数およびF検定による有意差検定の結果,ドイツ語で歌唱された場合が最も相関係数の値が低いことから,日本語で歌唱された場合と比べて知覚されたテンポ値が異なる傾向があることが示唆された。加えて,F検定の結果より,日本語で歌唱された場合とドイツ語で歌唱された場合の間で,5％水準で有意差が認められた。なお,歌唱言語の種別の回答については,日本語と英語以外の言語についてはほぼ0％であった。よって,ドイツ語は他の言語に比べてテンポ知覚の曖昧性が高いことが確認され,歌唱言語の違いによるテンポ知覚の曖昧性が示唆された。

7.7 拍子の推定

譜面を見れば,多くの場合,4/4拍子や3/4拍子といった拍子記号が記載されているが,この拍子記号を音響信号から推定する場合を考える。最も単純には,3拍子なのか4拍子なのかを決定することであろう。一方,2拍子と4拍子の判定は工学的にはほぼ困難であろう。なぜなら,時間的な周期性を考え

るとどちらも倍半の関係にあり，メトロノームやクリック音による人工音でその拍子を奏でる音を構築することはできるものの，現実の音響信号からの推定は難しいといえる．また，現実の音楽作品の譜面上で4拍子や2拍子の記載がされているものの，譜面なしには人間であってもその判断は難しいであろう．よって，通常は3拍子系か2拍子系の判定で十分である．拍子の判定が行われている例もあり[29]，次節で述べるダウンビート推定の枠組みで行われている．

7.8 ダウンビートの推定

最後に**ダウンビート**の推定である．一般に小節の開始を推定するという課題である．拍，テンポ，そして拍子が確定した最後にダウンビートをいかに求めるかについての計算アルゴリズムを述べる[30]．

小節の先頭で示される拍は "first beat" や "downbeat" などと呼ばれ（以降，ダウンビートと呼ぶ）[31]，ダウンビートはメロディの流れやリズムなどから判断できることより，人間が楽曲を聴取した際にはダウンビートを容易に知覚することができる．しかし，ダウンビートの周辺の波形に着目すると，ダウンビート以外の拍と同じような音響的特徴を持っていることが多く，その物理的特徴だけからは明確に区別することは困難であるといえる．例えば，拍時刻を中心とする前後のスペクトルの変動量に着目したダウンビートの推定手法が提案されているが[32]，この手法では，例えば4/4拍子の楽曲の場合，楽曲全体の拍時刻に関して，4拍ごとに大きくスペクトルが変動する拍をダウンビートとして決定するため，例えば一時的に小節の長さが変化する場合や，拍時刻の推定を誤った場合などに対応できないという問題点がある．特に，実際の楽曲においては，即興的な演奏や単一の楽器のソロ演奏などによって一時的に小節の長さが変化する場合は多く存在する．このため，楽曲全体の特徴量のみに基づき，ダウンビートを一様に決定するといった処理は望ましくないといえる．

Mattew の方法では，まず楽曲に対して3拍子か4拍子かを判定し，判定された拍子に基づいて推定された拍へIDを割り当てる[32]．例えば，4拍ごとに

スペクトルの変動量が大きくなる場合には4拍子と判定し，推定された拍に1〜4のIDが割り当てられる．そして，スペクトルの差の度合いを**KL情報量**（二つの異なる確率分布の差によって定義される情報量．以降，KLDと呼ぶ）によって求め，暫定的に決定したIDに関して，同じIDを持つ拍のKLDを合計し，合計されたKLDの値が最大となるIDを持つ拍をダウンビートとして推定している．この既存手法の問題点として，小節の長さが一時的に変化した場合や，拍時刻の推定を誤った場合などに対応できない点が挙げられる．

この問題の単純な解決策としては，図7.10の最下段の各セクションに示すように楽曲を一定区間ごとに分割し，分割した区間ごとにダウンビートを推定していく方法（前述の単純手法）が考えられる．この方法を用いることで，小節の長さが変化した時刻以降，いくらかは正しくダウンビートを推定できると期待できるが，それ以外の箇所においてダウンビート以外の拍におけるスペクトルの影響を受けるため，楽曲全体としてはダウンビートを正しく推定できない可能性がある．このように，単純に楽曲を分割する手法では，既存手法の問題を解決することが難しいといえる．

図7.11にダウンビート推定手法のフローチャートを示す．この推定手法では，まずIDをjとする入力された拍時刻B_jに対して，m ($m = 1, 2, 3, 4$)，

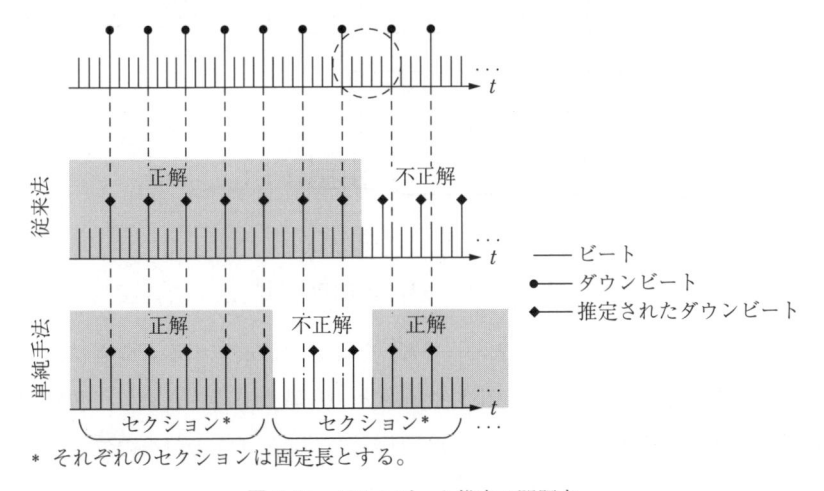

図7.10 ダウンビート推定の問題点

162   7. 演奏表現と時間

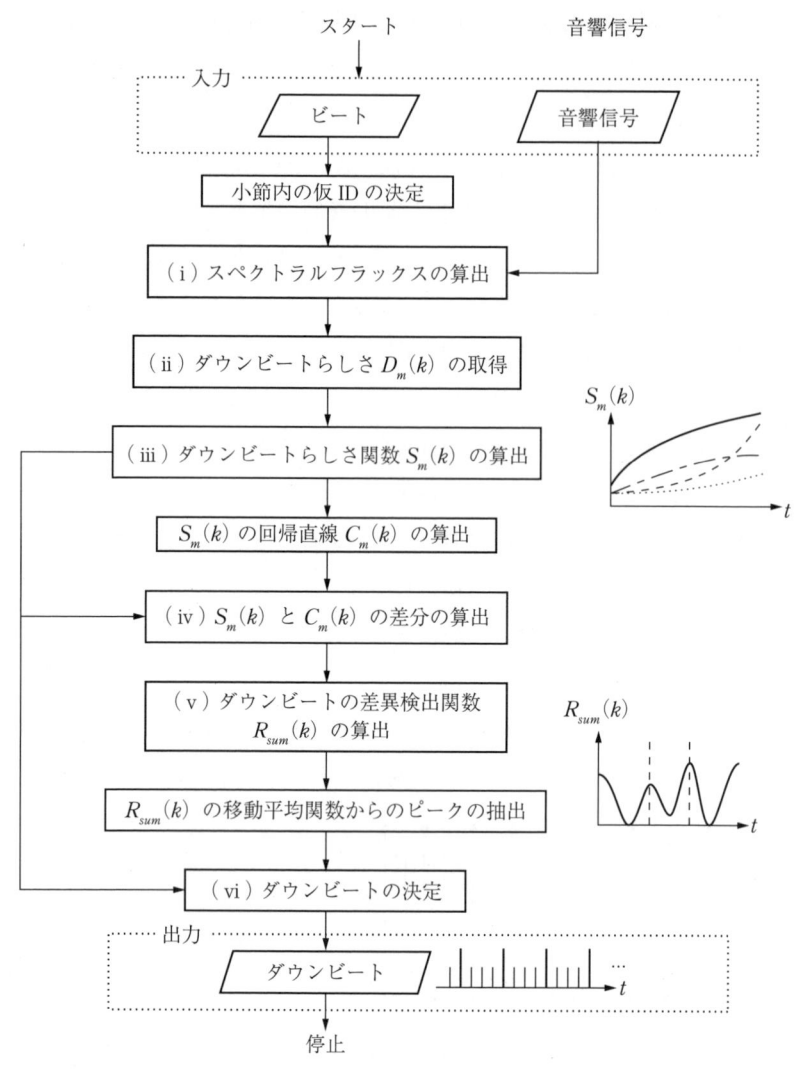

図 7.11 ダウンビート推定の流れ

および小節の $\mathrm{ID}_k (k = 0, 1, 2, \cdots, K)$ を暫定的に決定する。つぎに、小節の変化時に和音やメロディが変化しやすいという特徴を得るために、暫定的に決定された k 番目の小節における m 番目の拍時刻 $B_m(k)$ の前後のフレームか

7.8 ダウンビートの推定

らFFT（高速フーリエ変換）を用いてパワースペクトルを算出し，**スペクトラルフラックス**（連続する分析フレーム間のスペクトルの変動量）を算出する（図中 (i)）．このとき，拍時刻周辺の音響信号を含めて周波数解析を行った場合，拍時刻で発音された打楽器等の周波数成分が強く影響してしまう可能性がある．そこでこの研究では，拍時刻から 50 ms の時間シフトを行い，窓幅約 185.8 ms の周波数解析を行うことで，拍時刻に発音される打楽器の影響を低減したスペクトラルフラックスを求める．つぎに，楽曲の曲調やダウンビート以外の拍における突発的な大きいスペクトルの変動の影響を低減するため，拍時刻付近のスペクトル変動量 $A_m(k)$ を算出し，順位スコアを求めることで各拍時刻 $B_m(k)$ における**ダウンビートらしさ**（downbeatness）を得る（図中 (ii)）．そして，各 m におけるスペクトルの変動量の増加傾向を求めるために，ダウンビートらしさ関数 $S_m(k)$ を求める（図中 (iii)）．この $S_m(k)$ の局所的な傾きが急激に変化した時刻は，ダウンビートの周期が一時的に変化した可能性が高い時刻であるため，$S_m(k)$ の回帰直線 $C_m(k)$ を用いて，それと実際の変動との差分 $R_m(k)$ を求めることで，傾きが急激に変化した時刻を求める．ここでダウンビートの周期が一時的に変化した時刻を得るために，$R_m(k)$ を加算したダウンビート差異検出関数 $R_{sum}(k)$ を算出する（図中 (v)）．得られた時間関数 $R_{sum}(k)$ における突出したピークは，ダウンビートの周期が一時的に変化した時刻とよい対応を持っていると考えられる．最終的に楽曲を分割し，区間ごとに，$S_m(k)$ の増加量が最大となる m をダウンビートとして推定する（図中 (vi)）．

図 7.12 に，提案手法の各区間におけるダウンビートの決定方法の例を示す．図 7.12 に示した処理は，図 7.11 の (vi) の処理に相当する．図 7.12 に示すように各区間におけるスペクトル変動量の増加量を算出し，それに基づいてダウンビート推定を行うことができる．

このように，スペクトルの変動量を基本とし，その時間変化を用いることで，楽曲内の拍の周期性の変化をとらえることができる．

164   7. 演奏表現と時間

$B_1(k)$ が ダウンビート / $B_2(k)$ が ダウンビート

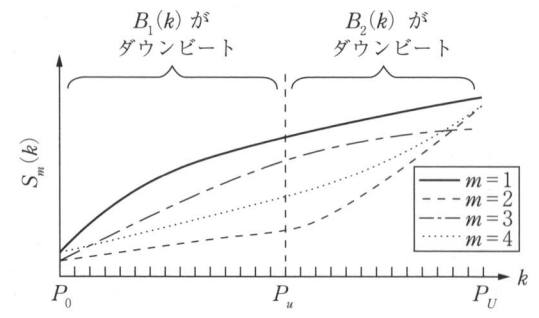

（グラフ：縦軸 $S_m(k)$、横軸 k、P_0 から P_U まで、$m=1, m=2, m=3, m=4$ の曲線）

$S_m(P_u) - S_m(P_{u-1})$ が最大となる m を推定ダウンビート ID とする（ただし，$1 \leq u \leq U$）。

図7.12 各区間におけるダウンビートの決定

7.9 ま と め

　音楽演奏における時間制御について，芸術的逸脱を調査する手法としてのアイゲンミュージック法，時間精度を記録する手段としての MIDI 記録精度，テンポ知覚の曖昧性，およびダウンビートの推定法について述べた。いずれも音楽演奏における時間の知覚での話題であり，音楽に対する解釈に関する問題である。それらに対して計算機アルゴリズムを用いた解法の例を示した。今後はさらに音楽に関するさらに難しい課題が注目され，それを解くための計算アルゴリズムが提案されるが，その上で忘れてはならないのは，人間がどのように知覚しているかについての考察であり，ときにはそれを模倣するような設計により，つぎの時代の新しい音楽情報処理システムが見出されるであろう。

引用・参考文献

1) C. M. Johnson：Effect of Adding Interpretive Elements to a Musical Performance on the Rhythmic and Dynamic Variations, Bulletin of the Council for Research in Music Education, **147**, pp. 91-96 (Jan. 2000)
2) C. E. Seashore：Psyocology of Music, McGraw-Hill (1938)

3) 梅本堯夫：音楽心理学, pp. 3-4, 誠信書房（1966）
4) L. H. Shaffer et al.：The interpretive component in musical performance, In A. Gabrielsson (Ed.), Action and Perception in Rhythm and Music, pp. 139-152, Royal Swedish Academy of Music（1987）
5) 山田真司，津村尚志：ピアノ小曲演奏の時間的変動に見る演奏音の独自性―物理的・心理的類似度評価による，音楽知覚認知研究, **3**, 1, pp. 1-13（1997）
6) B. Repp：Diversity and Commonality in Music Performance: An Analysis of Timing Microstructure in Schumann's Träumerei, Journal of the Acoustical Society of America, **92**, pp. 2546-2568（1992）
7) M. Senju and K. Ohgushi：How are the player's ideas conveyed to the audience?, Music Perseption, **4**, 4, pp. 311-324（1987）
8) Kotlyar and V. Morozov：Acoustical correlates of the emotional content of vocalized speech , Soviet Physics Acoustic, **22**, 3, pp. 208-211（1976）
9) 三浦雅展，江村伯夫，秋永晴子，柳田益造：ピアノによる1オクターブの上下行長音階演奏に対する熟達度の自動評価, 日本音響学会誌, **66**, 5, pp. 203-212（2010）
10) S. Morita, N. Emura, M. Miura, S. Akinaga and M. Yanagida：Evaluation of a scale performance on the piano using spline and regression models, Proc. of International Symposium on Performance Science(ISPS), pp. 77-82（2009）
11) 加藤久喬，野々垣亜沙美，島津祥平，三浦雅展：スプラインカーヴモデルに基づいたデータ転換による熟達した演奏の再現可能性, 日本音響学会音楽音響研究会資料, MA 2011-27, pp. 39-45（2011）
12) 藤田紫織，宮脇聡史，三浦雅展：ピアノ演奏の熟達度評価におけるスプラインカーヴ成分と逸脱成分の効果, 日本音響学会音楽音響研究会資料, MA 2014-55, pp. 1-6（2014）
13) 数森康弘，江村伯夫，三浦雅展：ギターコード演奏の練習支援を目的としたファジィ階層化意思決定法に基づく熟達度自動評価, 日本音響学会誌, **66**, 9, pp. 431-439（2010）
14) H. Kato and M. Miura：Use of Eigen Performances to analyze proficiency of piano performance, Acoustical Science & Technology (in press)
15) B. Repp：The Aesthetic Quality of a Quantitatively Average Music Performance : Two Preliminary Experiments, Music Perception, **14**, 4, pp. 419-444（1997）
16) Y. Abe, Y. Murakami and M. Miura：Automatic arrangement for the bass guitar part in popular music using principle component analysis, Acoustical Science and Technology, **33**, 4, pp. 229-238（2012）
17) 三浦雅展：MIDI規格の問題点と今後の展望, 日本音響学会誌, **64**, 3, pp. 171-176（2008）
18) 寄能雅文，三浦雅展：MIDI機器における入力波形と記録値に関する調査, 日本

音響学会音楽音響研究会資料, MA 2005-59, pp. 1–4 (2005)
19) 寄能雅文, 三浦雅展：MIDI 機器の記録精度に関する調査, 日本音楽知覚認知学会平成18年度秋季研究発表会資料, pp. 31–34 (2006)
20) 山田真司, 三浦雅展：音楽情報処理で用いられる音響パラメータによる音楽理解の可能性, 日本音響学会誌, **70**, 8, pp. 440–445 (2014)
21) J. Vos, R. A. Rasch：The perceptual onset of musical tones, Perception and Psychophysics, **29**, pp. 323–335 (1981)
22) 日本音響学会 編, 吉川　茂, 鈴木英男, 大串健吾, 中村　勲, 西口磯春, 山田真司 著：音楽と楽器の音響測定, コロナ社 (2007)
23) 特許第5203404号, 三浦雅展, 山梶雄一郎, 榎　孝平, 阪上淳一, 伊草雅幸：テンポ値検出装置およびテンポ値検出方法 (2013.2.22)
24) G. Peeters and U. Marchand：Predicting agreement and disagreement in the perception of tempo, Proc. International Symposium on Computer Music Multidisciplinary Research, pp. 253–266 (2013)
25) M. R. Mckinney and D. Moelants：Ambiguity in tempo perception: what draws listeners to different metrical levels?, Music Perception: An Interdisciplinary Journal, **24**, 2, pp. 155–166 (2006)
26) 岡田創太, 桑原浩志, 三浦雅展：J-POP および非 J-POP 楽曲を対象としたテンポ知覚の曖昧性, 日本音響学会音楽音響研究会資料, MA 2013-74, pp. 35–40 (2014)
27) 岡田創太, 桑原浩志, 三浦雅展：歌唱言語の違いに起因するテンポ知覚の曖昧性, 日本音響学会音楽音響研究会資料, MA 2014-32, pp. 57–60 (2014)
28) S. Okada, H. Kuwabara and M. Miura：Ambiguity of tempo perception for J-POP and non J-POP tunes, Proc. of 13th International Conference on Music Perception and Cognition(ICMPC), pp. 389–393 (2014)
29) 桑原浩志, 三浦雅展：音楽音響信号を対象とした拍子の自動推定, 日本音響学会音楽音響研究会資料, MA 2013-28, pp. 5–8 (2013)
30) 庄司　正, 三浦雅展：音楽音響信号を対象とした変拍子に対応可能なダウンビート推定法, 日本音響学会誌, **68**, 12, pp. 595–604 (2012)
31) G. Wiggins, G. Papadopoulos, S. Phon-Amnuaisuk and A. Tuson：Evolutionary Methods for Musical Composition, International Journal of Computing Anticipatory Systems (1998)
32) M. E. P. Davies：Towards automatic rhythmic accompaniment, Ph.D. dissertation, Queen Mary University of London (2007)

第8章
放送技術における音響と時間

8.1　放送における音声遅延

　21世紀初頭に完遂したテレビ放送の完全デジタル化により，美しい画像を家庭に送ることが可能となった。しかし，デジタル中継回線による時間遅れや，映像と音声のディジタル処理時間の差異などの要因により，すべての信号の同時性を保つことが難しくなった。その結果，出演者には自分の声が遅れて聞こえてしゃべりにくい，視聴者には映像と音声のタイミングが合わず気になる，など好ましからぬ現象が生じるようになった。

　一方，放送番組や音楽録音では，芸術的側面が重要な要素である。音の演出や芸術的表現には，残響や遅延音とそのモジュレーションを利用した手法が多用される。制作技術者は，それら時間にかかわる音の表現法を経験的に理解し使用しているが，物理的要因とそれら表現の心理的印象について統計的に示した調査はきわめて少ない。

　放送技術の音声には，好ましくない信号遅延と，積極的に利用する遅延音があるが，本章では，実際の放送において，どのように遅延が発生し影響するのか，またどのように遅延音を演出に利用するのか，著者の実験と経験を踏まえて解説する。

168　8. 放送技術における音響と時間

8.2　望ましくない音声遅延

　ディジタル音声処理の遅延によって生じる不具合は，大きく2種類に分けられる。一つは，遅延する音がコミュニケーションに影響する場合で，特に出演者が，自らの発声の遅延音を聞いた場合，しゃべり続けることができなくなってしまう，という問題である。もう一つは，音声の遅延量と映像の遅延量が異なってしまい，口の動きと音声がずれてしまうという問題である。

　前者については，デジタル中継回線の導入前に，回線のデジタル化による音声信号の遅延が番組制作に与える影響について調査し[1]，おおよその傾向を確かめることができた。

　後者については，**ITU-R**（International Telecommunication Union Radiocommunications Sector：国際電気通信連合 無線通信部門）による「放送における映像音声の相対タイミング」[2]という映像音声の非同期の許容限についての勧告がある。日本でも**JEITA**（Japan Electronics and Information Technology Industries Association：一般社団法人 電子情報技術産業協会）のAV&ITシステム標準化専門委員会傘下のリップシンク検討作業班で調査が行われた。

8.2.1　自分のしゃべり声の遅延音声が「しゃべり」へ与える影響

　テレビやラジオの放送では，ニュースなどに生中継レポートはつきものである。読者も，テレビを見ていて突然エコーのようにダブったアナウンスを耳にした経験があると思う。昔は，そのおもな原因が衛星中継による遅れであったため，海外からの中継など限られたケースにしか発生しなかったが，現在では放送がデジタル化されたため，AD変換や，圧縮・伸張処理に時間を要し，いたる所で音声遅延が発生する。

　音声の遅延問題は，視聴者に遅延音が聞こえてしまうという体裁よりも，記者やアナウンサもオンエアをモニタしながらしゃべるので，自らのしゃべり声が遅れて聞こえ，しゃべれなくなってしまうという点が問題となる。この現象

は，Lee によって発見され，**遅延聴覚フィードバック効果**と名づけられた[3]。

テレビを見ていて，中継に入ったとたんにイヤホンを耳から外してしまう記者に気がついた読者もいると思うが，遅れた自分の声を聞きながらしゃべることは至難の技である。

特にスタジオとの掛け合いがある場合，イヤホンを外せないので，放送局ではわざわざ別の回線を現場まで引いて，現場の音声が混ざらない音（**マイナスワン**という）を出演者に聞かせる工夫をしている。

放送の全面的なデジタル化に際して，遅れ時間としゃべりにくさの関係を知る必要があり，評定尺度法に基づく主観評価実験を実施した[1]。

8.2.2 実 験 手 順

実験に用いた機器のブロックダイアグラムを**図 8.1** に示す。

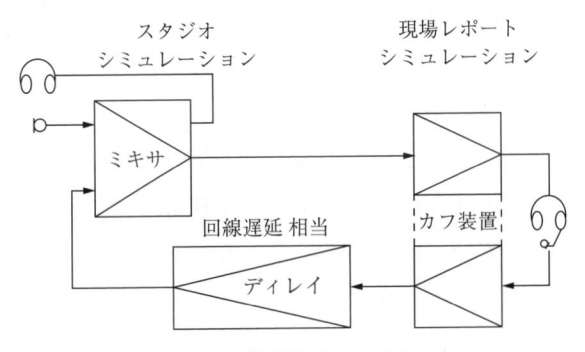

図 8.1 実験回路ダイアグラム

スタジオシミュレーション部分には小型ミキサを用い，司会進行役に扮した実験者が両耳ヘッドホンを装着し，司会進行用のマイクロホンと現場レポートをミキシングし，スタジオ出力としてモニタする。

一方，現場レポートシミュレーション部分では，レポータに扮した被験者に片耳のヘッドセットを装着させ，**カフボックス**[†]（cough box）を介してオンエ

[†] スタジオや舞台において，アナウンサの手元でマイクロホンの音声を入り切りする操作装置。本線に流したくない咳払いなどを手元でカットするために用いる。

アに相当するスタジオ出力をモニタさせる。現場レポート用のマイクロホンは，回線の遅延に相当する音声遅延装置を経てスタジオのミキサへ入力される。なお，司会進行役とレポータ役の音量は，なるべく同音量となるように実験者側で調整し，レポータはヘッドセットの音量を通常の会話が可能な好みの音量に調節する。

遅延装置の遅延時間を変化させながら，被験者にあらかじめ用意した原稿を読む実験と，同じ条件で司会役と掛け合い（会話）を行う実験を実施し，二つの実験の後，被験者は自分の遅れた声を聞くことによって生じる「しゃべりにくさ」への影響を，「まったく気にならない」～「気になってまったくしゃべれない」，までの5段階で評価することとした。

実験に用いた遅延時間は，20 ms，40 ms，90 ms，180 ms，260 ms，350 ms，500 ms，1 000 ms の8段階で，民放各局のアナウンサ12名，記者および技術者計20名の総計32名の被験者について有効なデータが得られた。

8.2.3 実験結果

主観評価で得られたデータを分散分析し，横軸を遅延時間の対数とし，縦軸を「しゃべりにくさ」の尺度値としたグラフを図8.2に示す（F検定の結果，有意性が示された。$F[7, 210] = 71.36$, $p < 0.01$）。グラフ中の×印は，各遅延時間のしゃべりにくさの平均値で，その上下のヤードスティックは95％信頼区間を示している。また，オーバーレイ表示した箱髭図の箱の上下は四分位数を表し，矢印は最大最小を示している。

図8.2より，遅延音の「しゃべりにくさ」への影響は，遅延時間40 ms以下ではほとんどなく，遅延時間180 ms以上で顕著となることがわかり，その閾値は90 ms近辺にあると考えられる。また，遅延時間180 ms以上の「しゃべりにくさ」は，ほぼ一定であることがわかった。

また，アナウンサと一般者（技術者，記者）の回答に被験者間の有意差は認められず（$F[7, 210] = 0.735$, $p > 0.05$），しゃべることに慣れているはずのアナウンサにも遅延音の影響が大きいことがわかった。

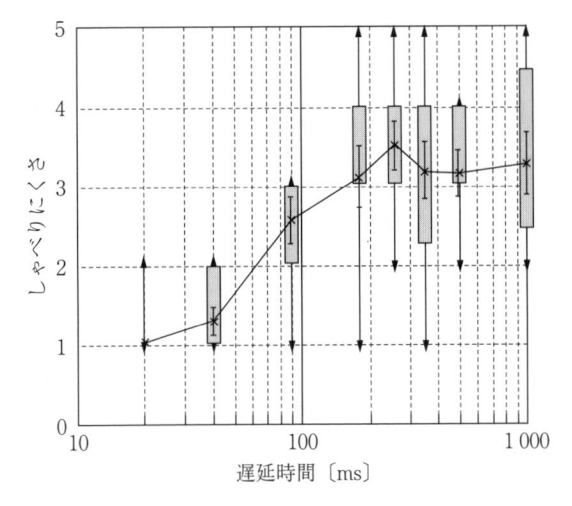

縦軸の意味：
自分の遅れた声は
① まったく気にならず，「しゃべり」に影響はない。
② 気になるが，「しゃべり」に影響はない。
③ 気になる，なんとか「しゃべる」ことはできる。
④ 気になり，「しゃべり」に影響する。
⑤ 気になり，「しゃべる」ことができない。

- グラフの×印は，各遅延時間におけるしゃべりにくさ尺度の平均値。
- ヤードスティックは，その95％信頼区間。
- 箱の上下は，第3四分位と第1四分位。
- 矢印上下は，最大最小。

図8.2 音声遅延時間としゃべりにくさの関係

　実験後の被験者の感想から，遅延時間がたいへん長くなると遅れてきた音声を無視してしゃべることが可能となるという意見があった。箱髭図からは，遅延時間が長くなるにつれて個人差が大きくなることがわかった。特に遅延時間1 000 msの度数分布を調べると，「しゃべりにくさ」の尺度値が「2」と「4」にピークを持つ双頭の形状を示したが，これは自分の遅れた声を無視できるコツをつかんだ被験者とそうでない被験者の差が出たためと考えられる。

　また，発声の阻害に対し，ある種の学習効果があると考えられ，実験回数を重ねると遅延音声があってもしゃべることが可能となる傾向が見られた。例えば，今回の実験は片耳ヘッドフォンであったため，もう一方の片耳から聞こえる自分の地声に意識を集中するとしゃべりやすくなる，という感想も聞かれた。また，原稿を読むよりも，掛け合いのほうが困難であるという感想が多かったが，掛け合いでは相手の声を聞く必要があるため，その時に自分の声に意識する集中力が途切れることが原因と考えられる。

　このような遅延聴覚フィードバック効果が生じる理由は，発声に際して，脳内で予測している表象と実際に耳から入ってきた自分の遅延発声音のずれを脳内で補正しようとして発話が干渉されるためと考えられており，最も干渉を与

える遅延時間は約 200 ms とされている[4]。本実験もその結果に一致している。

8.2.4 放送における信号遅延

デジタル放送では，①送信/中継回線による遅延，②送出側エンコーダによる遅延，③多重化装置部による遅延，④受信機（デコーダ）による遅延，⑤地上ネットワークにおけるエンコード/デコードによる遅延 などのディジタル処理に必要な時間によって，テレビ局より送出した信号は，1秒〜数秒遅れてテレビ受像器より再生される。受信機の性能にもよるが，**地上デジタルテレビ放送**[†1]の場合，おおよそ2秒の遅れが生じ，**ワンセグ放送**[†2]ではさらに半秒ほど遅れる。この遅れ時間は，システムによって異なるため，正確な時報を出すことが不可能である。余談だが，テレビから時報が消えたのはこのためで，時計スーパーのある番組でも，よく見ると時間が繰り上がるとき文字を回転して表示させるなど，ごまかしながら表示させていることに気づく。

テレビ放送などの生中継では，このような音声信号に遅延を持つ系で，自分の声をモニタしながらアナウンスする必要があるため，少しでもしゃべりやすさを改善するためにさまざまな工夫がなされた。

アナログ放送時代，衛星中継では衛星の地上高が約3万6千 km あるため，電波伝搬だけでも往復 0.25 秒程度の遅延が発生する。この時代は遅延時間を波形の相互相関で求め，自分の声を同量遅延し逆相加算し，自分の声のレベル低減を図ってマイナスワンを作成する工夫を行っていた。しかし，技術の進歩によって帯域分割型のコンプレッサや圧縮などの音声信号処理が用いられると，単純な逆相加算ではマイナスワンを作成することがむずかしくなった。

つぎになされた工夫は，遅延を伴う受信出力のモニタ回路に，遅延する前の

---

†1 地上のディジタル方式の無線局によって行われるテレビ放送。略して地デジと呼ばれる。

†2 正式名称は「携帯電話・移動体端末向けの1セグメント部分受信サービス」である。日本の地上デジタルテレビ放送は，チャンネル一つの周波数帯域幅 6 MHz が 13 のセグメントに分かれた構造となっている。その 13 セグメント中 12 セグメントをHDTV などとして使用し，1 セグメントを低性能であるが，移動性を重視した放送に使用している。この1セグメントによる放送を略してワンセグと呼んでいる。

自分の声を**促音**†として重畳する方法である．受信音に含まれる自分の声のレベルよりも数 dB 大きいレベルで加算することにより，遅延音がマスキングされてしゃべりやすくなる．

しかし，自分の声の重畳レベルが大きいほど，しゃべりやすさの改善効果は高いが，自分の声が大きくなりすぎて，スタジオアナウンサの声が聞こえにくくなるという問題が発生する．さまざまな試行錯誤の結果，促音を 30 ms 程度遅延させることにより，促音のレベルをそれほど大きくしなくても，しゃべりやすさを改善できることがわかった．

ホールなどでは，話者からの直接音に対して遅延時間 50 ms 以下の反射音が直接音と融合して直接音を増強する効果を持つが[5]，直接音と反射音の融合現象は，両耳聴のみならず単耳聴でも生じるとされる[6]．ヘッドフォンを装着したレポータにおいて自分の発声が骨伝導によって聞こえる音を直接音とすれば，ヘッドフォンから聞こえる 50 ms 以下の遅延を伴う自分の声の促音が，同様のメカニズムで直接音を補強したと考えられる．

8.2.5 テレビにおける映像と音声の同期

普段，意識することはないが，テレビの映像と音声のタイミングは，一致していて当たり前と考える読者が多いだろう．じつは，映像の信号処理と音声の信号処理ではおのずと処理量が異なり，両者を同期させることは意外に難しいのである．特に，別々の手段で処理された場合，各々の処理時間がわかっていないと同期させることは不可能となる．

その結果，音声と映像がずれた放送が少なからず行われることになり，実際に放送局に寄せられる技術的な苦情の上位を占めている．この現象はアナログ放送時代にも生じていたが，デジタル放送，ディジタル機器の普及とともによ

---

† （発音の促音とは別）電話システムにおける近端エコーのことで，送話音声がおもに自局電話機内のハイブリッド回路で反射して返ってくるために生じる．このとき，送話音と近端エコーに時間差がなく，聞き取りやすさを促進するために促音と名づけられた．

り複雑となり，**映像音声同期**（audio/video synchronization）技術として，まさに解決法が検討されている分野である。

映像と音声にずれが発生する原因は，映像システムと音声システムの時間軸が，映像は離散的であるのに対し音声は連続である点にある。日本のテレビでは，映像を1秒間に29.97フレーム（枚）送っているので，1フレームの映像を送るのに約33 msの時間が必要である。

時間軸に対して離散的な映像をショックなく切り替えるためには，切り替える映像信号どうしのタイミングを同期しておく必要があるので，入力された映像信号をいったんメモリに書き込み，切り替え機のタイミングに合わせて読み出すという信号処理を行う。メモリは映像の1フレーム分あり，入力クロック信号と局内基準クロック信号で，それぞれ書き込みと読み出しがループするように設計されている。その結果，入力クロック周波数が局内基準クロック周波数と異なる場合，書き込みと読み出しタイミングに追い越しが発生する。書き込みが読み出しを追い越すとき1フレーム間引きされ，逆に書き込みが読み出しに追い越されるとき1フレーム繰り返され，映像信号としての辻つまが合うことになる。この装置を**フレームシンクロナイザ**と呼び，最大1フレーム分の遅延が生じることになる。

このようにフレームシンクロナイザによる遅延時間は一定でなく，1フレームの範囲でゆらぐ上，映像が家庭に届くまでにフレームシンクロナイザを何度も通ることがあり，この場合，全体として1フレーム以上ゆらぐことになる。映像音声を同時に処理し，映像の遅れ分を補償するフレームシンクロナイザもあるが，多くの場合，映像と音声は別系統で処理される。

ディジタル音声信号は，入出力のクロック周波数が異なるとき，**サンプルレートコンバータ**を用いるので，基本的には入出力の遅延はその処理にかかわる数サンプル程度である。

また，中継の場合，映像と音声を別々の回線で伝送する場合がある。海外からの中継などでは，映像は通信衛星経由，音声は地上回線経由というような極端な場合もある。このような場合，映像音声のずれ時間に規則性はなく，放送

サブ側では目分量で音声に遅延回路を挿入して映像音声のタイミングを合わせるようにしている。

さらに，放送サブでは，**DVE**（digital video effect）と呼ばれる装置で映像効果を付加することがあるが，DVE は映像合成などの処理をフレーム単位で行うため，入出力間においてフレーム単位での遅れが生じる。**バーチャルセット**などを用いると3フレーム程度遅れることも珍しくない。

DVE の遅れを予測して，音声に固定遅延回路を挿入することも考えられるが，スタジオ内外のモニタ音声も遅れてしまうため，番組中に自分の声をモニタリングしながら進行するアナウンサに遅延聴覚フィードバックが生じてしまうことになり，まことに都合が悪い。

映像と音声がずれる要因は，放送局側だけの問題ではない。最近のテレビ受信機は，受像器側にもフレームメモリを内蔵してさまざまな画像処理を行うため，ここでも映像が遅れる。

余談ではあるが，テレビ局のマスタという放送の最終段を監視するセクションでは，放送のデジタル化以降，同一出力でもモニタする箇所により遅れ時間が微妙に違うため，タイミングの異なる数種類の同一映像が一斉に映し出されている。音声は同時に出力しても聞き分けることができないので，たいていはオンエアをモニタしている。したがって，オンエアモニタ以外は映像と音声が同期していないので，このような環境で監視していると，映像と音声のずれに鈍感になってしまう。アナログ放送時代は，映像と音声にずれが生じた場合は，すぐに局員が気づいてなんらかの処置をしたものだが，現在では気がつかずにほったらかしにされるケースが増えている。脳内で映像と音声のずれを補正する**視聴覚統合**機能が，学習の結果，鍛えられたとも考えられるが，映像音声のずれに関する苦情が増えた要因の一つとなっている。

8.2.6 リップシンク

リップシンク（lip sync）とは，舞台，生放送などであらかじめ収録された音声入りの楽曲に対して歌っているように見せること，あるいは，映像上の人

176　8. 放送技術における音響と時間

物の口の動きとセリフや歌の音声を合わせることを指している。そこで，テレビや映画で映像と音声のタイミングがずれていることをリップシンクがずれる，と呼ぶようになった。

リップシンクがずれる原因は，前項で述べたように映像音声の信号処理にあるが，放送局の責任範囲を明確にするため「ずれ」の許容範囲を決めておく必要があり，ITU によって「放送における映像音声の相対タイミング」(Rec. ITU-R BT.1359[2]) が勧告化された。図 8.3 は，同勧告に掲載される，映像音声のタイミングの基準点を模式的に示した図で，図 8.4 は，映像音声のタイミングずれの検知限と許容限を示したグラフである。

Rec. ITU-R BT.1359[2] では，図 8.3 の現場の映像音声が信号化される 1′ の点から視聴環境の 6′ までのタイミングずれ量が，音進み 90 ms 〜 音遅れ 185 ms に収まること，また，ゼロ基準点（多くの場合は図 8.3 の 4 の位置，すなわち放送局の最終送出段）と図 8.3 の 1 の位置（音源位置でマイクロホンまで

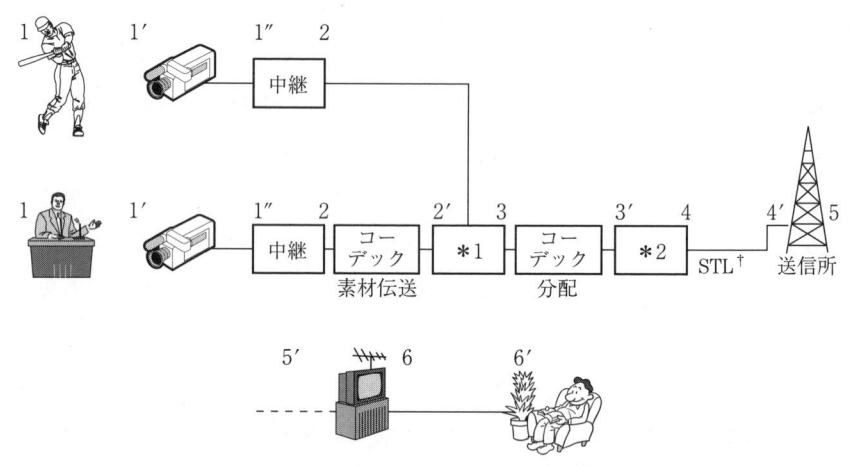

＊1　副調整室（フレームシンクロナイザなどの同期システムを含む）
＊2　主調整室（フレームシンクロナイザなどの同期システムを含む）
図 8.3　テレビ放送システムにおける映像音声のタイミング基準[2]

---

†　STL（studio to transmitter link）：演奏所送信所間無線中継回線のこと。

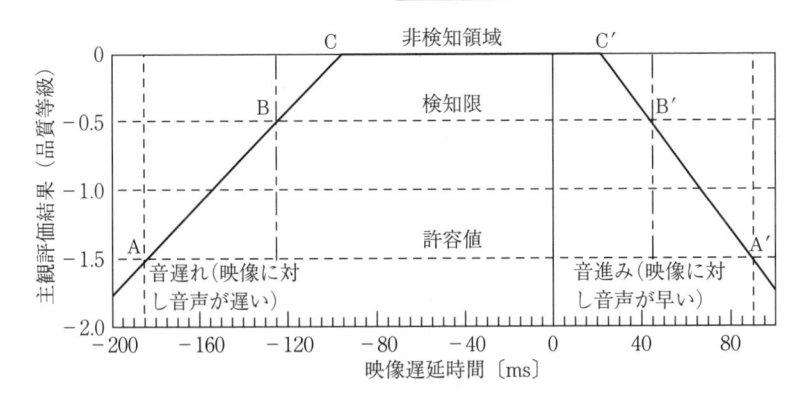

図8.4 映像音声のタイミングずれの検知限と許容値[2]

の空間的な遅延を含む）の間のタイミングずれ量が音進み25 ms～音遅れ100 msに収まっていること，すなわち，テレビ局内で映像音声のタイミングずれを図8.4の非検知領域に収めて送出することが求められている。

しかし，ゼロ基準点での映像音声のずれが，技術上の問題であるのか意図的な演出であるか判別ができないという問題がある。しかも空間的な遅延を含めるため，野球などの打撃を遠距離から収録するなどした場合，空気伝搬の音遅れまで許容限に収めることは難しい。

図8.4は，横軸を音声信号に対する映像信号の遅延時間，縦軸を主観評価実験で得られた品質劣化度合としたグラフで，その検知限を劣化度合いが-0.5以上に収まる-125～45 ms（図のB-B′の区間）の範囲とし，またその許容限を劣化度合いが-1.5以上に収まる-185～90 ms（図のA-A′の区間）の範囲としている。

どのような主観評価が行われたかBT.1359[2]には詳細な記述がないが，関係者の話によれば，制作技術のプロフェッショナルを被験者とし，アナログカメラで人物のナレーションをバストショットサイズで撮影記録し，22インチアナログTVで再生し，画角縦長の6倍距離から視聴して主観評価を行ったとのことである。

このようにBT.1359[2]は，一般的な母集団とは異なる被験者を対象としてお

り，放送局の送出用基準としては意味があるが，一般視聴者のリップシンクずれの検知限と許容限を示したものとはいえない。

そこで，JEITAでは視聴者のより現実的な限界値を調査するため，実際に放送されたドラマの一節を用い，無作為に選んだ被験者に対し，映像音声のずれが気になったかどうかについて評価させる実験を行った[7]。

8.2.7　JEITAリップシンク検証実験

本実験は，一般ユーザがテレビなどでAVコンテンツを鑑賞するとき，映像と音声がどの程度ずれると鑑賞の妨げになるかについて調べたもので，家庭でのテレビ鑑賞と同じ環境と気分の状態を設定して主観評価実験が行われた。

評価用素材はNHKの協力により，ある大河ドラマを編集して約15分間の評価用素材が作成された。さらに全体を切りのよいところで36分割し，近距離会話部分（役者の顔の動きがよくわかる会話）16か所を計測対象箇所とし，そのうち任意の8か所を意図的に映像音声のずれが生じるように加工した。音声のずれ量は，単位をフレームとして，-15，-8，-4，-2，0，2，4，6，10フレームの9段階とし，ずれの箇所が異なる組合せの2種類の評価素材が作成された。

被験者は，調査会社に依頼して無作為に集めた人たちで，映像の技術的な知識のない人々計55名であった。

評価実験は15分間の評価素材を連続して視聴するが，途中加工された部分があるので，違和感を覚えたとき，マウスの左ボタンをクリックし，さらに鑑賞に堪えないほど違和感があったとき，マウスの右ボタンをクリックするように被験者に教示した。マウスクリックは，再生時刻とともに記録されるので，あとで計測対象箇所ごとに2種類のマウスクリック数を集計して，パーセンテージとして算出される[†]。

図8.5は，横軸に映像に対する音声の遅れ量（フレーム），縦軸に2種類の

[†] 実際には，口の動きがわかりにくい遠距離会話，効果音などの部分についても同時に実験されたが，本書では割愛する。

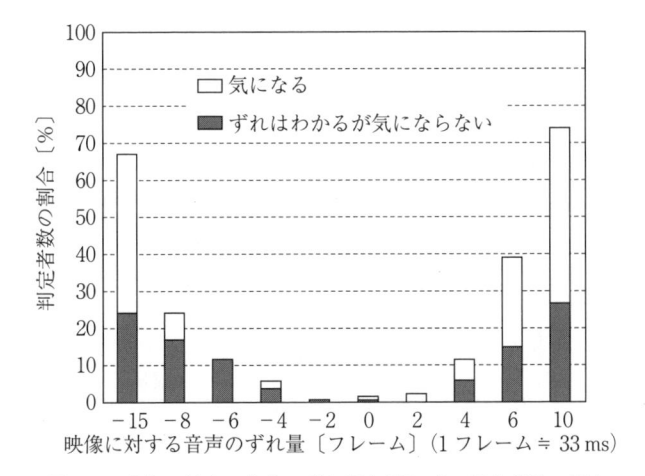

図8.5 映像に対する音声のずれ量と違和感の判定者数の割合

評価別に判定者数のパーセンテージを示したグラフである。

図より，音声のずれ量が＋方向（音声の進み方向），－方向（音声の遅れ方向）ともに大きくなるにつれ違和感を持つ人が増え，＋方向が－方向よりも少ないずれ量で違和感を持つ人が多いことがわかる。また，図8.4に示される検知限のグラフと同じく，中心が音声の遅れ方向側にある。

もう少し詳細に検討するため，元データより，被験者が評価した違和感について，差を感じなかったため報告なし＝1，違和感がある＝2，非常に違和感がある＝3，として評定尺度法に当てはめ，分散分析を行うと有意性が認められた（$F[8, 416] = 27.49, p < 0.01$）。映像に対する音声のずれ量と違和感の関係を図8.6に示すと，検知限は音声の進み方向で2フレームと4フレームの間，遅れ方向では8フレームと15フレームの間にあると推定され，音声の進み方向のほうが，より敏感に違和感を生じると分析された。

JEITAの実験は，より実際の視聴環境に近似させ，コンシューマ機器側で満足すべき値として求められたが，結果的にBT.1359[2]で勧告されたオーバーオールのタイミングずれ量の許容限である－185～90 msとほぼ同じ結果となっている。

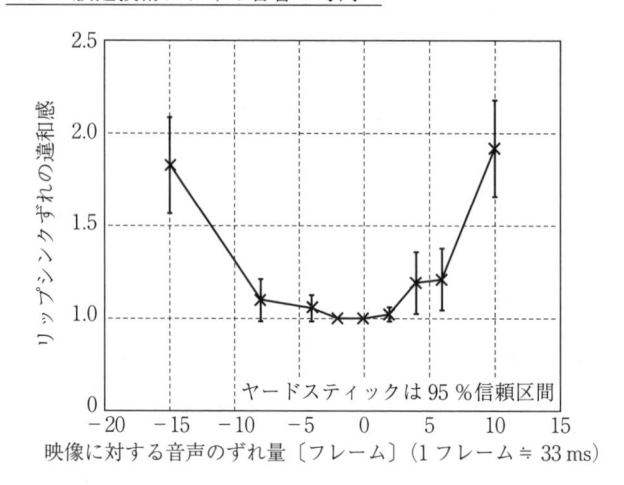

図 8.6 映像に対する音声のずれ量と違和感の関係

8.2.8 視覚と聴覚における時間知覚

田中らによれば，時間同時性判断を視覚と聴覚信号の同期と非同期信号をつかって調べた結果，① 視覚信号と聴覚信号それぞれの開始時間が同期した場合，被験者は 96 ％の割合で同期したと答え，② 聴覚信号が 50 ms 先行提示された場合，92 ％の割合で先行刺激が聴覚と答え，③ 視覚信号が 50 ms 先行提示された場合，60 ％の割合で視覚と聴覚の刺激が同期したと答えたという。

時間知覚に対する視覚と聴覚の非対称性は，聴覚の時間に対する反応特性の視覚に対する鋭敏性とともに，視覚と聴覚の処理時間が，皮質における時間知覚過程に影響を与えていることを示唆するとしている[8]。

また，図 8.4 や図 8.6 で，リップシンクずれの非検知限が平坦に広がる理由は，視聴覚音声情報において視聴覚統合が生じ，視覚と聴覚の物理的な非同期は，一定の時間範囲であれば統合され，同期していると感じられる[9]という脳内の働きによるものと考えられる。

リップシンクずれによる違和感についても，田中らの研究と同様に，映像に対する音声の進みと遅れ方向の時間知覚に対して非対称性があることが判明した。元来，音は光よりずっと進むスピードが遅く，10 m 離れた話者を観察す

るとき，口の動きに比べ音声は約 30 ms 遅れる．さらに離れると口の動きはほとんどわからなくなるが，実世界では映像に比べ音声が遅れるものなので，学習効果によって視聴覚統合に視覚系から聴覚系への機能的結合が生じ，時間知覚の非対称性が生じると考えられる．

8.3 積極的に活用する音声遅延

　前節では望ましくない音の遅延について述べたが，音の遅延は演出として積極的に利用できる側面も持っている．特に音の表現法として，エコーや残響に利用したり，遅延時間を動的に変化させたりして，空間的な広がり感などを演出することができる．

　しかしながら，これらの表現技法は，経験則の積み重ねにより体系化されてはいるが，それらの効果の物理的要素と人の感じる印象の関係を統計的に調査した研究はあまり見かけない．

　本節では，制作技術として経験的に扱っている音声の処理について，できるだけ物理的要因と関連づけて考えてみることにするが，あくまで，制作技術の立場から考えた見解であることに注意されたい．

8.3.1　エコーマシン

　放送や録音に詳しくない人でも，**ディレイマシン**や**エコーマシン**という名前を耳にしたことがあるだろう．エコーマシンは，名前が示すとおり，入力された信号を遅延してフィードバックし，山彦のように聞こえる効果を表現する装置である．

　エコーマシンは，実際に山彦が起きるようなシチュエーションのドラマで山彦を再現するために使うこともあるかもしれないが，多くの場合，元の音を派手に，あるいは印象づけたい，という要求の下に使用される．音楽に用いると，音色の豊かさが増加し，同時に拡がり感，包まれ感が強調され，音の空間的な印象をコントロールすることができる．その仕組みは，**図 8.7**のように，

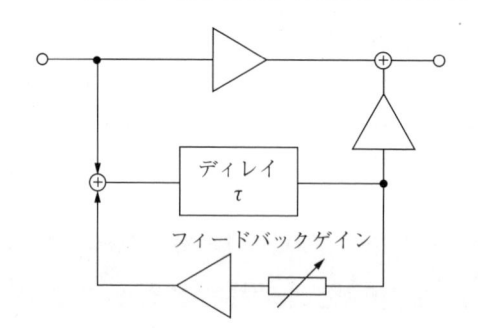

図8.7 エコーマシンの原理図

ある信号経路にフィードバックループを伴った遅延回路を挿入することによって構成される。

エコーマシンの重要なパラメータは遅延時間とフィードバックゲインで，この効果を音楽に深みや広がりを付加する目的で使用する場合，遅延時間は0.1〜0.5秒に調整するケースが多い。

フィードバックゲインは，繰り返されるエコーの減衰をコントロールするパラメータで，通常は2〜3秒で聴こえなくなるくらいの減衰量に調整する。もちろん，これらの調整量は演出しだいで，特殊効果（ギミック）として用いる場合はこの限りでない。

さらに効果を印象づけるため，単純なモノホニック信号のエコーばかりでなく，L（左），R（右）で微妙に遅延時間を変えた**ステレオエコー**，フィードバックループをLとRにクロス掛けし，エコー音がLとRからたがい違いに聴こえる**ピンポンエコー**などのバリエーションが考案された。

エコーマシンは，音色の3因子でいえば，迫力を増加させる目的で使用するが，エコー音の音量が限度を超えると美的印象が悪化する。特に，音楽のリズムによっては，ある音符のエコー音が，新たに到達する音符の音を邪魔し，明瞭度を悪化させる。

そういった副作用を軽減させるため，経験的に，その音楽のリズムの最小単位の時間と遅延時間を同程度の量とすることによって，音の濁りを軽減できることが知られている。例えばB. P. M.（beat per minute：毎分拍数）=120の曲で，リズム構成の単位が八分音符の場合，最小単位の長さは250 msとなる。

エコーマシンの遅延量を 250 ms 近辺に調整すれば，エコー音が，つぎの音符のマスキング領域に入り，邪魔に感じなくなる。ただし，リズムの最小単位があまりに短い場合，その公倍数の時間に調整する。こういったエコーを特に**テンポエコー**と呼ぶことがある。近年では，さらに積極的にエコー音をリズムとして音楽の一部に取り入れる演出もあり，音響効果の中で最もポピュラーな効果となっている。

8.3.2 フランジャー，コーラスマシン

フランジャーとは，元の音声信号に，ごく短く遅延させた音声信号を加えて干渉させることによって音色を変化させる効果装置である。さらに遅延時間を変調することによって，独特のうねりを持った音色を表現できる。ピンクノイズにフランジャーを適用するとジェット機が上昇，あるいは下降するときに経験する音色変化を感じるため，**ジェット効果**や**ジェットマシン**と呼ばれることもある。

回路構成は，**図 8.8** で示され，エコーマシンとほとんど同じである。異なるのは，遅延時間を変調する回路が付加された点である。

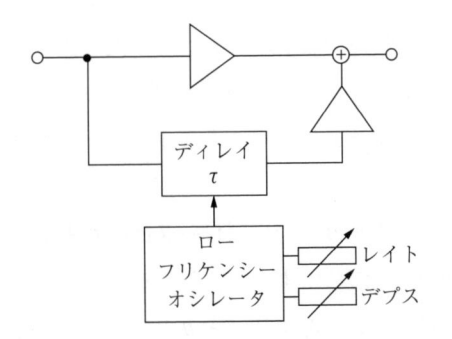

図 8.8 フランジャーの原理図

音声信号にそれ自身の遅延信号を加えると，**コムフィルタ**を構成することはよく知られている。コムフィルタの周波数特性は，櫛を横から眺めたように山谷が一定周波数間隔で繰り返される形状で，そのピークの基本周波数は遅延時間の逆数となり，山谷の繰返し密度は，遅延時間が長いほど増加する。**図 8.9**

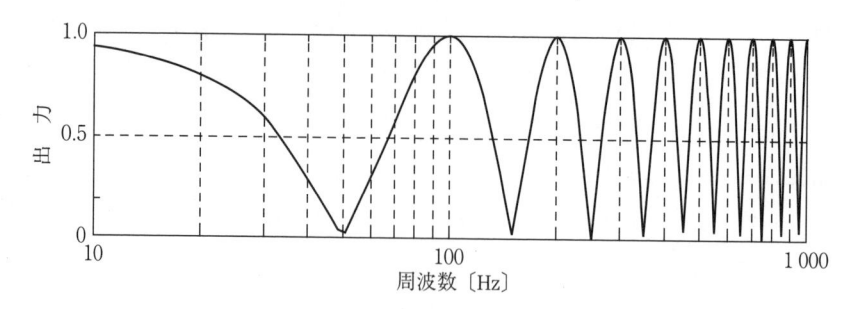

184   8. 放送技術における音響と時間

図 8.9 コムフィルタ (10 ms ディレイ重畳時) の周波数特性

は遅延時間が 10 ms のときに構成されるコムフィルタの周波数特性である。

フランジャー効果を試聴すると，遅延時間が 20 ms 以下のときに音色の変化が大きく感じられ，遅延時間を変調するとジェット効果が得られる。実際にフランジャーとして使用するとき，その遅延時間は 1 〜 15 ms で用いることが多い。

コーラスマシンは，回路構成こそフランジャーとまったく同様であるが，特徴的な音色の変化を目的とするのではなく，一人の演奏を複数の演奏であるかのように聴かせるという目的を持った装置である。そのため，遅延時間はコムフィルタの特徴が出にくい 15 〜 30 ms とすることが多い。

また，変調のかかったディレイ出力のみを聞くと，信号にビブラートが付加されることがわかるが，色々なビブラートを付加すると，より大人数の演奏者の模倣ができると考え，**多相コーラスマシン**が考案された。**図 8.10** は，ソリーナストリングアンサンブルという楽器に採用された 3 相コーラスの原理図である。

さて，この効果の起源は，ハモンドオルガンの**レズリースピーカ**までさかのぼる。レズリースピーカとは，**図 8.11** に示すように，2 ウェイスピーカの高音部はホーンスピーカのホーンが回転，低音部はスピーカの前に設置した反射板が回転する構造となっている。高音部は，等価的に音源が回転するため，ホーンの指向性による音の振幅や音色の変化ももちろん発生するが，ドップラー効果による周波数変動が生じている。ローターを速く回すとトレモロのような効果が得られ，ゆっくり回すと独特のゆらぎ，すなわちコーラス効果が得

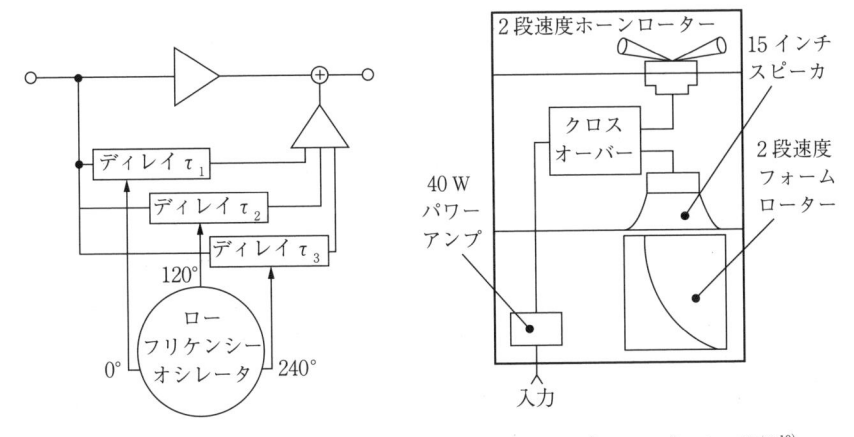

図 8.10 3相コーラスマシンの原理図　　図 8.11 レズリースピーカの構造[10]

られる。

　この効果を電子回路で再現したのがフランジャー・コーラスマシンであるが，この装置の重要なパラメータは，遅延時間に加え，その変調周波数と変調度である。

　設定する遅延時間は，コムフィルタによる音色変化を狙う場合も，コーラス効果を狙う場合も，二つの音が分離して認知される検知限（30～50 ms）を超えない範囲で調節することが多い。

　このことより，エコーマシンは，遅れた音を積極的に聴かせることによって生じる印象に着目した効果装置であり，フランジャー・コーラスマシンは音声信号の原音と変調した加工音を混合することによって生じる音色変化の印象に着目した効果装置と考えることができる。

　フランジャー・コーラスマシンの変調周波数は 0.1～10 Hz 程度のサイン波を用いるが，空間的な広がり感を表現する場合は低めの周波数を用い，トレモロやビブラートなどの効果を狙うときはやや高めの周波数を設定する。

　その動作は，例えば，遅延時間の変位が 5～10 ms の間で変調された場合，コムフィルタの基本周波数は 200～100 Hz の間で変位し，コムフィルタの山谷の間隔は，倍音と同じように基本周波数の整数倍であるため，図 8.9 の周波

数特性が左右にスイープされるかのように変動する.そのような変調されるコムフィルタに音声信号を通過させると,そのスペクトルは,遅延時間 5 ms のときのスペクトルと遅延時間 10 ms のときのスペクトルの間でゆらぐことになり,その結果周波数バンド成分ごとに振幅変調されることになる.これを**スペクトラム包絡変調**(spectral envelope modulation, **SEM**)と呼ぶ[11]｡

実際,純音をフランジャーに入力すると,トレモロのように振幅変調が生じる様子が聞こえる.また,入力された純音の周波数がコムフィルタの基本周波数の N 倍であった場合,コムフィルタの変調によって聞こえるトレモロの速さは,変調周波数の N 倍となっている.すなわち,フランジャーの変調周波数は非常に遅いが,SEM は割合に速い速度でゆらぐ.音響技術者がよく用いるパラメータは,遅延時間 10 ms 程度,変調周波数は 0.5 Hz 程度であるが,この場合,1kHz のバンド成分のゆらぎは変調周波数の 10 倍の 5 Hz 程度となっている.

フランジャーコーラスマシンの周波数変位(変調度)は,デプスというパラメータで与えるため,実際の周波数変異との関係が不明確であるが,変調度を大きくして周波数変位を大きくすると,変調周波数を小さくしないと不自然に感じるという関係があり,結果的に各バンド成分の振幅変調の速さを同じ程度に調整していると考えられる.

快いビブラートの条件を調べた研究によれば,ビブラートの変化速度が 7 Hz の場合に最も快く,周波数変化範囲が狭いほど快いとする傾向を得た,という報告[12]があるが,SEM にも同様の条件が見つけられるのではないかと考えている.

Guastavino らによれば,合成音に FM-AM ビブラートを付加するとき,スペクトラム包絡線を一定にした場合と変調させた場合の嗜好度を主観評価実験によって調査したところ,SEM を伴う合成音の嗜好度が高いことが判明したという[13]｡

制作技術において,収音した音の周波数変調や振幅変調のみによる加工は特殊な演出の場合にしか用いないが,フランジャーやコーラスによる効果は多く

の場面で隠し味として用いることがある。特に，初期の電子残響装置が貧弱であった時代，残響装置の入力にコーラスマシンを入れて，豊かさを補うことがあった。最近の残響装置では最初からコーラス効果を付加できる製品もある。制作技術の現場では，経験のうちにゆらぎ効果を利用しているが，SEMと印象との関係が明らかになれば，さらにおもしろい効果装置の開発が期待できる。

ところで，残響装置にコーラス効果を付加することに疑問を持つ読者もいるかもしれないが，ホール収録のときに残響をよく聞いているとゆらぎを感じることがある。実際のホールでは，ステージ上と天井近辺では10°以上気温差があることも多く，空調による定常的な空気の流れと相まって，音は微妙にゆらぎながら回折しているものと考えられる。このような理由を想像しながら，音声技術者はコーラスマシンを適宜用いるのである。

8.3.3 電子残響装置

制作技術において最も重要な効果の一つは，残響である。残響を付加する歴史上最も古い装置は，**エコーチェンバ**（残響室）である。定在波が立たないような多角形の構造を持ち，壁をできるだけ反射性の材質にして残響を長くする工夫を施した部屋に，スピーカとマイクロフォンを設置し，実際に音を出して残響を拾うという装置である。しかし，残響の質を変えようとすると，部屋の中に吸音質の材料を持ち込んだり，スピーカの位置やマイクロフォンの位置を変えたりとたいへんな作業が必要である。

残響室は，広大な面積が必要であり，スタジオのすぐそばに設置することも難しく扱いがたいへんであるため，スプリングや鉄板の共鳴を利用した残響装置が考案された。**スプリングエコー**，**プレートエコー**と呼ばれる装置で，比較的小型になり，ダンパーなどで共振を制御すれば残響時間を変えられるなど利便性はよくなった。しかし，そもそも共鳴を利用するため，音に特有の癖が残ってしまう。

ディジタル技術の発展とともに**ディジタルリバーブレータ**と呼ばれる残響装置が普及したが，その基本的な構造は，1962年，すでにシュレーダーにより

示されていた[14]。その方法は，ある遅延時間のディレイラインにあるゲイン定数を乗じてフィードバックループを構成する**シンプルリバーブレータ**[14]（エコーマシンと同等）と，そのシンプルリバーブレータに入力信号を逆相にし，それぞれ適切なゲイン定数を乗じて加算することによって構成される**オールパスリバーブレータ**[14]を組み合わせるもので，その構造は**図 8.12**に示すとおりである。並列に配した四つのシンプルリバーブレータと，それに続く2段にシリーズに接続されたオールパスルバーブレータにより，遅延音の密度が時間とともに累乗的に増加し，実際の部屋で生じる反射音の増加をシミュレーションしている。

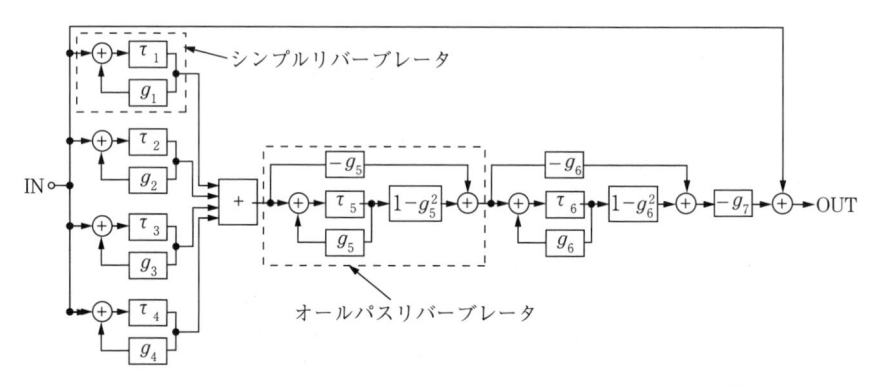

図 8.12 シュレーダーのリバーブレータのブロックダイアグラム[14]

近年では，ディジタル機器の高速化と価格下落により，リアルタイムで畳み込み演算を行って残響を生成する**コンボリューションリバーブレータ**も普及している。音が良いといわれているホールのインパルス応答を収集しておけば，そのホールの音を再現できるというもので，究極の残響装置といわれている。しかし，畳み込みだけではゆらぎ要素が再現されないためか，人工的な感じが払拭されない。やはり実際の使用に際してはコーラスマシンなどを利用して，より自然と感じられる残響を工夫する。実際にモジュレーションパラメータを装備したコンボリューションリバーブレータも製品化されている。

8.3.4 残響時間と嗜好

シュレーダーらが，無響室録音した音源をさまざまなホールで再生し，ダミーヘッドで録音して評価音源を作製し，無響室で評価音源を被験者に聴かせ，音質の嗜好を調査した実験がある。その結果，残響時間2.2秒以下のホールについては，残響時間と嗜好に正の相関があり，それ以上のホールでは負の相関を示すとともに嗜好の個人差とも高い負の相関を示すことがわかったという[15]。

しかし，さまざまなホールで収録した残響の嗜好について，残響時間のみの影響を分離して評価することは困難であると考えられ，要素を切り分けた調査が望まれた。筆者は，その調査の一つとして，電子残響装置を使用して，残響時間と残響のレベルに着目し，残響時間ごとに最も好ましい残響のミキシングレベルを調査した。

7種の無響室録音の音源を用い，ミキシングレベルを可変できる電子残響付加回路を構築し，被験者は，音響条件を一定とした部屋で調整法によって残響が最も好ましいと感じられるように，残音響のレベルを調節する。7段階に残響時間を変えて実験を繰り返し，音源ごとの残響時間と最適な残響のミキシングレベルの関係を調査した[16]。

楽曲要因と残響時間要因についての分散分析の結果，どちらも有意性が認められ，楽曲や残響時間を変えると最適な残響のミキシングレベルも異なることがわかった[16],[17]。残響時間に着目して分布図を描くと**図8.13**に示すように，

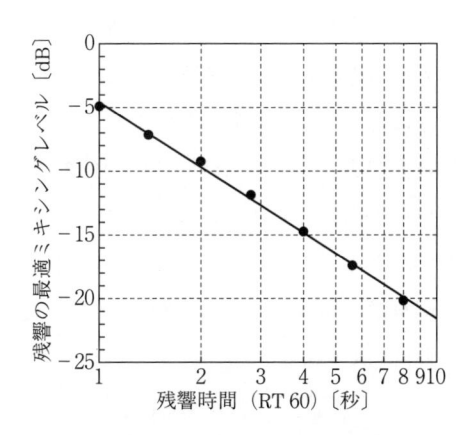

図8.13 残響時間と残響の最適ミキシングレベルの関係[15]

残響時間の対数と残響の最適ミキシングレベルにほぼ負の比例関係が見出せることがわかった。音声技術者は，残響装置の調整時に残響時間を長くする場合，経験的に残響レベルを下げているが，それら関係が統計的にも示される結果となった。

なお，残響時間8秒という非常に長い残響時間まで，残響時間と残響の最適ミキシングレベルの線形性が保たれることがわかったが，この長さは短期記憶よりも長いので，田原らの研究による残響の長さ感は，その長さそのものを感じるのではなく，残響によるラウドネスの減衰勾配に決定される[18]との結論を支持する結果と考えてよい。

8.4 まとめ

放送技術における音響の時間要素について考えた場合，望ましくない遅延と積極的に利用する遅延音があることがわかった。望ましくない遅延は，それを防ぐために映像と音声にそれぞれ時間情報をメタデータで持たせ，最終出力であるテレビ受像器で帳尻を合わせるという技術について検討が進んでいる。人の視聴覚認識における，時間の分解能についての研究は，このような技術の許容値を決める上でたいへん重要である。

また，放送などで音声の演出に用いるさまざまな効果についても，音声の遅延はたいへん重要な要素である。特に遅延音を変調するという処理によって得られた快い音声には，スペクトラムのゆらぎが生じているが，ゆらぎがあるとどうして心地よいのか。その問に明確に答えてくれる研究は少ない。

放送技術は総合領域における応用技術であり，今回は時間との関係の中で解説を試みたが，まだまだ学問的アプローチによって研究される機会の少ない分野である。特に，音声技術者の命題でもある「よい音とは何か」の解明は，認識領域の知見が必要である。今後，脳科学の領域まで踏み込むことにより，その糸口が見えてくるのではないかと期待している。

引用・参考文献

1) 入交英雄：送り返しにおける回線遅延がアナウンスに与える影響，日本民間放送連盟 放送技術報告会予稿集（2007）
2) ITU-R BT.1359-1：Relative timing of sound and vision for broadcasting (Question ITU-R 35/11)（1998）
3) B. S. Lee：Effects of delayed speech feedback. The Journal of the Acoustical Society of America, **22**, 6, pp. 824-826（1950）
4) G. Fairbanks and N. Guttman：Effects of delayed auditory feedback upon articulation, Journal of Speech & Hearing Research（1958）
5) R. Y. Litovsky, H. S. Colburn, W. A. Yost and S. J. Guzman：The precedence effect. The Journal of the Acoustical Society of America, **106**, 4, pp. 1633-1654（1999）
6) B. Rakerd, J. Hsu and W. M. Hartmann：The Haas effect with and without binaural differences, The Journal of the Acoustical Society of America, **101**, 5, pp. 3083-3083（1997）
7) リップシンク検討 PG：リップシンク実験実施中間報告書，JEITA AV & IT システム標準化専門委員会（2010）（非公開）
8) 田中靖人，野界武史，宗綱真治：視覚と聴覚における同期時間知覚の乖離（視知覚とその応用及び一般），電子情報通信学会技術研究報告，HIP，ヒューマン情報処理，**108**，282，pp. 21-26（2008）
9) 浅川 香，田中章浩，今井久登，坂本修一，鈴木陽一：視聴覚音声情報における知覚的非同期補正（マルチモーダル・感性情報処理の基礎と応用，一般），電子情報通信学会技術研究報告，HIP，ヒューマン情報処理，**108**，356，pp. 131-135（2008）
10) Leslie Speakers Innovative Sound Systems Owners Manual Models 122A / 122XB / 147A, ハモンドオルガンホームページ http://hammondorganco.com/（2015 年 3 月現在）
11) N. D'alessandro, T. Dutoit, S. Fels, C. Ooge：Analysis-by-Performance：Gesturally-Controlled Voice Synthesis as an Input for Modelling of Vibrato in Singing, Proceedings of the ICMC 2011-International Computer Music Conference, pp. 192-193（2011）
12) 二井（岩宮）眞一郎，有田和枝，北村音壱：ビブラート音の快さ 基本音 440 Hz の場合，日本音響学会誌，**33**，8，pp. 417-425（1977）
13) C. Guastavino：Perceptual Evaluation of Vibrato Models, Conference on Interdisciplinary Musicology (CIM05), Montréal (Québec) Canada, 10-12/03/2005
14) M. R. Schroeder：Natural sounding artificial reverberation, Journal of the Audio

Engineering Society, **10**, 3, pp. 219-223 (1962)
15) M. R. Schroeder, D. Gottlob and K. F. Siebrasse : Comparative study of European concert halls : correlation of subjective preference with geometric and acoustic parameters. The Journal of the Acoustical Society of America, **56**, 4, pp. 1195-1201 (1974)
16) 入交英雄:演奏音の最適残響レベル ─ 無響室録音音源と電子残響を用いた, 音源信号の特徴量と, 残響の最適ミキシングレベルの関係の考察, 学位授与番号:17102甲第11653号 (2013-07-31)
http://catalog.lib.kyushu-u.ac.jp/ja/recordID/1398377 (2015年5月現在)
17) 入交英雄, 岩宮眞一郎:無響室録音オーケストラ演奏音の最適残響レベル, 日本音響学会誌, **69**, 5, pp. 215-223 (2013)
18) 田原靖彦:残響時間弁別閾の数式モデル, 日本音響学会誌, **42**, 9, pp. 690-697 (1986)

第9章

空間と時間

9.1 時空間における事象知覚という視点

　私たちは両耳というわずか2チャネルへの入力から豊かな3次元空間を感じ取ることができる。音は，静止画がある視覚情報，静圧がある触覚情報などとは異なり，つねに信号が時間の関数である。また，音は1秒間にわずか約340 mしか進まないため，ある程度以上の距離を伝搬するために必要な時間は私たちの感じ取れるところとなる。したがって，音と時間と空間は切っても切り離せない関係にあるといえる。

　このような3次元音空間の知覚過程は，単に聴覚への入力だけではなく，視覚や前庭感覚，自己運動感覚など他の感覚系への入力とも密接に関連した**マルチモーダル感覚情報処理過程**（多感覚情報処置過程）と考えるべきであることが示されている[1],[2]。また，空間知覚に果たす視覚の役割にはきわめて大きいものがある。視覚は特に中心視野で高い空間分解能を有している。また聴覚と異なり，たとえ単眼からの情報であっても視覚情報によって高い分解能を持った3次元の空間知覚が可能であるため，暗闇での知覚でない限り音と時間の関連を考えていく上で視空間の存在は無視できない。

　私たちの脳は，複数の感覚系から同時並行的に絶え間なく大量に入力される信号に対する分析，再構成を行い，有益な情報を見出している。そのような意味のある情報には，視覚であれば明るさや色，形，聴覚であればラウドネスやピッチ，音色などの個々の特徴情報もあれば，これらの特徴を統合して構成さ

れる物体に関する情報もある。その一つに**事象**（event）の知覚がある。事象とは環境内の変化，特に3次元空間と時間によって定義される物体の変化であると定義されている[3]。変化を知るにはその前後を知る必要があり，したがって時間の考慮が必須である。このことは空間と時間を考える上で，事象の知覚という観点から考察していくことの重要性を示している。

そこで本章では，聴覚情報に加え他の感覚情報，特に視覚情報が存在する場合のマルチモーダル感覚情報環境を念頭に，空間と時間の関係を論じていく。

それにあたり，まず9.2節ではマルチモーダル知覚の基本特性を略述する。続く9.3節と9.4節では，マルチモーダル感覚情報から成る事象の知覚について，人間の基礎的な知覚特性を述べていく。つぎに9.5節では，人間に新たな時空間をもたらし続けている情報通信を意識し，話速変換，3次元音空間知覚，高次感性情報を対象としたマルチモーダル知覚の観点から時間特性について述べる。9.6節では，まとめとして音空間知覚と時間の関係について考察を行う。

9.2 マルチモーダル知覚の基本特性

私たちは，周囲の環境をより正しく適切にとらえようと，複数の感覚器官から同時並行的に入力されるマルチモーダル感覚情報を解析，統合，再構成するための情報処理を行っている。さらに，その結果から有用な情報を取り出すことにより，私たちが置かれた環境の理解を行っている[3]〜[5]。このマルチモーダル知覚過程におけるそれぞれの**感覚モダリティ**（**感覚種**）情報の統合と相互作用は，かつて考えられていたよりもはるかに密接であることが明らかになっている。また，そのような統合や相互作用が脳における感覚・知覚情報処理過程の初期段階においてすでに行われている場合も少なくないことも示されてきている。

マルチモーダル感覚情報処理の結果，ある感覚モダリティの情報が他の感覚モダリティの情報によって変容を受けたり，ときには，元の情報にはなかった

要素が感じ取られる**感覚誘導**が生じたりすることも多い。

そのような例で古典的なものは、視聴覚マルチモーダル感覚情報処理における**腹話術効果**（ventriloquism）であろう[6]。これは、腹話術師が発声しているにもかかわらず、それとは空間内の位置が異なる腹話術師が抱える人形の口から声が聞こえてくる現象に由来する命名である。腹話術効果は、聴覚に比べて視覚の中心視野の方が高い空間分解能を持つことから視覚優位の知覚が行われ聴覚情報が変容されるために生じると理解される。映像と音が話者と音声のように深い関係のある場合には水平角で20°ほどずれていてもこの現象は容易に起きる[7]。その一方、単純な光点と純音から成る刺激を用いると4°ずれでは同じ方向と判断されるが、8°ずれると効果はあまり見られなくなる[8]。これは、話者の映像と音声というように視覚情報と聴覚情報の関連性が高い場合に大きな効果を持つことを示唆している。

その場面そのときの環境において信頼性の高い感覚モダリティの情報に重きをおいた処理が行われることはマルチモーダル感覚情報処理過程の一般的性質と考えられる。実際、ベイズ推定による最適統合モデルによって知覚結果がよく表現できる場合も少なくない[9),10]。また、異なった感覚モダリティから得られた情報が同じ事象から生じたものであるとみなすことが可能であると、マルチモーダル感覚情報の統合や相互作用が強まると考えられている。したがって、例えば、空間内における位置や時間特性などの時空間特性の一致や一定の関連性があるかどうかが、統合や相互作用を左右する重要な要因となり得る。

聴覚は2章にも述べられているように、視覚より40 msほど応答時間が早く、かつ、はるかに優れた時間分解能を有している[11)〜14]。そのため、マルチモーダル感覚情報の統合や相互作用にあたって時間領域の情報が鍵になる場合には、聴覚優位の知覚が行われ得ると考えられる。

その典型例として**通過・反発刺激**（stream / bounce display）の有する多義性の一意化がある[15]。通過・反発刺激とは**図9.1**のように、2次元のコンピュータディスプレイ上で二つの物体（この例では黒丸）が直線状に接近し交差した後も動き続ける運動刺激である。これら二つの物体がディスプレイ上で

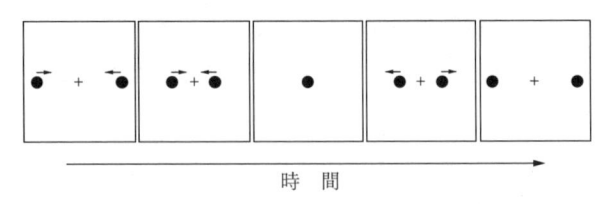

図9.1 通過・反発刺激の典型例[3]

出会った後,それぞれの物体が運動方向を変えない形で表現されれば**通過** (stream) 事象,方向が戻ったように表現されれば**反発** (bounce) 事象,いずれかの知覚が生じる。図のような単純な視覚情報のみを提示した場合には,両方の事象が知覚されるものの通過事象が優位となる。しかし,2物体が出会ったときに短音を提示すると反発事象の知覚が圧倒的に優位となる。これは衝突に随伴する音が伴うことによって衝突,反発という事象がより明瞭に把握できることを意味している。ほかにも時間領域における相互作用によって聴覚が視知覚に影響を及ぼす例がいくつか知られている。単一の短い光パルス(フラッシュ)を複数回の短音とともに提示するとフラッシュが複数回に知覚される(**多重フラッシュ錯覚**, sound-induced flash illusion)[16]。周期的に提示される視聴

コラム11

視覚が聴覚より応答時間がおよそ 40 ms 遅いのはなぜ？

第一次聴覚野と第一次視覚野までの情報伝達に要する時間は,それぞれおよそ 15 ms と 50〜60 ms といわれており[17]〜[21],40 ms はこの差にほぼ対応する。視覚系の情報伝達では,まず光が網膜にある視細胞の細胞内電位を変化させるアナログ的な変換が行われ,それに応じて視細胞につながる神経節細胞が神経インパルスを発火する。神経パルス情報は視神経を経由して数 ms で外側膝状体に達し,さらに第一次視覚野へと送られる。網膜の電位変化過程を反映している a 波がピークとなるまでには 10〜30 ms を要し[22),23)],外側膝状体の応答は,ネコの場合,およそ 50 ms までに最初のピークを示すことが知られている[24]。したがって,網膜における光から電位への変換と外側膝状体以降の情報処理にそれぞれ 10 ms 単位の時間を要していることとなり,これが聴覚より長い時間を要するおもな要因であると考えられる。

覚刺激に対するタッピング課題では，聴覚刺激のタイミングへの引き込み現象が生じる[25]。また，位置を変えずに点滅する線分と同時に左右，あるいは上下に位置が交番する音を与えると線分が動いて見える**音誘導性視覚運動**（sound-induced visual motion，**SIVM**）という現象も知られている[26),27)]。

9.3 空間における視覚と聴覚情報の同時判断

視覚情報と聴覚情報の同時判断についてはすでに2章でも述べられているが，ここでは，空間という観点からさらに考えてみたい。

9.3.1 同時を測定するための精神物理学的実験手続き

聴覚あるいは視覚などの単一感覚モダリティの実験でも，あるいはマルチモーダル知覚の実験においてでも，例えば二つの短音が同時か否か，フラッシュと短音が同時か否かなど，二つの刺激が同時であるか否かを判断する実験手続きは大きく2種類存在する[21),28)]。

短音とフラッシュの同時判断を例として述べていこう。一つは，同時と感じられたか否かを直接判断するよう求める実験（simultaneity judgment task，以下**SJ法**と呼ぶ）である。図9.2（a）はそのような実験の結果を模式的に示

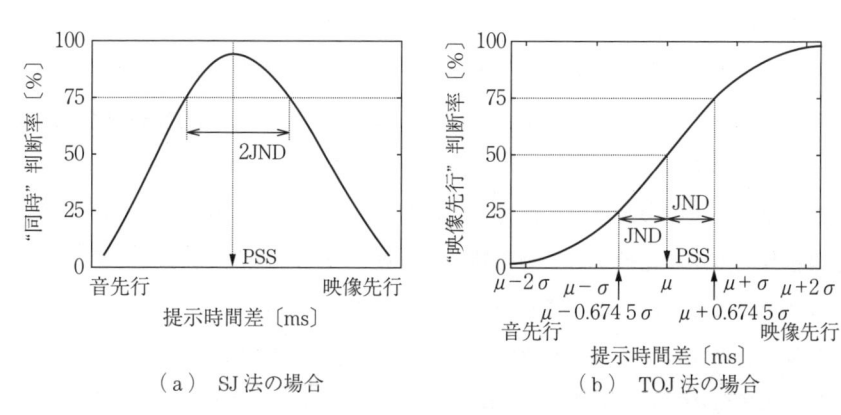

（a） SJ法の場合　　　　　（b） TOJ法の場合

図9.2 同時判断に用いられる2種類の実験方法によって得られる結果の模式図

したもので，横軸が短音とフラッシュの**提示時間差**（stimulus onset asynchrony，**SOA**）であり，+の値はフラッシュより短音を遅れて提示したことを表している。縦軸は同時と判断された割合であり，同時との判断が最大になった点が**主観的同時点**（point of subjective simultaneity，**PSS**）を与える。図（b）は二つの刺激の提示順序を判断するよう求め，その結果から主観的同時点を求める実験（時間順序判断，time-order judgment task，以下 **TOJ 法**と呼ぶ）である。図（b）はその結果を模式的に示したものである。縦軸はフラッシュが先に提示されたと判断された割合で，これが 50 ％となる点が主観的同時点を与える。また，主観的同時点と縦軸が 25 ％および 75 ％を切る点の差が**丁度可知差**（just noticeable difference，**JND**）となる。心理的連続体上の分布が正規分布であるとみなせる場合には，この主観的同時点における傾きは心理連続体上の分布の標準偏差に反比例し，標準偏差に 0.674 5 を乗じたものが丁度可知差（JND）を与えることとなる。

　SJ 法による実験は直接的ではあるが，同時か否かの判断がきわめて主観的で，判断基準のゆらぎが直接，実験結果に反映されるため，知覚実験という観点からは判断バイアスが生じやすい方法である。その一方で，比較的認知的バイアスが起こりにくいとされている[21]。TOJ 法による実験は，二つの刺激によりそれぞれ独立に形成される心理連続体上の位置を単純に比較してその差が正か負かの強制判断で結果が得られるため，SJ 法で見られるような判断規準の揺らぎによる判断バイアスの懸念がない安定かつ信頼性の高い方法であるといえる。その一方で，判断が記憶に基づくこととなるため，**知覚後過程**（post-perceptual）バイアスを受けやすい面があるとされる。

　同じ事象を実験の対象とした場合，これら二つの実験は多くの場合に類似の結果を与えるが，比較する二つの刺激の構成や空間内の位置が異なる場合など条件次第によってはかなり違う結果を与えることがある[21]。

　事象，特にマルチモーダル感覚情報に基づく事象は，ラウドネスやピッチなど個々の聴覚の属性・特徴に比べれば高次の知覚である[3]。そのため実験でも高次の認知処理が仮定され，SJ 法のように認知バイアスの懸念が比較的小さい

実験手続きが用いられている場合が少なくない．しかし，近年の研究の結果，マルチモーダル事象知覚の背景となる，複数の感覚情報の統合と相互作用がかなり初期の段階において生じている例が少なくないことが明らかになってきている．そのため，マルチモーダル感覚情報に関する近年の精神物理学（心理物理学ともいう）実験では，実験結果として得られたものが知覚に基づくものなのか，判断バイアスによるものなのかをより厳しく区別する傾向にある．このあとに述べる，空間における視聴覚同時判断の実験や，感覚モダリティ間の時間長比較に関する実験[29]などにおいて，TOJ法など知覚判断のバイアスに強い実験手法が用いられるようになってきていることの背景にはこのような事情があると考えられる．なお，観測された効果が知覚レベルのものか判断レベルのものかを区別するには**信号検出理論**が有効である[30]．

9.3.2 視聴覚同時判断の距離依存性 ── 視聴覚同時判断の恒常性

　2章では雷の稲妻と雷鳴の例が引かれていた．これは放電により空気の急激な熱膨張が生じて音が発する例である．こればかりではなく，物体がぶつかれば音を出す．人が話をすれば口が動いて音声が発せられる．弦がはじかれれば音が出る．このように，空間内における視覚情報の変化と音の発声とはある意味で不可分の関係にある．

　いま，光と音を同時に発する物体が観測者からある距離にあるとしよう．このとき，伝搬速度が約 3×10^8 m/s の光は距離によらず実際上瞬時に到来する．それに対し，伝搬速度が室温でおよそ 340 m/s の音は，観測者から1m離れるごとに約3 msずつ遅れて到来する．

　しかし，私たちが日常生活においてその遅れを意識する場合はそれほど多くはない．例えば，1 000～2 000人規模の通常の音楽ホールでは演奏者と観客の距離が30 mくらいになることはまれではないが，演奏と音のずれが感じられることはまずないであろう．一方，さまざまな視聴覚同時判断に関するさまざまな精神物理学実験の結果[31]から光と音のSOAの丁度可知差はおおむね40 msであることが知られており，これは十数mの距離差に相当する．したがっ

て，30 m もの距離があれば音のずれ（到来遅れ）が感じられても不思議ではないところである。とすれば，離れたところに置かれた物体から発せられる光と音の同時判断にあたっては，音の伝搬に要する時間が反映されていることになる。

　この問題は**恒常性**という観点から表現することもできる。物体の大きさの判断では，網膜に写った像の大きさから元々の物体の大きさを判断するのではない。例えば網膜上に写った人間の像が小さくなったときには，小さい人間と感ずるよりもむしろ距離が遠くなったと感じられることが古くから知られている[32]。

　もしこのような恒常性が視聴覚同時判断においても成立するならば，ある光源から発せられたフラッシュとほぼ同時に発せられる短音が同時と判断されるには，観測者に光と音が届いたときではなく，光源の位置において同時であるとき（つまり，観測者の位置では距離に応じて音が伝搬するのに必要な時間だけ音が遅れて提示されたとき）に同時という判断が行われることになる。

　Engel と Dougherty はこのような恒常性が成立することを SJ 法によって示し[33]，その後，TOJ 法を用いた二つの研究グループの研究によって恒常性の成立が確認されている[13],[21],[31]。**図 9.3** にそれらの結果を重ねて示す。図の横軸は観測者から光源までの距離であり，図の黒丸が Sugita と Suzuki の 1～50 m

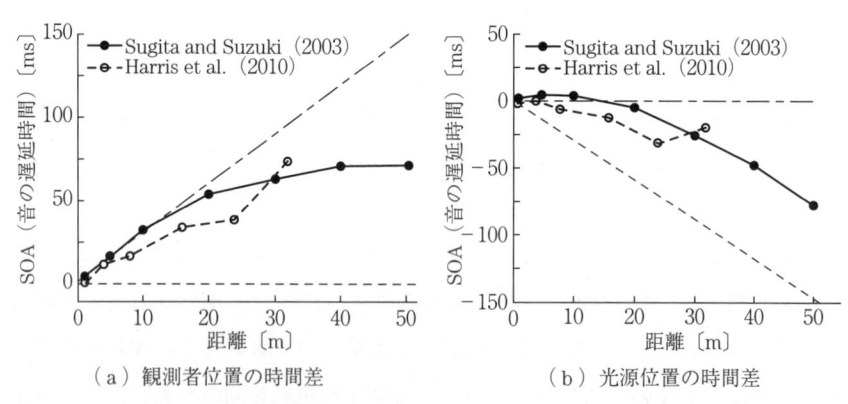

(a) 観測者位置の時間差　　　(b) 光源位置の時間差
一点鎖線：完全恒常性が成立する場合，　破線：観測者位置で同時の場合
図 9.3　視聴覚同時判断における光源までの距離に対する恒常性[21],[31]

の結果[31]を，また白丸がHarrisらの1～32 mの結果[21]を示している．図（a）の縦軸は観測者の位置における光と音のSOAを示している（＋は光先行/音遅延を示す）．また，図（b）の縦軸は光源の位置における光と音のSOAを示している．ただし，SugitaとSuzukiの実験ではつねにヘッドフォンから音を提示しているため，光源位置の時間は音速から逆算した換算値で示してある．図の一点鎖線は完全な恒常性が成立している場合の時間差を表している．この図から，SugitaとSuzukiの実験においては20 mまではほぼ完全に恒常性が成立し，それより遠方40 m程度までは不完全ながらも恒常性が成立していることが見てとれる．また，Harrisらの実験結果では，10 mまでほぼ完全な恒常性が成立し，それより遠方でも不完全ながらやはり一定の恒常性が確認できる．このように傾向の違いがあるものの，いずれの実験結果も30 m程度の距離までは良好な恒常性が観測されている．なお，視知覚における両眼視差の知覚限界が約30 mであることを考えると，これが視聴覚同時判断の恒常性の成立範囲とほぼ一致していることは興味深い．また，空間内における視聴覚情報知覚における恒常性は，このほかに，映像に示されている音源の音の大きさについても近距離では成立することが明らかになりつつある[34]．

　しかし，過去のすべての研究がこのような視聴覚同時判断における距離恒常性を示しているわけではない．これまでの研究について，恒常性成立の有無と実験条件の関係を見てみると[28]，恒常性が成立する一つの要因として実験を廊下で行っていることが考えられる．逆に広い空間や薄暗い部屋などで実験を行った場合には恒常性は観測されていない[35],[36]．これは，遠近法的な奥行き方向の情報が豊かに得られることが恒常性成立の重要な要件であることを示唆するものである．このような恒常性の環境依存性は，大きさの恒常性についても観察されている．HolwayとBoringの古典的な実験では，両眼視と単眼視の場合ほぼ完全な恒常性が見られるのに対し，視野が狭くなると恒常性は低下するとの結果が得られている[37]．これは，視聴覚同時判断において，豊かな視覚的距離手がかりが恒常性成立の一つの要因と見られることとよく符合する結果である．また，藤崎らは，一定の時間差を持つフラッシュ光と短純音刺激を3

分間観察して順応したあとでは，視聴覚同時判断の主観的同時点が順応方向にシフトすることを示した[38]。これは，恒常性が，与えられた環境の短期間学習に応じてある程度変化し得るものであることを示している。

他方，廊下での実験であっても恒常性が成立していないとする研究もある[39]。ただしこの研究でも，著者1名のみが行った，視覚刺激と聴覚刺激は同じ場所から出ているとイメージするように努めてヘッドフォンで音を聴取した実験の場合には恒常性が確認できている。また，恒常性が確認されているSugitaとSuzukiの研究では，観測者に対しLEDのフラッシュとヘッドフォンから与えられる頭部伝達関数を畳み込んだ音が同じ場所から出ているとイメージするよう教示している[31]。

これらのことと，実際の室内空間では豊富な反射音成分や残響の存在によって視覚情報と聴覚情報の同期がわかりにくくなっている場合が少なくないことなどを合わせ考えると，藤崎やHarrisらも述べているように，距離の恒常性は一定の条件の下で必然的に知覚されるのではなく，視覚刺激と聴覚刺激に**トップダウン的な連合**（association）を与えるかどうかなど観測者の方略にも依存する知覚過程であると考えられる。なお，VroomenとKeetelsは，Kopinskaらの研究[13]において恒常性が観察されたのは距離ごとにブロック化された実験を行ったことにより適応が生じたことに由来するアーチファクトであろうと批判している[28]。しかし，視聴覚情報間の時間ずれに対する順応の残効量が10％程度とされている[4]ことを考えると，この批判は必ずしも妥当しないと考える。

下條は，バーチャルリアリティ空間のリアリティを計測するのに恒常性がよい指標になると提案している[40]。これに関連して北崎は，バーチャルな視空間情報提示において，遠近法による奥行き情報に加え両眼視差と運動視差を加えると，照明を考慮した明るさ知覚の促進，すなわち明るさの恒常性が増強されることを示している[41]。奥行き情報が空間表現のリアリティを高める上で重要な要因であること考えれば，この結果は恒常性がリアリティの高低を指し示すことを意味している。このような関係が一般的なものであるならば，下條のい

うように，視聴覚同時判断の恒常性に関する研究を深めることは，視聴覚バーチャルリアリティ空間のリアリティを精神物理学的に定量的に評価し，より自由に操作し得る技術の開発へとつながるものとも期待できる。

9.4 視聴覚情報で構成されるマルチモーダル感覚事象の統合時間窓

聴覚情報と視覚情報の統合にあたって，聴覚情報をもたらす音と視覚情報をもたらす光あるいは映像の空間情報に関する位置や時間などの物理パラメータが少し異なっていても統合が行われる。例えば空間内の位置については，腹話術効果がよい例であろう。また，2章にも触れられていたように，時間についても視聴覚情報の提示時間の違いがある範囲内（**時間窓**（time window））の場合には統合処理が行われることが広く知られている。そこでここではいくつか基本的な視聴覚マルチモーダル感覚事象についてその時間窓の様子を見ていく。

9.4.1 通過・反発事象

先にも紹介したように，二つの物体が直線状に接近し交差したあとも動き続ける運動刺激の知覚（図9.1）では，2物体が出会ったときに短音を提示すると反発事象の知覚が圧倒的に優位となる。この現象を最初に発表したSekuler

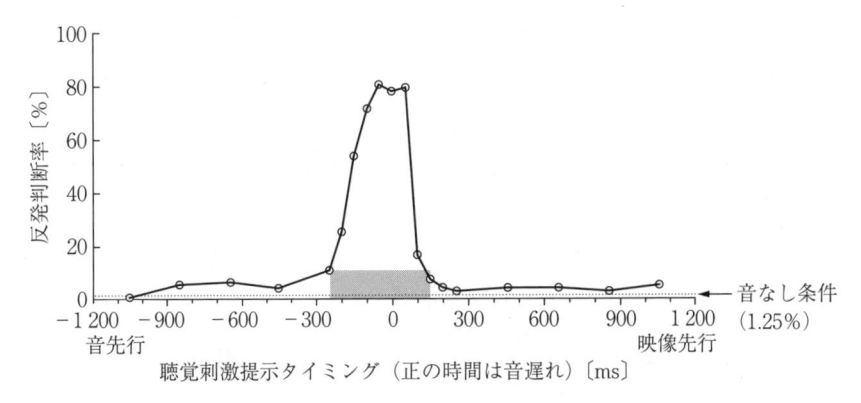

図9.4 衝突映像と音のSOAに対する音の反発事象促進効果の変化[42]

らは，音の提示時刻を2物体が出会った瞬間に加え，それよりも150 ms 早い場合と遅い場合についても実験し，同様の効果が得られることを示している[15]．SOA を細かく変えた実験によれば，音の提示が250 ms ほど先行する場合から150 ms ほど遅れる場合の間に，音の反発事象知覚促進効果が認められる（図9.4）[42]．

9.4.2 腹話術効果

かつてテレビジョンの音声信号はモノフォニックであり，ラウドスピーカは画面の外に取り付けられていた．そのため，画像と音像の位置ずれという観点から腹話術効果に関するいくつかの研究が行われた[43]．Jack と Thurlow はブラウン管に表示した人形の映像とそれから左方に 20°ずれた位置から音源を隠して発した数字音声を用いて，SOA の効果を調べている[7]．その結果，音声が 200 ms 遅れた場合には腹話術効果が観測されるが，300ms では消失していると述べている．

聴覚情報に 1 kHz 正弦波か広帯域雑音を，また視覚情報には LED 光点という単純な刺激を用いた研究も行われている[8]．図 9.5 は，LED の 12°下方から音を提示した実験の結果であり，縦軸は「映像と音が同位置」と答えた割合である．音と光点の SOA が，音の提示が先行する場合には 150 ms，遅れる場合には 250 ms を超えると腹話術効果がほぼ消失していることが見てとれる．また，同じ位置と答えた割合が 50％の点の時間幅は 200〜250 ms 程度となっている．

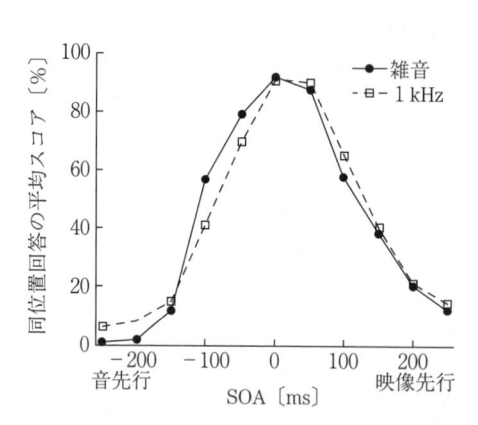

図 9.5 SOA の変化に対する腹話術効果の変化[8]（原図を横軸の正値が音遅れを表すよう改変）

9.4.3 マガーク効果

音声知覚に関しても強い視聴覚統合が見られる。その一つは後に詳しく紹介する読唇効果である。それと似ているが異なる現象としてマガーク効果が広く知られている。これは，調音点が口唇にある子音（p や b）の音声と，調音点が口腔[†]の後方の軟口蓋にある子音（g や k）の話者映像を合成して提示すると，かなりの頻度で調音点がその中間位置の歯茎や硬口蓋にある子音（t や d）の音声として知覚されるという現象である[44]。

このマガーク効果について，van Wassenhove らは音声と映像の SOA を変えて視聴覚統合の範囲を調べている[45]。音声が /pa/，映像が /ka/ の場合には SOA が +56 ms を中心とした 161 ms の範囲で，また，音声が /ba/，映像が /ga/ の場合には +70 ms を中心とした 208 ms の範囲で有意な効果が見られた。なお，この時間長はあくまで統計的に有意性が確認された範囲であり，実験結果の傾向からはもう少し広い時間窓であるようにも見える。

9.4.4 時間領域腹話術効果

Zamir らは，二つの短いフラッシュを提示して時間順序判断（TOJ）を行う際に，フラッシュとは少し時間を離して初めのフラッシュの前とつぎのフラッシュ後にそれぞれ短音を提示する実験を行った[46]。その結果，二つのフラッシュの提示順序の検知限が小さくなる（すなわち視覚の時間分解能が向上する）ことを示し，**時間領域腹話術効果**（temporal ventriloquism）と名づけた。また，直前のフラッシュとの SOA を 100，200，450，600 ms とした場合，100 ms と 200 ms の場合に有意な時間領域腹話術効果が見られたと述べている。

通常の腹話術効果では，中心視野付近において聴覚より空間分解能に優れる視覚の情報により，聴覚情報（音）の空間内の位置が変化調整される。Zamir らが上述の現象を時間領域腹話術効果と名づけたのは，その背景として，視覚より時間分解能に優れる聴覚の情報（短音）の提示時間に向かってフラッシュ

---

† 「腔」について，医学系では「くう」という慣用読みが用いられる。

の提示時間が変化調整されると考えたからである．この考えは，Klink らの研究結果[29]などから見て妥当なものと考えられる．この研究では光バーストの継続時間が，光バースト前後にまたがるバースト音を同時提示することにより，視覚刺激だけの場合より長く感じられることが示されている．

なお，9.2 節で述べたように，視聴覚情報の統合や相互作用が生じるためには，視覚情報と聴覚情報の間に時空間特性の一致や一定の関連性が必要である．しかし，時間領域腹話術効果においては，聴覚刺激が視覚刺激と異なる場所から発せられていても，空間性の一致は重要でないことが報告されている[47]．

9.4.5 視聴覚統合に関する時間窓

以上に述べた 4 種の事象すべてにおいて，視聴覚情報が統合される時間の幅は 200 ms 程度であることが示されている．van Wassenhove らはマガーク効果とともに，SJ 法による顔映像と音声の同時判断の実験も行っており，マガーク効果をもたらさない /ta/ と /da/ を用いた場合に「同時」という判断が統計的に有意に得られる時間窓長として 205 ms という値を得ている[45]．これら 2 種類の実験で共通に見られるおよそ 200 ms という値は，マルチモーダル感覚情報処理過程のみならず単一の感覚モダリティ内の情報を統合・組織化する際に一般的に見られることも指摘されている[48]．なお，マルチモーダル感覚情報が時間窓内に提示されていても，ある感覚からの情報がその感覚内で統合されてしまうと，上述のような感覚間の情報統合や相互作用が生起しづらくなる．

また，聴覚情報と視覚情報の統合には顕著な時間的非対称性が見られる．腹話術効果とマガーク効果では，映像に比べて音が遅れる側の時間窓がより広くなっている．時間領域腹話術効果でもフラッシュのあとに続く短音について効果が見られる．これらは，自然界において観測者から距離を隔てたところから音と光が発せられたときに音のほうが遅れてくることを私たちが常日頃経験していることに由来するものとナイーブには理解される．しかし，通過・反発事象における時間窓についてはこれらと反対に映像に比べて音が事前に到来する側に時間窓が広く広がっている．同様の非対称性は Remijn らの研究でも同様

である[49]。何かが視野外でぶつかったあと体を動かして衝突を確認するということが少なからずあるとはいえ，通常は衝突する物体が見えており，衝突位置と観測者の間にはある距離がある以上，音のほうが遅れることを考えるとたいへん興味深い。通過・反発事象における短音と類似の効果は，触覚刺激やフラッシュによっても得られる[50]。このうち，触覚刺激は音よりもさらに映像に先行する側に広がった非対称性を示し，フラッシュは非対称性を示さない。これらの事実は，視覚情報の入力の以前に視覚以外の感覚モダリティ情報によって衝突を予告することが視知覚に大きな影響を与え得るということであり，危険の察知と回避に有効な手立てとして獲得されてきた特性なのかもしれない。

上記の 200 ms という値は，音声における視聴覚統合の時間窓とされる 500 ms という値[51]よりかなり短い値である。音声知覚は，純音，雑音などに比べれば高次の過程である故であろう。なお，マガーク効果等の音声に関する視聴覚統合は聴覚による音韻知覚後に行われると考えられている[52],[53]が，男性と女性の音声や話者映像の入れ替えがマガーク効果に与える影響が見られないこと[52]などから考えれば，音声知覚過程でも比較的初期の過程における効果と推定される。

9.5 情報通信システムにおける視聴覚信号の同期に関連する諸特性

情報通信の役割は時空を超えて情報のやりとりを行うことにあるといえるであろう。音・聴覚はここでもきわめて，重要かつ不可欠の役割を果たしている。日本では明治維新のころ，ベルとエディソンはそれぞれ電話と電気蓄音機を相次いで発明した。これによって人類は音（聴覚情報）を時間と空間を隔てて共有することが可能になった。また，その後バルクハウゼンは弱電（Schwachstromtechnik）（シュバッハシュトロームテヒニーク）と名づけた電子工学と通信工学を融合した形の新しい学問分野を創成し，その中で音と聴覚に関する研究を強力に推進した。現在，彼が聴覚の臨界帯域を表す単位 Bark に名を残すのもそれ故であろう。

空間と時間の関係を考えるとき，情報通信技術は人類に新しい空間を授け，

新しい空間と時間の関係をもたらし続けているといえるだろう。この空間では実世界では声を交わすことができないような遠距離どうしでも話をすることができるが，逆に例えば，音情報と映像情報が実世界ではあり得ないような遅れ時間を伴って提示されてしまったりもする。

以下本節では，以上のような観点からいくつかの話題について述べていく。なお，放送や映画等における視聴覚信号の同期（リップシンク）も重要な話題であるが，これに関してはすでに8章で詳述されている。

9.5.1 音声の時間伸長と読唇効果

8章で述べられた映像と音声の時間同期の検知限，許容限は，映像と音声との間に単純に時間差が発生した状態を対象に行われている。しかし，映像と音声の時間差が信号全体にわたって必ずしも一定ではない場合も考えられる。例えば，高齢者や難聴者は音声の時間長を伸長することで，音声の聴き取りが向上すること[54),55)]が知られている。この知見をテレビ放送に適用し，音声のみを伸長して通常速度の映像と組み合わせて提示する試みもなされている。この場合，映像と音声の時間差ずれが一定にはならず，時間の経過とともにずれが増加することとなる。

図9.6は，4モーラの単語を刺激として，時間伸長した音声と映像を開始点が一致するように組み合わせた際の音声了解度を示している[56)]。映像と音声が単純に非同期な場合には，音声が映像に対して200 msずれるとずれのない場合に比べて了解度の低下が発生する[57)]。一方，映像と音声のずれが一定でない場合には，音声を400 ms伸長した条件，すなわち，映像と音声の終端でのずれが400 msに達している場合でも，伸長量が0 msの場合と同程度の了解度が得られている。これは，映像と音声のずれが変化する場合，音声理解に関する映像と音声を統合時間窓が広くなることを意味していると考えられる。

さらに，映像と音声のずれが時間的に変化する視聴覚刺激を用いることで，それぞれのずれの大きさにおける映像と音声の統合の経時変化が観測できる。Tanakaらは4モーラ単語音声を伸長して映像と組み合わせ，各モーラでの了

9.5 情報通信システムにおける視聴覚信号の同期に関連する諸特性

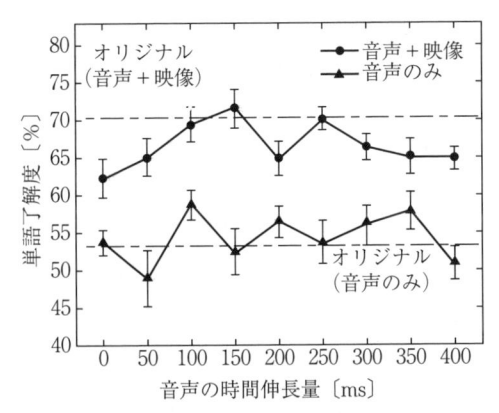

図 9.6 時間伸長音声を用いた視聴覚提示
単語了解度の伸長時間による変化[56]

解度を調べている[58]。非伸長音声を単純に映像と 100 〜 400 ms ずらして組み合わせた場合には，非同期量が 400 ms になると第 1 〜 第 3 モーラで映像の効果が低下したのに対し，第 4 モーラでの映像の効果はずれがない場合と同程度であった。この条件の場合，映像と音声のずれは一定であることから，刺激の提示時間の間，一定のずれに順応したという見方も可能である。とすると，第 4 モーラではずれに順応したことにより，映像と音声の主観的同時点が順応側にシフトし，その結果，映像と音声の統合の時間窓の範囲に映像と音声が提示されて映像の効果が維持できたと考えることもできる。一方，100 〜 400 ms 伸長した音声と映像を組み合わせた場合は，第 1 〜 第 3 モーラでは映像の効果に変化がなかったのに対し，第 4 モーラでは 200 ms 以上音声を時間伸長した際に映像の効果が低下した。単純な非同期に比べてずれが時間的に変化することにより，ずれの大きさに順応することができなかったと解釈すれば，第 4 モーラで映像の効果が低下したことも説明することができそうである。

この結果は，人間の視聴覚音声刺激の時間ずれに対する順応が刺激によってはきわめて短時間で行われる可能性があると解釈することができる。先にも述べた 2 種類の実験，すなわち，短い純音（短音）とフラッシュ光という単純な刺激を用いた順応により主観的同時点の変化が観測された実験[38]と，単音節を

用いて視聴覚刺激の時間順序判断において順応により主観的同時点の変化が観測された実験[58]では，3分の順応時間を用いていたことを考えると，非常に興味深い．

映像と音声のずれが時間的に変化すると順応の効果が期待できなくなるとはいえ，人間が音声を聴き取る場合には前後の聴き取れた音韻や文脈からの類推の寄与が大きい．このことを考えると，モーラごとでの視聴覚統合に関する時間窓ではなく，図9.6に示すような単語全体の聴き取りに対する統合の時間窓を評価することも必要であろう．そう考えると，映像と時間伸長音声を提示した場合に，400 msという大きなずれでも，ずれがない場合と同様に視聴覚情報が統合され得ることは重要な知見といえよう．このことは，使用した刺激の特性，具体的には，映像と音声の刺激開始点が時間的に一致していることが大きな役割を果たしていることを意味すると考えられる．

9.5.2　マルチモーダル知覚過程としての音空間知覚の時間特性

3次元音空間知覚においては，聴覚系への入力情報のみならず，頭部の回転，さらには聴取者の運動に伴う動的な信号が重要な役割を果たしていることが古くから指摘されている[59),60)]．また，頭部回転の3自由度の中では水平回転の効果が最も大きいことが知られている[61)]．**3次元聴覚ディスプレイ**（音響信号処理により3次元音空間情報を提示する装置．3 D auditory displayあるいはvirtual auditory display）によるバーチャルな音空間においても同様で，聴取者の頭部回転によって得られる情報が音像定位に与える効果は少なくとも頭部を動かさずに得られる情報と同等以上と考えられる[62),63)]．したがって，3次元音空間知覚は，聴覚に前庭感覚，自己運動感覚，体性感覚などが加わった一種のマルチモーダル感覚情報処理過程であると理解すべきである．

しかし，頭部（あるいはさらに聴取者の）自由な運動に応じて信号処理を行い高精細な音空間情報の提示を行う3次元聴覚ディスプレイ[64),65)]の場合には，聴取者の動きを反映した音信号が出力されるまでの間に，位置センサからのデータ伝送や音響信号処理などによる遅延時間（system latency，**SL**）が不可

9.5　情報通信システムにおける視聴覚信号の同期に関連する諸特性

避である。なお，この遅延時間の検知限は約 50 ms である[65]。

このような遅延時間がある状態で，正面以外の方向に提示された音像を正面にとらえることを考える。図 9.7 に Yairi らの実験結果の典型例を示す[65]。遅延時間が 12 ms と小さいときには，頭部の方向（実線）が音像の方向（90°）に向かってきれいな軌跡を描いている。また，遅延時間が 200 ms までは，音の提示が遅れるため頭が回転し始めるのがその分遅くなるものの，音像の追跡は円滑に行うことができる。しかし，遅延時間が 500 ms になると，頭部を回し始めた最初のうちは音像が自分の回転に合わせて移動してしまい自分との相対的な定位角度が変化しないため，音像をとらえられず行きすぎてしまう（オーバーシュートが発生する）ことが見てとれる。言い換えると，遅延時間が検知限を超えても 200 ms まではこのようなオーバーシュートを生じずに音

（a）　SL = 12 ms

（b）　SL = 50 ms

（c）　SL = 200 ms

（d）　SL = 500 ms

―― 頭部の方向，　---- 音像の相対角度

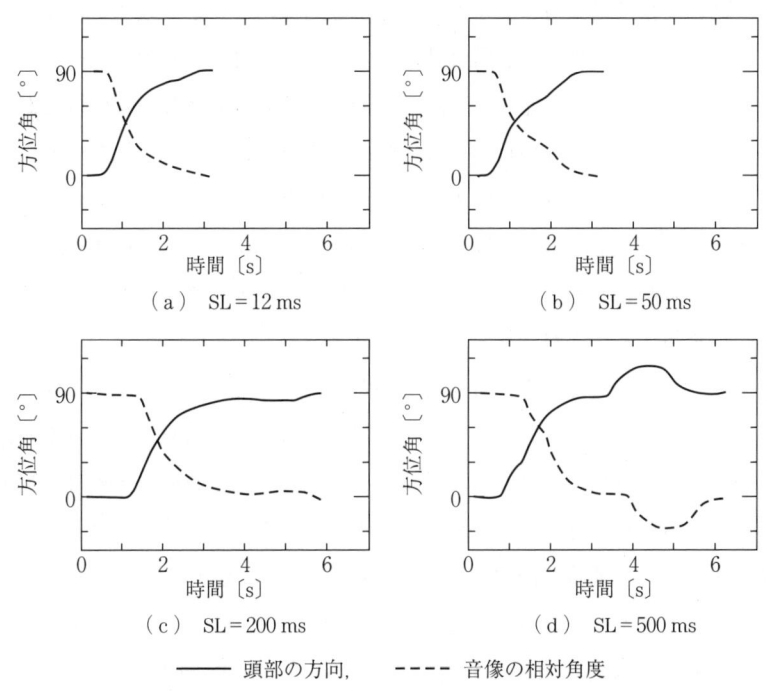

図 9.7　時間遅れのある 3 次元聴覚ディスプレイ提示音像を正面にとらえるときの頭部回転軌跡[65]

像定位を行えることから,この程度の遅延時間が許容限であると考えることができる。

同様の結果は音像定位そのものを課題とした研究でも得られている[66),67)]。平原らは,遠隔地に置いた**テレヘッド**(TeleHead,聴取者の頭部運動に追従して動くダミーヘッド)をインターネット経由で制御した音像定位実験において,遅延時間が 223 ms の場合には水平面の音像定位実験を行うことができたのに対し,777 ms の場合には音像定位実験が困難を極めたことから,およそ 250 ms の遅延までは許容されると述べている。

この 200〜300 ms という値は,先に述べたマルチモーダル感覚情報の統合が行われる時間窓と類似の長さである。しかし,その背景にある機序は異なったものと考えるべきである。通常の視聴覚マルチモーダル感覚情報の統合の場合には聴覚情報と視覚情報は本人の動作と無関係に外界から観測者に受動的に与えられるもので,**求心性信号**と呼ばれる。それに対し,本項で述べている実験の場合には,観測者が能動的に動いており,その結果として音に変化が生じている。このように自分の行為によって生じる感覚について,私たちの脳は自らの運動指令から生じ得る感覚入力(**再求心性信号**)を予測し,それと実際の感覚入力の差を常に観測していると考えられている[68),69)]。とすれば,その差は,事前に予測していない時間遅れがある場合には大きなものとなり,それがある限界を超えるときが許容限になると考えられる。

例えば,自分が足をくすぐる行為が通常他者によるくすぐりよりくすぐったさが小さくなるのは,自分でくすぐった場合には上述の再求心性信号が予測信号との比較により相殺されることによると説明できる。Blakemore は,自分が足をくすぐる行為に時間遅延を与えたときに,他者によるくすぐりとくすぐったさを比較し,遅延時間が 200 ms まではくすぐったさが増加し,300 ms では他者によるくすぐりとほぼ同じになることを示している[70)]。また,Kawachi らは音による驚愕反応に自己の行為を伴わせることによる抑制効果について,キーの押下とその聴覚フィードバック(20 ms 長の白色雑音バースト)間の時間遅れの効果を調べている[71)]。その結果,遅延時間が 250 ms までは自らが行

うキーの押下による驚愕反応の抑制効果が得られるが，480 ms 以降はキーの押下を行わない状態と有意な差異が見られない．Toida らは，キーの押下と短音による聴覚フィードバック（2 ms 長の広帯域パルス）の遅延時間の幅をさまざまに変えた条件で，遅延が感じられるか否かの返答を求める実験を行っている[72]．その結果，ある条件における遅延時間の幅の最小値が 200 ms 未満となる条件では遅延が 400 ms を超えても遅延を感じないという反応が小さい割合とはいえ観測される一方，変化幅の最小値が 250 ms を超える値の条件では遅延を感じないという反応がまったくなくなることを示している．これら，200 ms 程度の知見時間までは自己の行為の効果，影響が明確に見られ，およそ 300 〜 500 ms では消失するという一連の結果は多くの関連研究とも一致するところと考えられる[71]．

　3 次元聴覚ディスプレイの時間遅延が音像定位知覚に与える影響は，キーの押下と聴覚フィードバックのように事象発生の時刻が明確に定まる例とは異なり，連続する時間の流れの中での現象である．しかし，そのような場合でも同じような許容時間が観測されていることは，背景にある機序に共通性があることを示唆するものと考えられる．

9.5.3　高次感性情報（臨場感・迫真性）の時間特性

　私たちの暮らしている環境には，評価や操作の対象物とそれを取り巻くアンビエントな空間が併存していると考えることができる．情報通信システムによって伝送される空間の**臨場感**やリアリティなど高次の感性情報の知覚についても，空間の持つこのような特性を考慮することが必要である．

　臨場感を「あたかもその場にいるような感覚」と字義どおりに解釈すれば[†]，「場」という以上，その評価は対象物のみならず背景となる空間の側も対象になる．これまでの知覚研究の成果を背景として，背景的な地に関する情報と前

[†] この言葉は「あたかもその場にいる」という字義どおりの意味だけではなく，強いインパクトを持つ現実の出来事に出会ったときにも使うなど，多義的に理解されていることが明らかになっている[73]．しかし，ここに紹介した実験では字義どおりに取り扱っている．

景的な図に関する情報とでそれぞれ別の知覚システムが関与する可能性が指摘されている[74]。

そこで臨場感とは異なり，注意が向いている事物のように前景的要素の感性評価に適した感性評価語として「**迫真性**」を取り上げ，「臨場感」と比較検討を行った[75)~77)]。日本庭園の鹿おどしと，交響楽のシンバル演奏の視聴覚コンテンツを準備し，それぞれの前景と背景になる対象の音圧レベルや画角を操作した。観測者にこれらのコンテンツを提示し，臨場感と迫真性を 0 （まったくない）から 6 （非常にある）までの視覚的アナログ尺度 7 段階評定法などを用いて判断するよう求めた。臨場感については「その場にいる感じがする」，迫真性については「本物らしい感じがある」などの教示を与えた。

その結果，臨場感は画角や音圧レベルを上げるにつれて単調に増加するのに対し，迫真性は中程度の画角や音圧レベルで最大となる逆U字型の特性を示すことが明らかになった。これは，迫真性を高めるには背景情報と前景情報を的確なバランスで提示することが重要であることを意味している。さらに，これらのコンテンツについて，視覚情報と聴覚情報の時間差（SOA）を操作して，同様に臨場感と迫真性の評価実験を行った。**図 9.8** に，交響楽演奏におけるシンバル演奏の打音と映像のSOAを操作した場合の結果を示す。この図から，臨場感についてはSOAの変化に対し評価値をz得点化した値が比較的ゆるやかに上下するのに対し，迫真性は比較的明瞭なピークを示す特性を持つことが

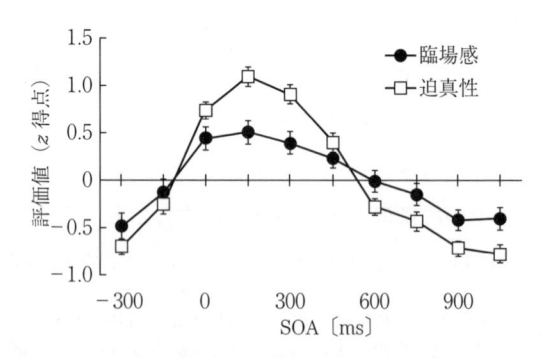

図 9.8 シンバル演奏のSOA操作時の臨場感と迫真性の変化[77]

見てとれる。また、それに伴って、迫真性より臨場感のほうが正の値を示す時間範囲が広くなっていることも見てとれる。これを時間窓と見ると、その幅はいずれも 500 ms 以上あり、前節で述べた基本的な知覚レベルの時間窓より大きな値となっていることは、脳内情報処理の背景を考える上でも興味深い。

9.6 まとめ―音（聴）空間知覚と時間

　本章では 3 次元音空間知覚を一種のマルチモーダル感覚情報処理過程であると考えることが重要であることを強調してきた。しかしそれは、聴覚それ自体の単一感覚種としての特性の解明が重要でないことを意味していないのは自明である。この点に関する詳しい記述はいくつかの成書[78]~[81]にゆずり、ここでは 3 次元音空間知覚に関して長短いくつかの時間が関与していることを見ていこう。

　一番短い時間は、水平面の音像定位に関する値であろう。人間の聴覚における方位角の**音像定位弁別限**（minimum audible angle, **MAA**）は、最も弁別限が小さい正面の場合、わずか 1～2° とされている[82],[83]。この値は比較的低い周波数で得られることから、その知覚手がかりはおもに**両耳間時間差**（interaural time difference, **ITD**）であると考えられる†。1～2° を両耳間時間差に換算すると 10～20 μs となる。人間の聴覚系はジェフレスが提案した神経回路（**ジェフレスモデル**）などを用いてこのような微小な両耳間ずれを検知している[84],[85]。

　直接音と壁などからの反射音がおよそ 1 ms 以内に到来したときにはそれらの到来方向を合成する形で単一の音像として知覚することが知られている。他方、1 ms を超えるような到来時間差がある音に対しては、多くの場合最初に到来した音像が知覚される（**先行音効果**（precedence effect））[86]~[88]。このように、音の到来方向の知覚においては 1 ms が臨界時間となっている。その背

---

†　水平面内音像定位を典型とする方位角の音像定位においては、およそ 1.5 kHz の周波数を境界としてそれより低い周波数では両耳間時間差が主要な知覚手がかりとなっている[89]。

景には両耳間時間差の最大値が関係していると考えられる。人間の頭部を断面が直径 18 cm の円であるとみなせば，その両耳間時間差は長くとも，頭に沿って測った両耳の隔たり（測地線距離）を音速で除した値である 800 μs 程度と見積もられる[90]。

直接音と反射音の時間差については 50～100 ms がもう一つの重要な臨界時間である。直接音が聴取者に到達してから 50～80 ms，条件によっては 100 ms 程度以内に到来する反射音群（初期反射音と呼ばれる）は音声明瞭度や音声了解度を高め，音楽の明瞭性を高める効果を有している[91],[92]。また，音の空間印象と高い相関を持つ**両耳間相関度**（interaural cross-correlation coefficient，**IACC**，両耳間相互相関度ともいう）においても，初期反射音に着目した評価を行う場合には 80 ms 内の相互相関が用いられる[81]。

直接音から 20 ms 以内の反射音は多くの場合に検知が困難である一方，それよりも遅延時間が長く強い反射音は残響の中から取り出して個別の反射音として知覚できるようになる。このような現象をエコーと呼び，反射音の到来遅延時間が 50 ms 以上になるとエコーとして聞き取れることが増えてくる。エコーは音声や音楽の聴取を阻害する要因となり，ホールや公共空間などの設計においてはエコーが発生しないよう設計が行われる。2011 年 3 月 11 日の東日本大震災をきっかけとして，屋外におけるエコーが音声聴取に及ぼす妨害効果が強く意識されるようになった。屋外に同じ音声を発する複数の装置がある場合や，高い建物などの反射音がある場合には，室内では生じないような大きな遅延時間を持ったエコーが生まれる（**ロングパスエコー**，long-path echo）。ロングパスエコーによる音声聴取の妨害を小さくするには一定の空白時間を設けるなど，屋内とは異なる対応が必要となることから，その影響の評価法や対策法の研究が進められている[93]。

私たちは，前段に略記したような音空間知覚過程を用い，それと同時に前庭系や視覚系などからの影響を受けながら特徴の分析とマッピング等の情報の解析を行っている。そして，その結果を用いて空間内の音に関する事象群を知覚していると考えられる。さらにそれらの事物を評価し，その結果に基づいて自

らが置かれた環境を理解し，臨場感や迫真性，あるいは自然性などの言葉で表現される高度感性情報の知覚を行っていると考えられる。

このような知覚過程において，50〜100 ms という時間が臨界的な時間長として音空間知覚過程とマルチモーダル感覚情報処理過程に共通に現れることは興味深い。これは，音空間知覚においては音楽や音声の明瞭性，空間印象に重要な役割を果たす時間長であり，視聴覚同時判断においては距離，言い換えれば音の伝搬時間に関する恒常性の条件となる時間である。したがって，50〜100 ms という時間単位は聴覚単独でも，視聴覚から成るマルチモーダル情報でも単一の事象か複数かを分ける時間になっているといえる。

その一方で，マルチモーダル感覚情報処理過程においては，通過・反発事象や腹話術効果をはじめとするさまざまな情報統合の場面で 200 ms 程度の長さの時間窓が共通に観測される。また，より高次と考えられる感性評価において見られる 500 ms 程度の時間窓は，音声知覚においてよく見られる時間窓長でもある。これらの時間長が音空間知覚や聴覚を含むマルチモーダル知覚において持つ意味は明確でない。しかし，実世界という無限定環境の下で，私たちの脳が，私たちが置かれた環境をより正しく適切にとらえるために合理的と考える情報処理を行った結果，観察された時間窓であることは疑いがない。そう考えれば，音空間知覚を含む空間の知覚，さらにはその中におけるさまざまな事物の知覚，そしてそれらを統合して事物の評価を行う過程における時間の意味は，これからも探求を深めていくべき意義を持つといえるであろう。

引用・参考文献

1) Y. Suzuki, T. Okamoto, J. Trevino, Z-L. Cui, Y. Iwaya, S. Sakamoto and M. Otani：3D spatial sound systems compatible with human's active listening to realize rich high-level kansei information, Interdisciplinary Information Sciences, 18, 2, pp. 71-82（Sep. 2012）
2) Y. Suzuki：Auditory Displays and Microphone Arrays for Active Listening, Keynote Address, The 40th International AES Conference, Tokyo（Oct. 2010）

3) 河地庸介, 行場次朗：視覚的事象の知覚に関する最近の研究動向 — 物体同一性, 因果性, 通過・反発事象の知覚, 心理学評論, **51**, 2, pp. 206-219 (2008)
4) 藤崎和香：聴覚情報処理のフロンティア研究と情報通信技術への応用 [Ⅱ] 視聴覚の情報統合と同時性知覚, 電子情報通信学会誌, **89**, 10, pp. 906-911 (2006)
5) スペンスチャールズ：視聴覚統合, 日本音響学会誌, **63**, 2, pp. 83-92 (2007)
6) I. P. Howard and W. B. Templeton：Human spatial orientation, John Wiley & Sons Ltd. (1966)
7) C. E. Jack and W. R. Thurlow：Effects of degree of visual association and angle of displacement on the "ventriloquism" effect, Perceptual and motor skills, **37**, 3, pp. 967-979 (Dec. 1973)
8) D. A. Slutsky and G. H. Recanzone：Temporal and spatial dependency of the ventriloquism effect, Neuroreport, **12**, 1, pp. 7-10 (Jan. 2001)
9) M. O. Ernst：A Bayesian view on multimodal cue integration, In G. Knoblich (ed.), Human body perception from the inside out, Oxford University Press, pp. 105-131 (2006)
10) H. Colonius and A. Diederich：The optimal time window of visual-auditory integration: a reaction time analysis, Frontiers in integrative neuroscience 4 (May 2010)
11) R. B. Welch and D. H. Warren：Immediate perceptual response to intersensory discrepancy, Psychological Bulletin, **88**, pp. 638-667 (Nov. 1980)
12) S. Grondin：Sensory modalities and temporal processing, In H. Helfrich (Ed.), Time and mind II, Hogrefe & Huber, pp. 61-77 (2003)
13) A. Kopinska and L. R. Harris：Simultaneity constancy, PERCEPTION, **33**, 9, pp. 1049-1060 (2004)
14) P. Jaśkowski, F. Jaroszyk and D. Hojan-Jezierska：Temporal-order judgments and reaction time for stimuli of different modalities, Psychological Research, **52**, 1, pp. 35-38 (Mar. 1990)
15) R. Sekuler, A. B. Sekuler and R. Lau：Sound alters visual motion perception, Nature, **385**, p. 308 (Jan. 1997)
16) L. Shams, Y. Kamitani and S. Shimojo：What you see is what you hear, Nature, **408**, p. 788 (Dec. 2000)
17) D. A. Jeffreys and J.G. Axford：Source locations of pattern-specific components of human visual evoked potentials. I. Component of striate cortical origin, Experimental Brain Research, **16**, 1, pp. 1-21 (Nov. 1972)
18) G. G. Celesia：Organization of auditory cortical areas in man, Brain, **99**, 3, pp. 403-414 (Sep. 1976)
19) N. Leserve：Chronotopographical analysis of the human evoked potential in

relation to the visual field (data from normal individuals and hemianopic patients), Annals of the New York Academy of Sciences, **388**, pp. 156-182 (Jun. 1982)

20) C. Liegeois-Chauvel, A. Musolino and P. Chauvel : Localization of the primary auditory area in man, Brain, **114**, Pt 1A, pp. 139-151 (Feb. 1991)

21) L. R. Harris, V. Harrar, P. Jaekl and A. Kopinska : Mechanisms of simultaneity constancy, In R Nijhawan (ed.), Space and time in perception and action, Cambridge University Press, pp. 232-253 (2010)

22) D. C. Hood, and D. G. Birch : The A-wave of the human electroretinogram and rod receptor function, Investigative ophthalmology & visual science, **31**, 10, pp. 2070-2081 (Oct. 1990)

23) 内川惠二：視覚情報処理ハンドブック, p.596, 朝倉書店 (2000)

24) G. C. DeAngelis, I. Ohzawa and R. D. Freeman : Receptive-field dynamics in the central visual pathways, Trends in neurosciences, **18**, 10, pp. 451-458 (Oct. 1995)

25) B. H. Repp and A. Pene : Auditory dominance in temporal processing: new evidence from synchronization with simultaneous visual and auditory sequences, Journal of Experimental Psychology : Human Perception and Performance, **28**, 5, p. 1085 (Oct. 2002)

26) S. Hidaka, W. Teramoto, Y.Sugita, Y. Manaka, S. Sakamoto and Y. Suzuki : Auditory motion information drives visual motion perception, PLoS One, **6**, 3, e17499 (Mar. 2011)

27) W. Teramoto, S. Hidaka, Y. Sugita, S. Sakamoto, J. Gyoba, Y. Iwaya and Y. Suzuki : Sounds can alter the perceived direction of a moving visual object, Journal of vision, **12**, 3: 11 (Mar. 2012)

28) J. Vroomen and M. Keetels : Perception of intersensory synchrony : a tutorial review, Attention, Perception, & Psychophysics, **72**, 4, pp. 871-884 (May 2010)

29) P. C. Klink, J. S. Montijn and R. J. A. van Wezel : Crossmodal duration perception involves perceptual grouping, temporal ventriloquism, and variable internal clock rates, Attention, Perception, & Psychophysics, **73**, 1, pp. 219-236 (Jan. 2011)

30) D. Alais, F. N. Newell and P. Mamassian : Multisensory processing in review: from physiology to behavior, Seeing and Perceiving, **23**, pp. 3-38 (2010-01)

31) Y. Sugita and Y. Suzuki : Audiovisual perception : Implicit estimation of sound-arrival time, Nature, **421**, 27, p. 911 (2003)

32) 和田陽平, 大山 正, 今井省吾：感覚知覚心理学ハンドブック, pp. 609-623, 誠信書房 (1969)

33) G. R. Engel and W.G. Dougherty : Visual-auditory distance constanc, Nature, **234**, p. 308 (Dec. 1971)

34) 佐藤裕介：視聴覚統合下における音の音の大きさの恒常性，東北大学審査修士学位論文（2012-03）
35) J. Lewald and R. Guski : Auditory-visual temporal integration as a function of distance: no compensation for sound-transmission time in human perception, Neuroscience letters, **357**, 2, pp. 119-122（Mar. 2004）
36) J. V. Stone, N. M. Hunkin, J. Porrill, R. Wood, V. Keeler, M. Beanland, M. Port and N.R. Porter : When is now? Perception of simultaneity, Proceedings of the Royal Society of London, Series B: Biological Sciences, **268**, 1462, pp. 31-38（Jan. 2001）
37) A. H. Holway, and E. G. Boring : Determinants of apparent visual size with distance variant, The American Journal of Psychology, pp. 21-37（Jan. 1941）
38) W. Fujisaki, S. Shimojo, M. Kashino and S. Nishida : Recalibration of audiovisual simultaneity, Nature neuroscience, **7**, 7, pp. 773-778（Jul. 2004）
39) D. H. Arnold, A. Johnston and S. Nishida : Timing sight and sound, Vision Research, **45**, 10, pp. 1275-1284（May. 2005）
40) 下條信輔：「桶の中の脳」は未来の夢を見るか，仮想現実学への序曲（原島　博，廣瀬通孝，下條　信輔　編），pp. 21-29，共立出版（1994）
41) 北崎光晃：知覚的リアリティの計測に向けて ― 知覚恒常性と脳情報復号化，電子情報通信学会技術研究報告，EID，電子ディスプレイ，**107**，304，pp. 37-42（2007-11）
42) K. Watanabe : Crossmodal interaction in humans, PhD Thesis, California Institute of Technology（2001）
43) 小宮山摂：音像定位と視覚情報 ― 大画面テレビの場合，騒音制御，**13**，5，pp. 261-265（1989-10）
44) H. McGurk and J. MacDonald : Hearing lips and seeing voices, Nature, **264**, pp. 746-748（Dec. 1976）
45) V. van Wassenhove, K. W. Grant and D. Poeppel : Temporal window of integration in auditory-visual speech perception, Neuropsychologia, **45**, 3, pp. 598-607（Feb. 2007）
46) S. Morein-Zamir, S. Soto-Faraco and A. Kingstone : Auditory capture of vision : examining temporal ventriloquism, Cognitive Brain Research, **17**, 1, pp. 154-163（Jun. 2003）
47) J. Vroomen and M. Keetels : The spatial constraint in intersensory pairing : no role in temporal ventriloquism, Journal of Experimental Psychology : Human Perception and Performance, **32**, 4, pp. 1063-1071（Aug. 2006）
48) A. Boemio, S. Fromm, A. Braun and D. Poeppel : Hierarchical and asymmetric temporal sensitivity in human auditory cortices, Nature neuroscience, **8**, 3, pp. 389-395（Feb. 2005）
49) G. B. Remijn, H. Ito and Y. Nakajima : Audiovisual integration : an investigation of

the "streaming-bouncing" phenomenon, Journal of physiological anthropology and applied human science, **23**, 6, pp. 243-247 (Nov. 2004)
50) S. Shimojo and L. Shams : Sensory modalities are not separate modalities : plasticity and interactions, Current opinion in neurobiology, **11**, 4, pp. 505-509 (Aug. 2001)
51) D. W. Massaro, M. M. Cohen and P. M. T. Smeele : Perception of asynchronous and conflicting visual and auditory speech, The Journal of the Acoustical Society of America, **100**, 3, pp. 1777-1786 (Sep. 1996)
52) K. P. Green, P. K. Kuhl, A. N. Meltzoff and E.B. Stevens : Integrating speech information across talkers, gender, and sensory modality : Female faces and male voices in the McGurk effect, Perception & Psychophysics, **50**, 6, pp. 524-536 (Dec. 1991)
53) 浅川　香：音声知覚における視聴覚統合に関する研究，東北大学審査博士学位論文（2011-03）
54) 今井　篤，池沢　龍，清山信正，中村　章，都木　徹，宮坂栄一，中林克己：ニュース音声を対象にした時間遅れを蓄積しない適応型話速変換方式，電子情報通信学会論文誌 (A)，J83-A, 8, pp. 935-945（2000）
55) A. Tanaka, S. Sakamoto and Y. Suzuki : Effects of pause duration and speech rate on sentence intelligibility in younger and older adult listeners, Acoustical Science and Technology, **32**, 6, pp. 264-267 (Nov. 2011)
56) S. Sakamoto, A. Tanaka, K. Tsumura and Y. Suzuki : Effect of speed difference between time-expanded speech and moving image of talker's face on word intelligibility, Journal on Multimodal User Interfaces, **2**, 3-4, pp. 199-203 (Dec. 2008)
57) K. W. Grant and P.F. Seitz : Measures of auditory-visual integration in nonsense syllables and sentences, The Journal of the Acoustical Society of America, **104**, 4, pp. 2438-2450 (Oct. 1998)
58) A. Tanaka, S. Sakamoto, K. Tsumura and Y. Suzuki : Visual speech improves the intelligibility of time-expanded auditory speech, NeuroReport, **20**, 5, pp. 473-477 (Mar. 2009)
59) H. Wallach : On sound localization, The Journal of the Acoustical Society of America, **10**, 4, pp. 270-274 (Apr. 1939)
60) H. Wallach : The role of head movements and vestibular and visual cues in sound localization, Journal of Experimental Psychology, **27**, 4, pp. 339-368 (Oct. 1940)
61) W. R. Thurlow and P. S. Runge : Effect of induced head movements on localization of direction of sounds, The Journal of the Acoustical Society of America, **42**, 2, pp. 480-488 (Aug. 1967)
62) 川浦淳一，鈴木陽一，浅野　太，曽根敏夫：頭部伝達関数の模擬によるヘッド

ホン再生音像の定位，日本音響学会誌，**45**，10，pp. 756-766（1989）

63) J. Kawaura, Y. Suzuki, F. Asano and T. Sone：Sound localization in headphone reproduction by simulating transfer function from the sound source to the external Ear, Journal of the Acoustical Society of Japan (E), **12**, 5, pp. 203-216 (Sep. 1991)

64) 大内　誠，岩谷幸雄，鈴木陽一，棟方哲弥：汎用聴覚ディスプレイ用ソフトウェアエンジンの開発と音空間知覚訓練システムへの応用，日本音響学会誌，**62**，3，pp. 224-232（2000）

65) S. Yairi, Y. Iwaya and Y. Suzuki：Influence of Large System Latency of Virtual Auditory Display on Sound Localization Task, Acta Acustica united with Acustica, **94**, 6, pp. 1016-1023 (Nov. / Dec. 2008)

66) 平原達也，森川大輔，岩谷幸雄：インターネット接続したテレヘッドによる聴覚テレプレゼンス，日本音響学会講演論文集（秋），pp. 651-652（2011-09）

67) T. Hirahara, D. Morikawa and Y. Iwaya：Personal auditory tele-existence system using a TeleHead, Proc. of Ninth IIH-MSP, pp. 322-325 (Oct. 2013)

68) E. van Holst：Relations between the central nervous system and the peripheral organs, The British Journal of Animal Behaviour, **2**, 3, pp. 89-94 (Jul. 1954)

69) 乾　敏郎：脳科学からみる子どもの心の育ち　認知発達のルーツをさぐる　叢書 知を究める 1，ミネルヴァ書房（2013）

70) S-J. Blakemore, C. D. Frith and D.M. Wolpert：Spatio-temporal prediction modulates the perception of self-produced stimuli, Journal of cognitive neuroscience, **11**, 5, pp. 551-559 (Sep. 1999)

71) Y. Kawachi, Y. Matsue, M. Shibata and O. Imaizumi：Auditory startle reflex inhibited by preceding self-action, Psychophysiology, **51**, 1, pp.97-102 (Jan. 2014)

72) K. Toida, K. Ueno and S. Shimada：Recalibration of subjective simultaneity between self-generated movement and delayed auditory feedback, NeuroReport, **25**, 5, pp. 284-288 (Mar. 2014)

73) 寺本　渉，吉田和博，浅井暢子，日高聡太，行場次朗，鈴木陽一：臨場感の素朴な理解，日本バーチャルリアリティ学会論文誌，**15**，1，pp. 7-16（2010-03）

74) 行場次朗：図と地の知覚 ― 視覚の心理，電子情報通信学会誌，**74**，4，pp. 315-320（1991-04）

75) 寺本　渉，吉田和博，日高聡太，浅井暢子，行場次朗，坂本修一，岩谷幸雄，鈴木陽一：「迫真性」を規定する時空間情報，日本バーチャルリアリティ学会論文誌，**15**，3，pp. 483-486（2010-09）

76) 行場次朗，寺本　渉：臨場感と迫真性　講座　拡張現実感技術の最前線，映像情報メディア学会誌：映像情報メディア，**66**，7，pp. 561-563（2012）

77) 本多明生，神田敬幸，柴田　寛，浅井暢子，寺本　渉，坂本修一，岩谷幸雄，

行場次朗,鈴木陽一:視聴覚コンテンツの臨場感と迫真性の規定因,日本バーチャルリアリティ学会論文誌, **18**, 1, pp. 93-101 (2013-03)

78) イェンスブラウエルト,森本政之,後藤敏幸:空間音響,鹿島出版会 (1986)
79) J. Blaruert : Spatial Hearing — The Psychophysics of Human Sound Localization, Revised Edition, The MIT Press (1996)
80) 飯田一博,森本政之,福留公利,三好正人,宇佐川毅:空間音響学,コロナ社 (2010)
81) 上野佳奈子,橘 秀樹,坂本慎一,小口恵司,羽入敏樹,清水 寧,日高孝之:コンサートホールの科学,コロナ社 (2012)
82) A. W. Mills : On the Minimum Audible Angle, The Journal of the Acoustical Society of America, **30**, 4, pp. 237-246 (Apr. 1958)
83) D. R. Perrott and K. Saberi : Minimum audible angle thresholds for sources varying in both elevation and azimuth, The Journal of the Acoustical Society of America, **87**, 4, pp. 1728-1731 (Apr. 1990)
84) L. A. Jeffress : A place theory of sound localization, Journal of Comparative & Physiological Psychology, **6**, 1, pp. 35-59 (Feb. 1948)
85) G. Ashida and A. E. Carr : Sound localization: Jeffress and beyond, Current opinion in neurobiology **21**, 5, pp. 745-751 (Oct. 2011)
86) H. Wallach, E. B. Newman and M. R. Rosenzweig : A Precedence effect in sound localization, The Journal of the Acoustical Society of America, **21**, 4, pp. 468-468 (Jul. 1949)
87) H. Haas : Uber den Einfluss eines Einfachechos auf die Hoersamkeit von Sprache (On the influence of a single echo on the intelligibility of speech), Acta Acustica united with Acustica, **1**, 2, pp. 49-58 (1951)
88) J. Braasch and J. Blauert : The precedence effect for noise bursts of different bandwidths. II. Comparison of model algorithms, Acoustical Science and Technology, **24**, 5, pp. 293-303 (Sep. 2003)
89) 平原達也,蘆原 郁,小澤賢司,宮坂榮一:音と人間,コロナ社 (2012)
90) G. F. Kuhn : Model for the interaural time differences in the azimuthal plane, The Journal of the Acoustical Society of America, **62**, 1, pp. 157-167 (Jul. 1999)
91) R. Thiele : Richtungsverteilung und Zeitfolge der Schallrückwürfe in Räumen, Acta Acustica united with Acustica, **3**, 2, pp. 291-302 (1953)
92) W. Reichardt, O. A. Alim and W. Schmidt : Abhängigkeit der grenzen zwischen brauchbarer und unbrauchbarer durchsichtigkeit von der art des musikmotives, der nachhallzeit und der nachhalleinsatzzeit, Applied Acoustics, **7**, 4, pp. 243-264 (Oct. 1974)
93) 鈴木陽一:屋外拡声装置による災害情報伝達の高度化を目指して,第5回安全・安心な生活のための情報通信システム (ICSSSL) 研究会 (2014-06)

第10章
まとめ ― 音における時間とは

10.1 精神物理学における時間

10.1.1 時間の多様性

　精神物理学は「刺激の物理的性質と，その刺激によって生じる感覚・知覚との量的関係を研究する実験科学の分野を指す」と定義されている[1]。しかし，1章のコラム3で紹介したように「時間は刺激ではない」。では，時間はどこで生まれるのか。それは2.2節「時間をつくる脳」で紹介されたように脳内でつくられる。（以下2章より）刺激でない時間には光や音のような時間受容器はない。また，脳内にも視覚野，聴覚野といったモジュール化した脳領域はあっても「時間野」という領域は存在しない。2.6節で紹介したように時間知覚や時間評価の脳内機構はよくわかっていない。また，主観的時間を生み出す専用のメカニズムも見出されていない。ただ脳の多くの場所が協調して機能する高次認知過程が主観的時間の世界を創り出していると考えるアプローチが参考になる。すなわち脳で創られる時間はきわめて多様で決して一様ではない。脳の中の「現在」も一つでなく多重的な性質を帯びている。この多重的な現在を束ねるのが注意の時間窓（7節）でこの時間窓に入る種々のイベントは一つのまとまりをもち同時的とみなされる。ワーキングメモリの容量が時間窓の長さに関与する。

　2章で示された脳の中の時間の多様性が，精神物理学における時間の多様性を裏づけている。例えば多重的な現在をたばねる時間窓，すなわち心理的現在

10.1 精神物理学における時間　225

の長さは新しい精神物理学的手法を用いて測定できる。4章「音の流れと連続判断」の章で紹介されたように，2ないし3秒の幅を持つ。固定した窓ではなく刺激文脈によってこの幅にはゆらぎがあるが決して幅が点になることはない。また幅を拡げると同時性を喪失する。**時間窓**もまた多様である。

　脳の中の時間の多重性と脳の中に主観的時間を生み出す専用のメカニズムが見出されていないことは，客観的に**計測された時間**上での1次元の変化が主観的な**時間意識**の中ではじつに多次元的で多様な変化を生み出すことを裏づけている。時にはその1次元の変化が「時間意識」を伴うことなく多様な働きをする。例えば1章および3章で紹介したように，音刺激の持続時間を1次元的に変化させるという単純な操作が音色の変化を生じ，その豊富な手がかりが μs オーダの鋭い聴覚の時間分解能を支えている。

　また，先行音と後行音の時間間隔のように「計測された時間」の上での1次元の変化が音源の空間的位置や空間の拡がりの手がかりを与えることで，「時間意識」を伴わずに人間を取り囲む3次元の空間的世界の認知を助けている。

　「時間意識」を伴わない短い音刺激の時間条件の相違を検出する課題は従来の精神物理学的研究において取り扱いやすいテーマでもある。例えば，音色空間における変化は多彩であっても，変化の検知反応は「同じ」または「異なる」のように簡便な二件法でもとらえられる。これまで多くの「時間」に関する精神物理学的研究が「時間意識」を伴わない音刺激の「時間条件」の検知実験であった事情を反映している。哲学的背景もある深淵な「時間意識」の世界を避けて，音刺激の時間条件と変化の検知反応との関係を求めるアプローチは刺激-反応の関数関係を求める上で実証的で豊富な知見を与えたといえる。

　時間に迫るつぎの段階として，独立変数としての「時間」と従属変数としての「時間意識」との精神物理学的関係の解明が必要なアプローチとなる。

10.1.2 「客観的時間」と「主観的時間」

　「脳の中の時間の多様性」が「時間ということばの多義性」を生み，時間知覚研究でいわゆる物理的時間と心理的時間の区別すら明確でなかったという混

乱を生じた[2]。1章で「計測された時間」と「時間意識」の区別を提案した理由である。音刺激の時間的性質を表示する役割を担う**物理的時間**は，ニュートンの絶対時間が相対性理論や量子力学で否定された現在使うのにためらいがある。**客観的時間**はフッサール[3]によって現象学的与件でないと排去されたが，そのフッサールに「時間意識の内部で客観的時間として措定された時間」としての記述も見られ[3][p.10]，フッサールの手続きはすべて客観的時間の実在を前提としていたのではないかとのビーリの批判もうなずける[4][p.164]。

　現代の**規制された時間**に追われる日常で，しばしば時計を見ては「客観的時間」を確認して行動のスケジュールを調整するとき，その「客観的時間」は正にフッサールのいう「時間意識の内部で客観的時間として措定された時間」そのものであり，時間意識の内部にある時間を「客観的時間」と呼ぶには問題がある。時計を見て知った時間は本当に「客観的時間」なのか，それとも**脳の中でつくられた時間**なのか明確でない。少なくとも2章で紹介されたように脳の情報処理の遅れ時間と脳の高次の認知過程によって脚色された時間が含まれていない保証はない。すなわち，「客観的時間」がいかにして決定されたか，その手段が厳密に定義・制御されていないと客観的とはいえない。その上，**主観的時間**とは別に「客観的時間」が実在することの証明はこの上なく難しい。むしろ素朴に**音刺激の時間（条件）**と表現すれば，意識の中の時間と誤解されることは少ないだろう。誤解される恐れがない場合，あるいは特に区別する必要のない場合には「時間」との表現が便利である。「時間」の多様性を考えるとき，文脈により音刺激の時間条件と「時間意識」とが混同される恐れがなければ，用語もまた多様であってもよいのかもしれない。本書では特に「時間」を巡る用語について各章で統一する作業は行わなかった。

10.1.3　音刺激と反応の時間精度

　「音刺激の時間」をいかに求めるか。精神物理学において刺激条件を明確にするには**操作的定義**が適している。そこで「計測された時間」との用語を用いた。時間計測の手順を再現可能な形で詳細に記述することは科学の世界では当

然の手続きである．1章のコラム4で紹介したように時間の基準に用いられる原子時計の精度はきわめて高い．太陽暦との整合性も考慮した上で，原子時計によって計測された「**協定世界時** (Universal time, Coordinated : UTC)」によって標準時間を知ることができる[5]．実験データに同期して世界時を記録しておけば，精度よく実験プロセスの経過時間を知ることができる．

ただ問題はいかに世界時の精度が高くとも，現実の精神物理学の実験において音刺激の時間条件が精度よく制御可能か否かの問題である．これについては，5章の同期タッピングの節でコンピュータを用いて実験を行う際の時間の精度の不確かさが紹介されている．現在の高性能だがマルチタスク方式で動作しているコンピュータの場合，個々の処理の実行タイミングはユーザではなくコンピュータのOSに管理されているため，実験者が望んだタイミングで特定の処理が実行される保証のないことがわかる．その上，キーボードからの打鍵の場合にも20～70 msに及ぶ遅延が不規則に生じること，マウスのクリックのタイミングでは35 msに及ぶ遅延が生じることが紹介されている．なお，同期タッピングの実験に必要な精度は遅延の標準偏差が1 ms以内と厳しい．また音刺激の提示についてもサウンドボードとソフトウェアの組み合わせによって大きく変化するので，オシロスコープにより測定して確認する必要性が述べられている．

7章でも**MIDI**機器の時間制御の不確かさが紹介されている．例えば，同一の時間波形を等間隔にMIDI機器に入力し，その出力信号の**IOI**（inter-onset interval）を分析すると2～30 msのばらつきが観測されるとのことである．また，音響信号から時刻を求めることは困難を極めるとのことである．分析機器が進歩した現在でも，実際の演奏音のように波形が複雑で立ち上がり時点が明瞭でないときには一つの演奏音の持続時間を確定することすら容易でない場合もあろう．

パソコンとサウンド編集ソフトが普及して，音の実験において刺激の作成から刺激の提示，提示された刺激の測定，ヒトの反応の測定・記録，結果のフィードバック，実験データの分析など実験の全プロセスが1台のコンピュー

タで実施可能になった。刺激を作成した同じコンピュータで刺激の物理量の分析を行うことも行われている。コンピュータシステムのハードやソフトウェアに不規則な誤差があった場合，測定の妥当性を同一機器で確認することは難事となる。アナログ音信号とコンピュータのディジタル信号の窓口となる AD 変換器，DA 変換器の性能もオーディオ機器の特性とともに確認しておく必要があろう。また，音刺激は空気の疎密波としてヒトに伝達されるので，空中に伝達された音の波形も監視する必要がある。

　菅野（6章）が述べているように刺激作成とはまったく独立の測定系，例えばオシロスコープで波形を確認することが必要であろう。

　図 10.1，図 10.2 の写真は 3 章で紹介した減衰音のラウドネスの実験に用いた音刺激をオシロスコープで表示したものである。同じ画面に上下二つの波形が表示されているが，上は刺激発生装置から出力された電気信号としての波形，もう一つの波形はヘッドホンの出力をイアカップラーで受けてマイクから計測用アンプを経て電気信号に再度変換された波形である。実験の目的に照らして問題のない波形が提示されたか否かを判断することになる。

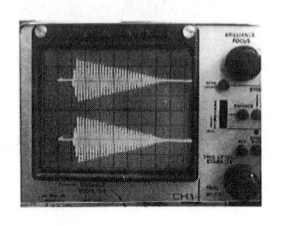

図 10.1　オシロスコープでとらえた減衰音（標準刺激）の波形（3章）

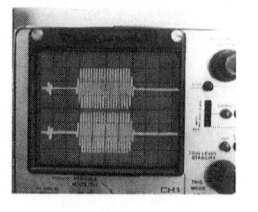

図 10.2　オシロスコープでとらえた定常音（比較刺激）の波形（3章）

　時間に関係ある実験の場合，コンピュータから直接出力せず校正信号とともにいったん CD など他の媒体に録音しておいてその物理量を独立の測定系で測定し，実験の目的に照らして問題なければその CD を実験に用いるという方法は制御不能のばらつきを減らすという意味で効果がある。ただし，刺激の順序を実験計画に従って変える場合には順序の数だけ刺激を録音するという手間がかかる。

6章，7章で例示されたようにコンピュータやMIDIの出力にはランダムな誤差が介入する恐れがあるのでその制御に細心の注意を払う必要がある。内外の音刺激の時間制御に関係する論文を見ても時間制御をコンピュータのみに依存している例が少なくない。また，実測された音刺激の波形が示されている例は必ずしも多くない。独立系の刺激発生システム，反応記録装置，測定システムを含むことなくコンピュータだけに依存して時間に関する実験を実施する場合には，その精度の限界と実験目的に要求される精度との兼ね合いに慎重な配慮が必要だろう。

10.1.4 音 楽 情 報

「時間意識」の世界はまことに多様，かつ広大でとてもその全容を扱うことはできない。本書が，精神物理学的観点に焦点を絞って「音と時間」の問題に取り組んだ理由（由縁）でもある。このことは反面，音と時間の最も豊富でみずみずしい交流の場である音声と音楽の世界を除外することになりかねない。音声の担う言語情報，音楽の持つ芸術的表現が大きな役割を果たす世界だからでもある。

だが，「時間意識」が重要な役割を演じる音楽演奏の世界はあまりに広い。ここでは物理学的指標を活用した**音楽情報処理**の分野の話題が取り上げられた（7章）。デジタル化した音楽はライブでも放送でも威力を発揮するが，特に現在ネットを中心に流れているデジタルの音楽情報は膨大である。この情報を利用するためには，音楽情報が検索できるようにラベルを貼る必要がある。膨大な情報なのでコンピュータによるラベル付けができれば便利である。しかし，そのためには人ではなくコンピュータが音楽を理解してリズムやメロディの特徴を把握しなければならない。音楽は譜面に示されているように符号化できるが，音として流れている音楽情報は多くの変動要因によって左右されている。その中から演奏の特徴を表示する指標を見出すためには，人の**音楽知覚認知**と対応関係のよい物理的指標を見出す必要がある。その有効な物理量を探る作業には精神物理学的測定法が活用できるが，音の強さや周波数の閾値の問題と

違って，ここでは音楽演奏の特徴を示す量でなくてはならず，それには音楽ならではの特徴は何かの知識が必要となる．いわば，有効な特徴抽出をコンピュータが行うためには，コンピュータもまた音楽を理解することが必要となる．多くのばらつきを含む膨大な音楽情報のデータベースとしての蓄積と，目指す情報を的確に検索できる物理的指標の開発が相互に貢献し合いながら，目標達成に向けて多くの試行錯誤を重ねる必要があるだろう．演奏表現における**芸術的逸脱**も音楽演奏における芸術性を理解する上で重要な示唆を与えるだろう．時間情報が重要な役割を果たす音楽情報処理の世界において，豊富な研究の蓄積が「音楽の理解」という豊穣な世界の一端に迫ることを期待したい．

10.1.5 時間意識

　精神物理学において取り扱える「時間意識」の世界はまことに限定されたものになるが，それでも「時間意識」を伴う反応は多様である．（1）順序の識別，（2）変化する音の流れ（ストリーム）の追随，（3）リズムの同期，（4）異種感覚間の同期など列記できる．

　（1）順序の識別では，時間分解能に関する実験と異なり，異同の検知だけでなく，刺激がA→BあるいはB→Aのいずれの順で発生したかの時間順序の識別ができなければならない．この場合どちらが時間的に先かの時間意識が発生する．ハーシュの挙げた例でも音色による異同の検知の場合はミリセカンドオーダーの値を示すが，順序の識別の場合には10〜50 msと10倍以上閾値が高くなる．さらに，寺西の**識別臨界速度**のように連続する母音の順序を正しく識別するには，150 ms程度とさらに数倍以上の所要時間を必要とする．ワーキングメモリの処理容量とも関連するものの思われる．

　（2）音声，音楽，物音（環境音）のように変化しつつ情報を伝達する音刺激の認知は，時々刻々変化する情報を把握しながらかつ一連の音の出来事が終了したあとで，その全体の印象をいだく．4章で紹介したように，変化を知覚しながらその時々刻々の印象をカテゴリーに従ってキーボードに入力するカテゴリー連続判断法は音の流れに追随している反応だが，その反応は入力した時

点だけでなくそれに先立つ2～3秒の物理量の影響を受けていることが示された。心理的現在を実測する一つのアプローチといえる。

（3）「リズムの同期」は正に時間が中心の課題である（6章）。なぜ音の変化にリズムを感じるのか，なぜリズムに合わせて行動できるのか，しかしなぜ同期に規則的なずれが生じるのか，多くの謎に満ちている。特に音系列に目立ったアクセントがなくとも，主観的に4拍子または3拍子のリズムが構成される例から，ヒトの脳は音の流れをあるゲシュタルトに束ねる働き（群化）があるようにみえる（聴覚における**ゲシュタルトの法則**については4章参照）。

2.3.2項で述べられているように「時間とリズムの接着剤としてのワーキングメモリ」の処理容量が関与していると思われるが，特に音に合わせて打鍵する「同期タッピング」は聴覚と運動を時間的に一致させるという「時間意識」の機能なしには成り立たない行動である。この行動を通じて，打鍵すべき音を区別できる限界としての時間窓の幅160～170 ms，さらに打鍵速度の限界としての200 ms，また打鍵のタイミングを測る最長の限界，すなわち二つの音が同じ心理的現在におさまる限界の1 800 msなど種々の限界値が示されている。

このように音と行動が結びついた同期タッピングの場合でも，知覚的に求められた順序の識別，識別臨界時間，心理的現在におけると同様に種々の異なる限界が見出されている。これらの各限界における「計測された時間」の値にはそれぞれ大きな幅がある。元来「時間窓」の用語は**高速フーリエ変換**(fast Fourier transform, **FFT**)を実行するときに長時間の時系列信号から有限のフーリエ変換を行うために切り取った時間の範囲の名称として使用されたが，ムーアら[6]が紹介しているように，ラウドネス加算における**積分時間**(臨界継続時間)を「時間窓」として用いられた経緯もある。時系列の情報を束ねるのに便利な概念(範囲)であるので，ラウドネス加算以外にもいろいろなケースに用いられている。

ただ，本章の冒頭で述べたように，時間の多様性から「時間窓」の範囲も種々の広がりを持つという宿命がある。例えば，ラウドネスの臨界継続時間に限っても測定手法や手がかりの相違によって10 ms～1秒近い大きな相違がある。時間の多様性が時間の特色とすれば，「時間窓」の多様性もまた音刺激が

提示された文脈によって大きな相違があることを了解すべきかもしれない。とはいえ，「時間窓」という概念の外延は仮に「時系列的に提示される音刺激を一つに束ねる時間範囲」と定められても，その内包は音刺激の相違と判断の手がかりの相違によって大きく異なる。少なくとも実験で得られた「時間窓」の内包について明示，説明することが必要だろう。音刺激の分析の「時間窓」と区別する必要のあることはいうまでもない。

　例えばカテゴリー連続判断法の場合，音刺激（現実音）の分析の「時間窓」は 100 ms である。この値は騒音計の時定数（125 ms）の値と対応づけるために選んだものである。この 100 ms の間に含まれる音刺激のエネルギー値を積分して「時間窓」の代表値とする（プログラム上では音刺激の振幅情報は 2 ms 間隔で取り込まれる）。FFT による周波数分析を行うわけではないので特定の窓関数は用いない。音刺激と同期して取り込まれた実験参加者の反応（カテゴリー値）も 100 ms 間隔で記録され，音刺激のエネルギー値との対応関係を求める。そのとき，実験参加者の反応時間を推定するために音刺激の記録された時間から反応の時間を遅らせながら両者の相関係数を求め，最大の相関係数が得られた遅れ時間をもって反応時間の推定値とする。また，音刺激も反応も記録した時点だけでなくある範囲の記録が結果に影響していると考えられるので，図 4.7 に例示したような方法で最大の相関係数が得られる刺激の時間範囲，反応の時間範囲について相関係数を求め，最大の相関係数が得られた時間範囲を「心理的現在」の推定値としている。ここで「心理的現在」を「時間意識」における「時間窓」とし，その「心理的現在」の範囲に対応する音刺激の範囲もまた「時間窓」とすれば，音刺激の分析（100 ms），時間意識（心理的現在），それに対応する音刺激の時間範囲という三つの「時間窓」が存在し得ることになる。ラウドネスの臨界継続時間としての「時間窓」を含めると種々の「時間窓」が乱立することになる。

　このように種々の限界値の存在とそれぞれの幅の多様性から始まって，種々の「時間窓」の乱立の話題に至ったが，現段階では用語を統一するよりも使用された時間に関する用語の意味を明確に定義して適切な概念の構築を目指して

学会で活発に議論すべき発展途上の問題であろう。刺激である音のエネルギー値や周波数と精神物理学的手法で測定された刺激閾，弁別閾，等価点などの定数については比較的安定した結果が得られ，前述のように等ラウドネス曲線や複合音のラウドネスの算出法の国際標準も定められている。一方，刺激でない時間についてはその多様性がむしろ特徴となっている。この多様性は単に混乱によるだけではない。

（4）ここで時間の多様性を生態学的観点から見ても納得させられるのが，異種感覚間の時間の同期である。8章の放送技術の時間においても，テレビ放送の完全デジタル化に伴い，映像と音声のデジタル処理時間の差異により，すべての同時性を保つことが困難になった。しかし，現実には両者の間にずれがあってもそれが検知されない時間範囲がある。その範囲，いわば許容限界を精神物理学的実験によって確認し，それが現実の放送業務に使用されているが，許容限界の幅は聴覚の時間分解能の値より数百倍大きい。さらに，音声信号が映像より先に呈示されたほうがその反対の場合より鋭敏に検知されるという聴覚と視覚の時間ずれにおける非対称性が見出されている。なお放送現場では，音声遅延を積極的に活用して，空間的広がり感や音色の変化を産み出し，番組制作における演出効果として活用されている。

9章で紹介される3次元空間における時間と空間の関係において論じられているように，上記諸実験で観察された種々の時間窓は，ヒトが置かれた環境をより正しく適切にとらえるために合理的と考える情報処理を行った結果観察された時間窓であるといえる。この意味で人間の脳は，環境から種々の時間差を持って到着する異種感覚の信号を，環境における対象を正しくとらえるために，鋭い時間分解能を持つ「聴覚の時間」と，フレキシブルに対応できる「脳の中の時間」を持っているといえるのかもしれない。

10.2　文化としての時間

「時間とは何か」の問に答えることは難しい。そこで「時間事象」としての

時間を提案した。この用語の使用は精神物理学において，客観的に測定可能な「時間事象」と主観的な「時間意識」を区別する必要から生じたこととはいえ，この限定された「時間」ではあまりに狭すぎるとの批判もあろう。また，人間にとって時間の「不可逆性」は死につながる深刻な時間の一面だが，精神物理学の「時間事象」ではこの問題は回避している。それどころか，精神物理学では聴覚の動特性を知るために，時間軸を逆転した刺激を人工的に作成して用いることすらある。

精神物理学測定法における「時間事象」は限定されたものであっても，実験によって得られたデータの解析あるいは解釈の段階では，実生活における「時間」について広く思いをめぐらす必要が出てくることは否めない。特に音の精神物理学における種々の課題が音刺激と聴覚の関数関係の解明を目指した基礎研究だけでなく，むしろ騒音評価や機械，楽器音などの音質評価あるいは音のデザイン，テレビ放送，マルチメディアにおける異種感覚間の同期の評価など現実の問題と関係したテーマであることが少なくないからである。そこでは音の物理量だけでなく，音が担う情報あるいは音が呈示される文化的背景など，やはり従来の種々の時間論で問題にされてきた論点を避けることはできない。精神物理学の実験場面では，刺激の制御条件としての時間はあくまで「計測された時間」として厳密でなければならないが，実験データの解釈に際しては音が担う認知的側面，文化的背景についても十分な考察が必要であることはいうまでもない。

多くの文化と関係した時間論では[7]〜[10]，昔は昼夜の交代，月の満ち欠け，季節の変化など自然の循環に対応した**循環的（円環的）時間**が共同体をゆるく支配していた。暦の考案も四季や雨季・乾季の到来を予測する上で貴重な働きをしたことだろう。ところが共同体のサイズが大きくなるに従って共同作業を容易にするための**直線的時間**，その時間を公知するための計時装置の発達，さらに近代に至って産業化が進むと，流れ作業を円滑にするために秒を単位とする時間精度の向上，長距離交通手段の定時運行のための**標準時間**（協定世界時）の制定など社会の要求に伴って必要とされる「計測された時間」の精度が

10.2 文化としての時間

高まり，かつ高度に標準化されていく動向がうかがえる。

現代の最先端の計測装置の精度はセシウム原子時計や光格子時計に代表されるようにきわめて高い（1章のコラム4）。時間「秒」があらゆる測度の客観的基準となり得る。今日では直線的時間である「計測された時間」が確かに公共的・同時性を満たす段階に達し，「制度的時間」としての信頼性を得たといえる。一方，直線的時間の精度が高まるにつれて時間順守への圧力が強化されてきたことは歴史的事実に照らせば容易にわかる帰結である。

例えば，江戸時代の不定時制から明治6年（1873年）に定時制への変更が挙げられる。西本[9]は明治初期に日本を訪れた外国人から見た日本人の時間意識に関する印象の数々を興味深く紹介しているが，街頭においても訪問の約束に関しても，「大ざっぱな時間の国」との印象を抱かせたようである。一方，英国やアメリカではそれまでの前工業的な社会から産業資本主義の社会に変わり，生活の速度が加速されて，神経科医ビアードの「時計に支配される生活様式，鉄道や面会の約束に見られるような時間厳守の要請が，人々の生活の余裕をなくし，神経を滅入らせる」との言葉を引用している。

明治初期には仕事と休憩時間の区別もつかないと戯画化されたりしたが[9][p.58]，日本人は導入された定時制に巧みに適応をしてきたといえよう。川和田[12]が紹介しているように，"異文化の技術的に卓越した点を認め，巧みに自国文化に応用・吸収して実利を得ようとする日本人の柔軟性と融通性を，明治改暦と時間制度の近代化過程から見ることができる"と述べている。「制度的時間」に適応することが「時は金なり」の利益をもたらしことも事実だろう[9]。今や日本人の時間順守の意識は西欧を上回る段階にあるといえよう。海外旅行をすれば経験することだが，日本の鉄道ダイヤの正確さに慣れているわれわれにとって，旅先の鉄道ダイヤの曖昧さに当惑させられることがしばしばある。

三戸[13]が紹介しているように，鉄道のダイヤ厳守の社会の要請に応えて，東京のあの混雑する山手線において二分半間隔の過密なダイヤを実現しながら，JR東日本の数字（2003年）で在来線の90.3%，新幹線の96.2%が1分違わず正確に発着しているとのことである。定時運行を支えるために運転士や保守

10. まとめ—音における時間とは

要員など現場およびダイヤ編成作業に係るスタッフの1秒にこだわる高い時間意識が描かれている。ちなみに一列車当りの遅れは新幹線が平均0.3分，在来線が平均0.8分とのことであるが，中村[14]による1900年初期の日本の鉄道において30分程度の遅れが珍しくなく世間の批判を浴びていた状況と比べると驚異的改善であり，近代化を通じて「時間意識」の革命が生じたといえる。と同時に先の神経科医ピアードの「時間厳守の要請が，人々の生活の余裕をなくし，神経を滅入らせる」との言葉が気になる。時間厳守が進むと，かえって余裕が必要となる事実がある。そもそも脳の中の時間は多様であり，多様な時間処理を許すゆとりがなければ環境の変化に適応できなくなるおそれがあるからである。

ここで少し回り道になるが，音とは無関係の二つの例を挙げて，時間厳守が進んだ場合に，**余裕**が「制度的時間」順守のためにも人の行動のゆとりのためにも必要であることについて触れ，余裕に対する寛容度の視点から文化の反映としての「時間意識」について考えてみたい。

さて元来，鉄道の運行には多くの攪乱条件がある。例えば，天候の急変，事故の発生，車両の故障，各駅での乗客の乗降時間など列挙し得る。運行間隔や発着時間に余裕がなければいったん乱れが生じた場合，その回復に時間を要する。そこで，列車運行のダイヤ上にあらかじめバランスよく「余裕」を設けておいて，遅れの拡散，拡大を防ぎ回復しやすいダイヤが組んであるとのことである。そのダイヤの上での余裕時分は全体の1～3%だが，遅れの出やすいところに優先的に設定されている。そのほか，駅間の距離や待避線の設定など種々の場所にダイヤの回復をはかる空間的な配慮がなされている[13]。ところが，路線間の競争のために運行の速度を上げ，余裕のないダイヤが組まれた結果，運転士が遅れを取り戻そうとスピードを出しすぎて悲惨な脱線事故を起こした事例もある。

つぎの具体例としてトヨタ自動車の「ジャストインタイム」に代表される工程の時間管理を重視した生産システムが挙げられる。「かんばん」方式とも呼ばれ"必要な物を，必要な時に，必要な量だけ生産する"ために工程間在庫の

10.2 文化としての時間

最小化を目指した方式である．名称からもわかるように時間が主役である．工程の時間管理の先駆は日本でなく，20世紀初頭のアメリカのテイラー（F. W. Taylor）の**科学的管理法**（時間研究）に始まる．バーンズ（R.M.Barnes）[15]の紹介によると，テイラーは，当時では最新の計時装置であるストップウォッチを用いて，熟練労働者の要素動作研究を行って最速・最善方法を見出す．その上で，避け得ない遅れ，中断，軽微な事故を補うために加算すべき余裕率の検討および記録，さらに熟練労働者であっても不慣れな作業についた場合の遅れを補う余裕率の検討と記録を行っている．テイラーは合理的な測定によって公正な1日の作業量を決定し，これを標準としてこれより多い生産量を上げた作業者には高率の賞与的賃金を支払うことを保証し，標準以下の場合には低率の懲罰的賃金を支払う制度を提唱した．これは当時，労働者が作業に慣れて生産量を増すと経営者が賃率を下げる，対抗上，労働者は賃率を下げられないようにゆっくり作業するといった悪循環を防ぐためだったといわれている．テイラーの優れた点は，単に最速の作業方法を求めるだけでなく，適切な余裕率の配慮が作業の流れを確保する上で必要であることを重視したところにある．人手を要する比率が高い流れ作業を対象に作業研究を行い，合理的な余裕を十分確保することで，かえって生産量が増加した実施例などある[16]．

ところが西本[9]が紹介している例では，当初製造ラインにおける作業のサイクルは1分20秒であったのが，作業についてから1か月もたたないうちに作業サイクルは1分18秒に短縮され，さらに3か月後には1分16秒にスピードアップされている．お陰で作業者はひどい疲労を覚えた体験が語られている．20世紀初頭にテイラーが賃率の引き下げに関連して指摘した問題が，作業サイクルを短縮する形で現代の日本で行われているとすれば憂慮すべきことである．わずか2例のみで現代日本の「時間意識」を論じることはあまりに無謀ではあるが，しかし，日本人の時間順守，制度的時間に対する「時間意識」は相当に高いが，反面，余裕，ゆとりに対する配慮に問題があることを感じる．

直線的時間は時間管理に便利で共同体における同期をとる上では効率的であるが，能率化の要請に応えた精度の向上が人に重圧を与える恐れがある．適切

な余裕を考慮しなければ，人間の自然な動作のリズムや概日リズムを乱す恐れがある．1.2節で述べたように，精神物理学的実験における音刺激の測定・制御においても「計測された時間」上の誤差が生じる．どこまでその誤差の減少に努めるか，あるいは許容するかは，データを踏まえた判断とともに実験者の「時間意識」が関与する．刺激の制御には厳密でも，なめらかな実験の遂行を実現するために，そして実験参加者の疲労を避ける意味でもゆとりのある実験計画が必要だろう．

循環的時間は原始的で非効率と考えられがちであるが，真木[8]が紹介している Evans-Prichard の観察によると，アフリカの部族民の場合，約束の時間には大雑把であっても，"作物の種子を蒔いたり，収穫のときには，われわれが仕事を迅速に仕上げるのと同じように激しく彼らは労働することができた．時間は機会，目的，必要性の一側面であり，それらと切り離して独立に費やす種類のものではない"とある．やるべき仕事（目的）があって，それを自分のやり方で迅速に遂行し，作業が終わればあとは余裕という生活スタイルが成り立てばそれはそれで幸福といえる．

いうまでもなく直線的時間は時間管理に便利で，共同体における同期をとる上では効率的という特徴がある．大規模編成のオーケストラにおいて各パートの演奏がそろうためには時間軸上で同期がとれることが必要である．ポリフォニー音楽の場合，楽曲を構成する各声部の時間的長さが，すべて共通の単位となる時間で計画されねばならない．この**定量記譜法**の発展が計量的時間という発想が進化する上での重要な要因との意見もある[17]．オーケストラ用の総譜は音楽の世界におけるまさに時間の壮大で精密な空間化であり，記譜法の上での時間は「計測された時間」に対応すると考え得る．しかし，実際に演奏されたポリフォニー音楽の時間はいかなる時間なのか．木村[18][p.48]は，理想的な合奏音楽の場合には"各演奏者の個別の演奏行為が統合されて，演奏者全員の「あいだ」にある虚の空間に音楽の全体像が結実する．めいめいの演奏者の「持ち寄り」であるはずの音楽の全体が，この虚空間では部分の寄せ集めでない一つのまとまった音楽形態を形成する"と書いている．演奏者は自己の楽器から音

10.2 文化としての時間

を出すためには，その瞬間だけでなく過去の音の流れから出すべき音を決める。その音は先の音へのつながりにも結びついている。このときの時間は直線的時間では決められない過去と未来と現在とを循環する時間でもある。木村[18][p.61]はヴァイゼッカーの言葉を引いて「時間を橋渡しする現在」という表現を用いている。「時間事象」としては直線的でも「時間意識」の世界ではきわめて多様な，そして現在を橋渡しとして過去と未来を行き来する幅を持った時間が展開する。そのような時間の中で理想的合奏が成立するためにはその曲に対する深い理解が演奏者の間で共有されていなければならない。合奏だけでなく独奏の場合でも演奏者の独自の解釈によってシーショア[19]によって名づけられた楽譜からの「芸術的逸脱」(コラム 12) が認められ，演奏者は必ずしも直線的時間の上で正確に演奏しているわけではない。演奏音の分析を通して芸術的逸脱とは呼べない時間的誤差をいかに評価するかの手法については 7 章で取り上げられた。

このように単に直線的時間の上で正確であることが理想的演奏の要件とはいえず，演奏表現を豊かにする芸術的逸脱には曲への深い理解が必要であり，そこには当然その音楽を生み出した文化的背景が関与している。これは精神物理学的観点だけでは解決できない課題である。この音楽全般と時間の問題は，本書で取り扱うにはあまりに大きすぎるテーマである。というのは音楽そのものについての深い理解と素養が必要だからである。

これまで音楽心理学の対象は西洋クラッシック音楽が中心であったと思われるが，ジャズ，ロック，ポップなどジャンルを異にする音楽，さらに邦楽をはじめ世界の民族音楽など，音楽の文化的背景が異なれば音楽の役割も異なる。当然，そこに流れる時間の様相は同じでない。いかなる音楽も録音さえできれば，「計測された時間」で表示することは技術的に不可能ではない。しかし音楽の文脈で考えるとき，音を直線的時間で測定し表示することそれ自体が無意味という場合もあろう。あらゆる音楽に通用する時間を説くためにはあらゆる音楽に通じていなければならない。Stevens[21]が論じているように，西洋クラッシック音楽の視点から種々の民族音楽の分析を行うのは誤解を招くおそれがあ

コラム 12

芸術的逸脱

L. Skinner はピアニストが演奏において，楽譜に指定された長さではなく，逸脱して演奏すること，そしてその逸脱にはピアニストによって**一貫性**（consistency）があることを分析により明らかにし，1930年学位論文としてまとめた．1937年，シーショア[19]は彼の名著「Psychology of music」において「音楽の解釈に科学的手法の適用を試みた最初の意図の一つ」としてこのデータを紹介し，周知されるようになった．このデータでは小節またはフレーズ間の演奏時間の一致が鮮やかに示され，解釈の一貫性を証明した．なお，ここでは時間のデータしか示されていない．

演奏表現，特にピアノ演奏においては演奏速度の変化（agogik）とともに強さの変化（dynamik）も演奏の表情に豊かさを与える．シーショアらの研究にヒントを得て，難波ら[20]は5人のピアニスト（ルービンシュタイン，ハラシェ

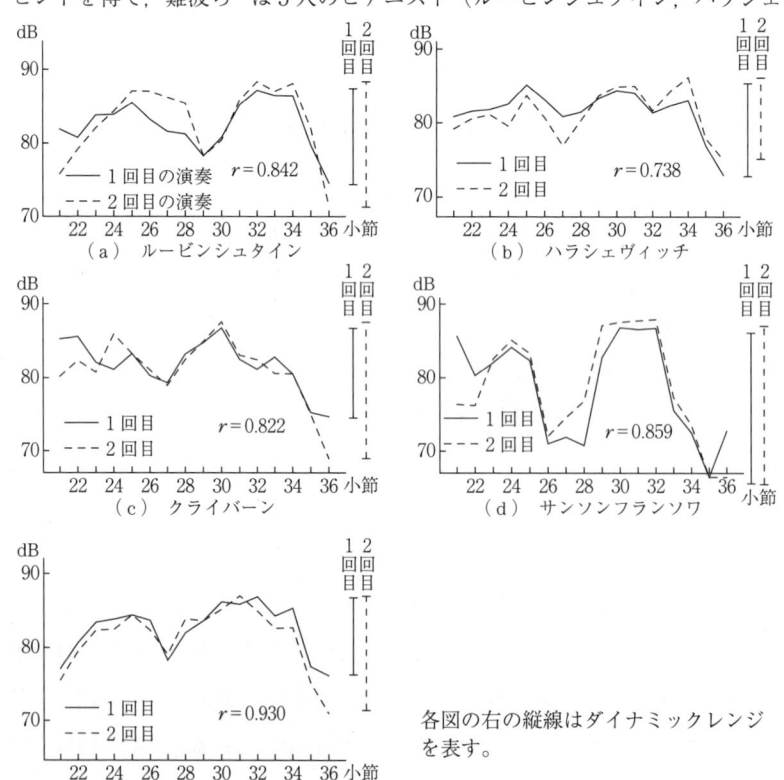

(a) ルービンシュタイン $r = 0.842$
(b) ハラシェヴィッチ $r = 0.738$
(c) クライバーン $r = 0.822$
(d) サンソンフランソワ $r = 0.859$
(e) アントルモン $r = 0.930$

各図の右の縦線はダイナミックレンジを表す．

図 1

ヴィッチ，クライバーン，サンソンフランソワ，アントルモン）の演奏を LP からレベルレコーダに入力して記録紙の上に連続記録し，その小節ごとの時間と強さ〔dB〕を分析した．曲はショパンのワルツ変ニ長調作品64-1（21〜36小節の反復部分）である．分析結果を図1に示す．

図1は2回の演奏の強さの変化を示したもので，ピアニストが異なると大きさの変化のパターンも相当に異なるが，同じピアニストの場合には比較的パターンが似ていて解釈の一貫性を示している．なお，どの奏者も1回目の演奏よりも2回目の大きさのほうが強さの差が大きく，華やかな演奏表現となっている．

図2は小節ごとの速度の変化パターンを示す．強さの場合ほど明瞭ではないが，やはりピアニストごとの個性と2回の反復の間の一貫性が見られる．速度においても1回目より2回目のほうが変化幅が大きく，強さの変化と協調してより華やかな演奏表現となっている．

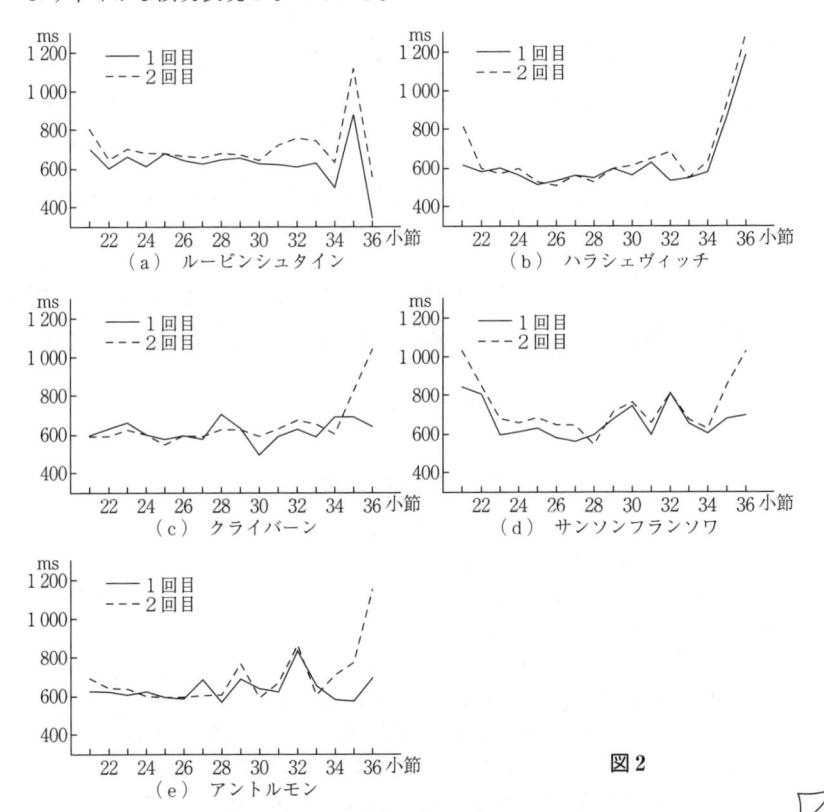

図2

る。例えば邦楽の場合，増本[22][p.57]が指摘するように「時間」の問題と「間」とは直接関係がなく，"間なるものは，だれも「どの位……」と数えたり計ったりしないものである"という「計測された時間」の適用を否定する観点もある。Stevens[21][p.691]も，"西アフリカ音楽における拍子とは，音楽の行為者およびこの文化を受容した聴取者の心の中にあるものであり，実際の音響信号が存在する必要はない"とのIyerの説を紹介している。確かに音はなくとも拍子は存在できるだろう。日本の祭におけるお神楽や世界の種々の民族音楽において，日没-日の出，あるいは数日におよぶ循環的時間の上で流れている場合もあろう。西洋音楽においても，休符につけられたフェルマータのように直線的に時間が流れているとはいえない場合もある。そのフェルマータの意図を理解する[9][p.347]には，その曲に対する造詣を必要とする。このようないわば芸術的深みは，精神物理学的観点から「音と時間」を取り扱う本書の限界である。しかし，演奏音として精神物理学における音刺激としてという観点から実証すべき問題が多々残されている。

　ともあれ，「時間事象」としては同じでも各章で取り扱う対象によってそこに流れる「時間意識」の内容は同じでない。じつに多様である。脳の中の時間においても，「時間事象」と「時間意識」の関係における精神物理学的対応関係においても，多様さが「時間」の特徴であった。文化がこの時間の多様さにさらに彩りを与えているといえる。

引用・参考文献

1) 新版 心理学事典, 平凡社 (1981)
2) 寺西立年：聴覚の時間的側面, 難波精一郎 編, 聴覚ハンドブック 第7章, pp. 276-319, ナカニシヤ出版 (1984)
3) E. Husserl：Zur Phänomenologie des innern Zeitbewusstsein, In Band IX, Jahrbuchs für Philosopie und phänomenologiesche Forschung (1928), フッサール 著, 立松弘孝 訳：内的時間意識の現象学, みすず書房 (1967)
4) 滝浦静雄：時間 — その哲学的考察, 岩波新書, 岩波書店 (1976)
5) ニュートン別冊「時間とは何か」ニュートンプレス (2013)

6) B. C. J.Moore, B. R. Glasberg, C. J. Plack and A. K. Biswas：The shape of the ear's temporal window, JASA, **32**, pp. 1046-1060（1960）
7) 橋本毅彦・栗山茂久 編：遅刻の誕生 — 近代日本における時間意識の形成, 三元社（2001）
8) 真木悠介：時間の比較社会学, 岩波現代文庫, 岩波書店（2003）
9) 西本郁子：時間意識の近代 —「時は金なり」の社会史, 法政大学出版会（2006）
10) E. T. Hall：The dance of life : The other dimension of time, Anchor Press（1983）, 宇波 彰 訳：文化としての時間, TBSブリタニカ（1983）
11) 安田正美：1秒って誰が決めるの？ 日時計から光格子時計まで, ちくまファミリー新書, 筑摩書房（2014）
12) 川和田晶子：明治改暦と時間の近代化, 橋本毅彦, 栗山茂久 編, 遅刻の誕生 — 近代日本における時間意識の形成 第8章, 三元社, pp. 213-239（2001）
13) 三戸裕子：定刻発車 — 日本の鉄道はなぜ世界で最も正確なのか？, 新潮文庫, 新潮社（2001）
14) 中村尚史：近代日本における鉄道と時間意識, 橋本穀久, 栗山茂久 編, 遅刻の誕生 — 近代日本における時間意識の形成 第1章, 三元社, pp. 17-46（2001）
15) R. M. Barnes：Motion and time study, 4th ed., J. Wiley & sons（1958）, 大坪 壇 訳：動作・時間研究, 日刊工業新聞社（1960）
16) 難波精一郎：作業研究, 天野利武 監修, 遠藤汪吉, 前田嘉明 編, 心理学への招待, pp. 371-405, 六月社（1966）
17) 永田 仁：予言する音楽 — 計量的時間は音楽に始まる, ポリフォーン, 4, pp. 96-106, TBSブリタニカ（1989）
18) 木村 敏：あいだ, 弘文堂（1988）
19) C. E. Seashore：Psychology of music, Dover（1967）
20) 難波精一郎, 中村敏枝, 桑野園子：ピアノ演奏音の解釈 — 大きさをてがかりとして, 大阪大学教養部研究集録（人文・社会科学）, **25**, pp. 25-43（1977）
21) C. Stevens：Cross-cultural pitch and time, 山田真司 訳：音楽における高さと時間についての文化横断的研究, 日本音響学会誌, **60**, pp. 689-694（2004）
22) 増本伎共子：開かれた時間 — 日本音楽の場合, ポリフォーン, **4**, pp. 54-59, TBSブリタニカ（1989）

索引

あ

アイゲンパフォーマンス 148
アインシュタイン 32
アウグスティヌス 25
アーチファクト 202
圧縮過程 60
圧縮デバイス 60
アフターエフェクト 62, 110
アリストテレス 35
アンビエント 213

い

閾値 31, 96
意識の流れ 25
異種感覚 233
位相修正 127
一貫性 240
移動時間窓 59
意味 118
因子得点 56

う

ウェーバーの法則 126
ヴント 25
運動 117
運動失認 28
運動指令 212

え

映像音声同期 174
永福門院 30
液晶ディスプレイ 134
エコー 216
エコー閾 66
エコーチェンバ 187
エコーマシン 181
エジソン 207
エネルギー値 55
エネルギー平均値 61
エピソード記憶 16
演奏傾向曲線 143

演奏データ転換 145
エンベロープ 154

お

応答時間 195
オシレーション 37
オシロスコープ 132, 227
音空間知覚 210, 215, 216
音刺激の時間（条件） 226
音の記憶 85
音誘導性視覚運動 197
オーバーシュート 62, 110
オールパス
　リバーブレータ 188
音圧レベル 55
音楽情報処理 229
音楽知覚認知 229
音響心理学 96
音源の空間定位 66
音声知覚 205, 207
音声知覚過程 207
音声聴取 216
音声の時間伸長 208
音声明瞭度 67, 216
音声了解度 208
音像定位 211
音像定位弁別限 215

か

外延 232
階層性 120
外側膝状体 196
外的精神物理学 11
外的妥当性 49
概念駆動 119
海馬 42
科学的管理法 237
仮現運動 26
カテゴリー連続判断法 15, 72, 230
過渡音 53

過渡的マスキング
　パターン 104
カフボックス 169
感覚運動協調 117
感覚遮断 28
感覚種 194
感覚情報処理系 16
感覚属性 9
感覚モダリティ 117, 194
感性評価語 214
関連性 206

き

記憶 80
規制された時間 226
機能的磁気共鳴画像法 37
基本ソフトウェア 131
客観的時間 2, 35, 226
客観的同時性 5
求心性信号 212
驚愕反応 212
狭帯域雑音 96
協定世界時 227
距離依存性 199
距離手がかり 201

く

空間的時間 16, 18
空間性の一致 206
空間分解能 193, 195
空白時間 8, 40, 216
グラフィックボード 134
クリック音系列 158
クロスモダリティ
　マッチング 74
クロノスコープ 25
群化 119

け

継時性 31
芸術的逸脱 142, 230
計測可能な時間 8

索引

計測された時間 5, 225
経頭蓋磁気刺激 28
ゲシュタルトの法則 88, 231
決定係数 49
決定デバイス 59
原子時計 5
原始仏教 36
現象学的分析 2
減衰音 53
減衰時間 53

こ

口腔 205
硬口蓋 205
後向マスキング 98
高次感性情報 213
高次認知過程 224
恒常性 200
口唇 205
高速フーリエ変換 231
広帯域雑音 96
高度感性情報 217
五感 24
個人間曖昧性 157
個人内曖昧性 157
コムフィルタ 183
コーラスマシン 184
コンテンツ 214
コンボリューション
　リバーブレータ 188

さ

再求心性信号 212
最大値 57
最適な残響のミキシング
　レベル 189
サウンドボード 133
サーカディアンリズム 37
サプレッション 110
差分法 25
残響時間 14, 99
3次元音空間 215
3次元聴覚ディスプレイ 210
サンプルレートコンバータ 174

し

ジェット効果 183
ジェフレスモデル 215
ジェームス 25
視覚系 216

時間
　——の意味 217
　——の原点 7
　——の実在性 6
　——の流れ 72
時間意識 2, 22, 225
時間エンベロープ 107
時間感性測定器 25
時間ギャップの分解能 102
時間研究 237
時間厳守の要請 235
時間事象 5
時間縮小錯覚 120
時間受容器 224
時間順序判断 198, 205, 210
時間伸長 208
時間積分器 59
時間積分効果 98
時間知覚 117
時間的再較正 129
時間的遡及 34
時間的非対称性 206
時間幅（窓） 33
時間評価 13, 40
時間分解能 11, 131, 195, 205
時間マスキング 98
時間マスキングパターン 112
時間窓 8, 32, 124, 203, 206, 210, 212, 217, 224, 225
時間窓長 206
時間野 24, 224
時間領域腹話術効果 205, 206
識別臨界速度 12
視空間 202
時空間特性の一致 195, 206
時空相待 26
歯茎 205
時系列処理 16
刺激閾 47, 233
視交叉上核 38
志向性 22
視細胞 196
時々刻々
　——の印象 72
　——の判断の平均値 79
指示騒音計 60
事象 194
事象関連電位 41

事象群 216
視神経 196
持続のない瞬間 7
視聴覚コンテンツ 214
視聴覚統合 175, 205
　——に関する時間窓 206, 210
視聴覚同時判断 199
　——の距離依存性 199
　——の恒常性 199
実行系 41
実世界 217
失メロディー症 123
実用的な妥当性 61
失リズム症 123
時定数回路 51
自発的テンポ 121
島皮質 37
弱電 207
ジャストインタイム 236
自由意思 34
周期修正 127
周波数変調音 96
主観的継続時間 109
主観的時間 35, 226
主観的等価点 53
主観的同時性 129
主観的同時点 198, 210
主観的リズム 119
熟達度スコア 146
主成分分析 147
純音 96
循環的（円環的）時間 234
順序閾値 31
順序の識別 11
純粋持続 14
順応 83, 202, 209
衝撃音 57
情動 118
小脳 37, 128
情報通信 207
情報通信システム 207
初期反射音 216
触覚刺激 207
処理資源 41
シングルタスク OS 131
シンクロナイゼーション 29
神経節細胞 196
信号処理 113
心的クロノメトリー 25
振幅変調音 96

シンプルリバーブレータ	188	属性	8	直接音	67
信頼性	195	測地線距離	216	直線的時間	234
信頼性係数	50	存在論	25		
心理音響学	10			**つ**	
心理的現在	8, 40, 78,	**た**		ツイール	27
	124, 224	帯域通過フィルタ	59	通過・反発刺激	195
心理物理学	199	第一次視覚野	196	通過・反発事象	203, 206
心理連続体	198	対数法則	60	通過事象	196
		体性感覚皮質	34		
す		体内時計	38	**て**	
図	214	大脳基底核	37, 128	低域通過フィルタ	59
水晶クロック	132	対比	119	提示時間差	198
ステレオエコー	182	タウ効果	14, 26	定時制	235
スプラインカーブ	143	ダウンビート	160	ディジタルリバーブレータ	
スプリングエコー	187	ダウンビートらしさ	163		187
スペクトラム包絡変調	186	多感覚情報	193	ディスプレイ	134
スペクトラルフラックス	163	多重フラッシュ錯覚	196	ディレイマシン	181
		多相コーラスマシン	184	定量記譜法	238
せ		立ち上がり時間	53	手がかりの効果	102
精神物理学	4, 30, 199	ダミーヘッド	212	デカルトの劇場モデル	32
精神物理学的法則	18	ダルマキールティー	25	適応行動	53
生態学的観点	233	短音	197, 200, 209	適応的な精神物理学的	
生態学的妥当性	49, 80	短期記憶	23	測定法	38
制度の時間	6	単語了解度	209	テスト音	96
積分型騒音計	60	単調拍子	119	テストトーン	96
積分過程	51, 59	単発騒音暴露レベル	58	データ駆動	119
積分時間	231			デバイスドライバ	132
絶対閾	47	**ち**		デフォルトモード	29
絶対閾値	31	地	213	デルタ運動	26
絶対時間	1, 226	遅延時間	132, 210	テレヘッド	212
刹那	36	――の検知限	211	テンポ	117
刹那滅論	36	遅延聴覚フィードバック効果		テンポエコー	183
前運動皮質	128		169, 171	テンポ知覚	
前景	213	知覚	117	――の曖昧性	156
先行音効果	66, 215	知覚後過程バイアス	198	――の個人間曖昧性	157
前向マスキング	98	知覚の体制化	119, 156	――の個人内曖昧性	157
全体判断	79	逐次感	12	テンポ変動曖昧性	157
前庭系	216	地上デジタルテレビ放送	172		
前頭前皮質	128	注意	41, 214	**と**	
前頭前野	29, 37	中枢神経系	51	等エネルギーの原理	62
前頭葉	31, 41	調音点	205	等エネルギー平均モデル	62
線分長を用いた		聴覚		等価騒音レベル	61
連続判断法	72, 73	――の時定数	51	等価点	233
旋律線	120	――の情景分析	87	同期タッピング	117, 231
		――の動特性	109	同時性	31
そ		――の動特性のモデル	110	同質化	119
総エネルギー量	57	聴覚野	224	同時判断	197
騒音	83	聴覚優位性	130	同時マスキング	98
騒音計	51	聴取最適レベル	91	頭頂葉	31
操作的定義	226	調性	120	動特性	57
促音	173	丁度可知差	198, 199	――のモデル	62

索引

読唇効果	208
特徴抽出	230
トップダウン	119
ドップラー効果	27
ドンデルス	25

な

内的クロック	120
内的精神物理学	11
内的妥当性	49
内包	232
長い記憶	25
慣れ	83
軟口蓋	205

に

西田幾多郎	35
2乗則デバイス	59
認識論	25
認知	117
認知症	42
認知的バイアス	198
認知的要因	62
認知脳科学	41

ね, の

音色	56
——の弁別	12
ノイジネス	75
脳イメージングの手法	10
脳波	119

は

場	213
バイオロジカルモーション	27
背外側前頭前野	41
背景	213
背景騒音	91
ハイデガー	25
倍半許容	158
倍半テンポ問題	155
バインディング	32
拍	120
白色雑音	96
迫真性	214, 217
拍節構造	120
暴露-反応関係	50
バースト音	206
パーソナルコンピュータ	131
バーチャルセット	175

バーチャルリアリティ	202
発光ダイオード	134
パラレル処理	16
バルクハウゼン	207
パルス	120
反射音	66
判断バイアス	198
反応時間	75
半波整流器	59
反発事象	196

ひ

東日本大震災	216
光格子時計	5
光バースト	206
非対称性	206
ヒップ	25
非定常音	49
拍子	120
標準時間	234
ピンポンエコー	182

ふ

フェヒナー	31
フェルマータ	242
フォトトランジスタ	135
複合音	96
腹話術効果	195, 204
フッサール	25
物理的時間	5, 226
負のずれ	125
ブラウン管	134
フラクチュエーションストレングス	109
フラッシュ	197, 200, 205, 207, 209
フランジャー	183
フーリエ変換	155
フリーズした帯域雑音	107
フレーズ	120
フレス	40
プレートエコー	187
フレームシンクロナイザ	174
文化的背景	239
分節化	119
分離閾	31

へ

平滑化	59
平均演奏	147
平均化過程	61

ベイズ推定	195
べき法則	60
ベータ運動	26
ヘッドフォン	201
ペッペル	31
ベル	207
ベルクソン	25
変調周波数	112
変調の深さ	112
弁別閾	31, 233

ほ

補足運動野	128
ボトムアップ	119
ポリフォニー音楽	238
ポーリングレート	132

ま

マイナスワン	169
マガーク効果	205
マクタガート	34
マジカルナンバーセブン	42
マスカー	96
——の時間関数	107
マスキング	96
マスキング-周期パターン	107
マスク閾	99
マルチタスク	131
マルチタスクOS	131
マルチタスク方式	227
マルチモーダル感覚情報	193, 206, 210, 215
マルチモーダル知覚	194

み, む

短い記憶	25
ミラー	42
未来の予測	87
無限定環境	217
矛盾的自己同一	36

め, も

メトロノーム	39
モイマン	25
網膜	196
モダリティ	194
モーラ	208

ゆ

| 唯識学派 | 36 |

索引

誘発電位　　　　　　10, 53

よ
予期的傾向　　　　　　125
抑制効果　　　　　　　212
余　裕　　　　　　　　236
余裕率　　　　　　　　237

ら
ラウドネス　　　　　　75
ラウドネスメータ　　　51
ラウドネスレベルの
　計算法　　　　　　　61
ラグアダプテーション　129
ラフネス　　　　　　　109
ランダムアクセスメモリ　43

り
リアリティ　　　　202, 213
リズム　　　　　　　　117
　――の同期　　　　　231
リズム感　　　　　　　122
リズム知覚　　　　　　117
リップシンク　　175, 178, 180, 208
リハーサル　　　　　　42
リフレッシュレート　　134
リ　ベ　　　　　　　　33
両耳間時間差　　　　　215
両耳間相関度　　　　　216
両耳間相互相関度　　　216
臨界継続時間　　　51, 231
臨界時間　　　　　　　215

臨界帯域　　　　　　　96
臨界帯域幅　　　　　　50
臨場感　　　　　　213, 217

れ，ろ
レガートの印象　　15, 64
レズリースピーカ　　　184
連　合　　　　　　　　202
連続記述選択法　　72, 74
ロングパスエコー　　　216

わ
ワーキングメモリ　　　23, 125, 224
ワンセグ放送　　　　　172

---◇---

A
AD 変換器　　　　　　228
AM 音　　　　　　　　96
auditory stream　　　　88
A 系列の時間　　　　　2
a　波　　　　　　　　196

B
backward masking　　　98
B 系列の時間　　　　　2

C, D
CRT　　　　　　　　　134
DA 変換器　　　　　　228
DVE　　　　　　　　　175

E
EEG　　　　　　　　　119
ERP　　　　　　　　　41

F
FFT　　　　　　　　　231
fMRI　　　　　　　　　37
FM 音　　　　　　　　96
forward masking　　　　98

H, I
H M　　　　　　　　　42
IACC　　　　　　　　　216
IOI　　　　　　　150, 227
ITU-R　　　　　　　　168

J, K
JEITA　　　　　　　　168
JND　　　　　　　　　198
k-means 法　　　　　146

L
L_{Aeq}　　　　　　　75
LCD　　　　　　　　　134
LED　　　　　　　　　134

M
MAA　　　　　　　　　215
MIDI　　　　　　　　　143
MIDI 機器　　　　　　227
MT 野　　　　　　　　27

O, P
overshoot　　　　　　　99
PFC　　　　　　　　　128
PMC　　　　　　　　　128
post-masking　　　　　98
pre-masking　　　　　　98
PSE　　　　　　　　　53
PSS　　　　　　　　　198

R, S
round robin test　　　58
SD 法　　　　　　　　56
simultaneous masking　98
SIVM　　　　　　　　197
SJ 法　　　　　　197, 206
SL　　　　　　　　　　210
SMA　　　　　　　　　128
SOA　　　　198, 199, 204, 205, 214
　――の丁度可知差　　199
STFT　　　　　　　　155
S 効果　　　　　　　　26

T, V
TOJ　　　　　　　　　205
TOJ 法　　　　　　　198
VU 計　　　　　　　　51

―― 編著者・著者略歴 ――

難波　精一郎（なんば　せいいちろう）
1961年　大阪大学大学院文学研究科博士課程単位取得退学（心理学専攻）
1967年　大阪大学助教授
1971年　文学博士（大阪大学）
1973年　大阪大学教授
1980年　オルデンブルグ大学（ドイツ）客員教授（DAAD, DFGによる招聘）
1981年　サウサンプトン大学音響振動研究所（英国）客員研究員（文部省長期在外研究員）
1996年　大阪大学名誉教授
1996年　オルデンブルグ大学名誉哲学博士
1996～2004年　宝塚造形芸術大学教授
2007年　日本学士院会員

桑野　園子（くわの　そのこ）
1967年　大阪大学文学部哲学科卒業
1983年　工学博士（東京大学）
1985年　ミュンヘン工科大学（ドイツ）客員研究員
1992年　大阪大学助教授
1996年　大阪大学教授
2005年　日本学術会議会員
2008年　大阪大学名誉教授
2012年　放送大学客員教授

菅野　禎盛（すがの　よしもり）
1995年　北海道大学文学部行動科学科卒業
1997年　北海道大学大学院文学研究科修士課程修了（行動科学専攻）
2001年　九州芸術工科大学大学院芸術工学研究科博士後期課程修了（情報伝達専攻）
　　　　博士（芸術工学）
2001年　財団法人九州システム情報技術研究所勤務
2002年　九州産業大学講師
2008年　ティルブルク大学（オランダ）客員研究員
2008年　九州産業大学准教授
　　　　現在に至る

苧阪　直行（おさか　なおゆき）
1976年　京都大学大学院文学研究科博士課程修了（心理学専攻）
1979年　文学博士(京都大学)
1982年　追手門学院大学助教授
1987年　京都大学助教授
1994年　京都大学教授
2008年　日本学術会議会員
2010年　京都大学名誉教授
2012年　日本学士院会員

Hugo Fastl（フーゴー　ファスル）
1969年　ミュンヘン音楽大学（ドイツ）卒業
1970年　ディプロム（工学）（ドイツ：ミュンヘン工科大学）
1974年　Dr.-Ing.（ミュンヘン工科大学）
1981年　教授資格取得（ミュンヘン工科大学）
1987年　アカデミックディレクタ（ミュンヘン工科大学）
1987年　大阪大学客員教授
1991年　ミュンヘン工科大学教授
2009年　ミュンヘン工科大学名誉教授

三浦　雅展（みうら　まさのぶ）
1998年　同志社大学工学部知識工学科卒業
2003年　同志社大学大学院工学研究科博士後期課程修了（知識工学専攻）
　　　　博士（工学）
2003年　龍谷大学助手
2005年　龍谷大学講師
　　　　現在に至る
2012年　ハノーファー音楽演劇メディア大学音楽医学研究所（ドイツ）客員研究員

入交　英雄（いりまじり　ひでお）
1979 年　九州芸術工科大学芸術工学部音響
　　　　設計学科卒業
1981 年　九州芸術工科大学大学院芸術工学
　　　　研究科修士課程修了（情報伝達専
　　　　攻）
1981 年　株式会社毎日放送勤務
　　　　現在に至る
2013 年　九州大学大学院芸術工学府博士後
　　　　期課程単位取得退学（芸術工学専
　　　　攻）
　　　　博士（芸術工学）

鈴木　陽一（すずき　よういち）
1976 年　東北大学工学部電気工学科卒業
1978 年　東北大学大学院工学研究科博士課
　　　　程前期修了（電気及通信工学専攻）
1981 年　東北大学大学院工学研究科博士課
　　　　程後期修了（電気及通信工学専攻）
　　　　工学博士
1981 年　東北大学助手
1987 年　東北大学助教授
1991 年　ミュンヘン工科大学（ドイツ）客
　　　　員研究員
1999 年　東北大学教授
　　　　現在に至る

音　と　時　間
Sound and Time

ⓒ 一般社団法人　日本音響学会 2015

2015 年 7 月 17 日　初版第 1 刷発行

検印省略

編　　者　一般社団法人
　　　　　日 本 音 響 学 会
　　　　　東京都千代田区外神田 2-18-20
　　　　　ナカウラ第 5 ビル 2 階
発 行 者　株式会社　コロナ社
　　　　　代 表 者　牛来真也
印 刷 所　萩原印刷株式会社

112-0011　東京都文京区千石 4-46-10
発行所　株式会社　コロナ社
CORONA PUBLISHING CO., LTD.
Tokyo Japan
振替 00140-8-14844・電話(03)3941-3131(代)
ホームページ http://www.coronasha.co.jp

ISBN 978-4-339-01333-7　　（松岡）　（製本：愛千製本所）
Printed in Japan

本書のコピー，スキャン，デジタル化等の
無断複製・転載は著作権法上での例外を除
き禁じられております。購入者以外の第三
者による本書の電子データ化及び電子書籍
化は，いかなる場合も認めておりません。

落丁・乱丁本はお取替えいたします